生物技术与细胞生物学

熊少伶　编著

中国原子能出版社
China Atomic Energy Press

图书在版编目（CIP）数据

生物技术与细胞生物学 / 熊少伶编著 . -- 北京 ： 中国
原子能出版社，2018.10 （2021.9 重印）
ISBN 978-7-5022-9451-9

Ⅰ．①生… Ⅱ．①熊… Ⅲ．①生物工程②细胞生物学
Ⅳ．① Q81 ② Q2

中国版本图书馆 CIP 数据核字（2018）第 241390 号

生物技术与细胞生物学

出版发行 中国原子能出版社（北京海淀区阜成路 43 号 100048）

责任编辑 徐 明

印　　刷 三河市南阳印刷有限公司

经　　销 全国各地新华书店

开　　本 787 mm × 1092 mm　1/16

印　　张 15.5

字　　数 240 千字

版　　次 2018 年 10 月第 1 版　2021 年 9 月第 2 次印刷

书　　号 ISBN 978-7-5022-9451-9

定　　价 78.00 元

网　　址： http://www.aep.com.cn　　E-mail: atomep123@126.com

发行电话： 010-68452845　　　版权所有　侵权必究

前　言

作为生命存在的基础，生物分子的结构、功能、数量及存在部位的异常和一些重要的生化反应或过程紊乱均可导致疾病的发生。所以说，生物化学与分子生物学在基础医学和临床医学中起着重要作用。

随着现代科学的迅速发展，生物化学与分子生物学的课程已经从以物质代谢为中心的传统教学模式转移到了以基因信息传递为中心的现代分子生物学的新型知识框架。为此，生物化学的教学除了交代物质代谢之外，还应重点地介绍分子生物学的基本知识和实验技能，介绍生物大分子的结构与功能的关系，基因信息传递。同时联系临床实践，介绍如何在分子水平上认识、诊断和治疗人类疾病。

本书全面反映分子生物学的发展及其对生物技术的推动。涵盖的内容包括基因工程、细胞工程、蛋白质工程、酶工程、发酵工程等各个方面，并适时增加了医药生物技术（如免疫接种、抗体工程、遗传疾病分子诊断、法医学应用）及生物传感器、生物信息学相关内容。

从细胞化学和细胞生物学入手，详尽地介绍了微生物的营养、代谢、合成、分子遗传和微生物遗传，遗传工程和生物工程，生长和调控，工业微生物，寄主和寄生菌的关系，免疫，临床和诊断微生物，流行病学和公共卫生微生物学，主要的微生物疾病，微生物代谢的多样性，微生物生态学，分子体系和微生物进化，病毒、细菌、古细菌和真核微生物等内容。本书阐述清晰，条理性强，简明易懂，并附有图表，每节后有概括的内容总结，便于读者学习。

本书以浅显易懂的形式阐述分子生物学相关理论和应用技术，是生物学和化学相关专业理想的本科教材或参考书，也适于其他领域从事生物技术的研究、生产人员参考。

目 录

第一章　绪论

第一节　生物科学

生物技术是应用生物学、化学和工程学的基本原理，利用生物体（包括微生物，动物细胞和植物细胞）或其组成部分（细胞器和酶）来生产有用物质，或为人类提供某种服务的技术。近些年来，随着现代生物技术突飞猛进地发展，包括基因工程、细胞工程、蛋白质工程、酶工程以及生化工程所取得的成果，利用生物转化特点生产化工产品，特别是用一般化工手段难以得到的新产品，改变现有工艺，解决长期被困扰的能源危机和环境污染两大棘手问题，愈来愈受到人们的关注，且有的已付诸现实。

生物科学是一门以实验为基础，研究生命活动规律的科学。一般大学都设在生命科学院内，与生物技术，生物工程是兄弟专业。其专业涉及面相当广，包括植物学，动物学，微生物学，神经学，生理学，组织学，解剖学等。

古代的人们在采集野果、从事渔猎和农业生产的过程中，逐步积累了动植物的知识；在防治疾病的过程中，逐步积累了医药知识。从总体看，在 19 世纪以前，生物科学主要是研究生物的形态、结构和分类，积累了大量的事实资料。进入 19 世纪以后，科学技术水平不断提高，显微镜制造更加精良，促使生物学全面发展，具体表现在寻找各种生命现象之间的内在联系，并且对积累起来的事实资料做出理论的概括，在细胞学、古生物学、比较解剖学、比较胚胎学等方面都取得了进展。

19 世纪 30 年代，德国植物学家施来登和动物学家施望提出了细胞学说，指出细胞是一切动植物结构的基本单位，为研究生物的结构、生理、生殖和发育等奠定了基础。

1859 年英国生物学家达尔文（1809—1882）出版了《物种起源》一书，科学地阐述了以自然选择学说为中心的生物进化理论，这是人类对生物界认识的伟大成就，给神创论和物种不变论以沉重的打击，在推动现代生物学的发展方面起了巨大的作用。纵观 20 世纪以前的生物科学的研究是以描述为主的，因而可以成为描述性生物学阶段。

19 世纪中后期，自然科学在物理学的带动下取得了较大的成就。物理和化学的实验方法和研究成果也逐渐引进到生物学的研究领域。到 1900 年，随着孟德尔（1822—1884）发现的遗传定律被重新提出，生物学迈进了第二阶段——实验生物学阶段。在这个阶段中，生物学家更多地用实验手段和理化技术来考察生命过程，由于生物化学、细胞遗传学等分支学科不断涌现，使生物科学研究逐渐集中到分析生命活动的基本规律上来。20世纪30年代以来，生物科学研究的主要目标逐渐集中在与生命本质密切相关的生物大分子——蛋白质和核酸上，1944年，美国生物学家艾菲里用细菌做实验材料，第一次证明了DNA是遗传物质，1953年，美国科学家沃森和英国科学家克里克共同提出了DNA分子双螺旋结构模型，这是20世纪生物科学最伟大的成就，标志着生物科学的发展进入了一个新阶段——分子生物阶段。

在分子生物学的带动下，生物科学的众多分支学科都迅猛发展，取得了以系列划时代的巨大成就，是生命学成为当代成果最多和最吸引人的学科之一。

现代生物科学（生物工程）是指对生物有机体在分子、细胞或个体水平上通过一定的技术手段进行设计操作，为达到目的和需要，以改良物种质量和生命大分子特性或生产特殊用途的生命大分子物质等。包括基因工程、细胞工程、酶工程、发酵工程，其中基因工程为核心技术。由于生物技术将会为解决人类面临的重大问题如粮食、健康、环境、能源等开辟广阔的前景，它与计算器微电子技术、新材料、新能源、航天技术等被列为高科技，被认为是21世纪科学技术的核心。目前生物技术最活跃的应用领域是生物医药行业，生物制药被投资者认为是成长性最高的产业之一。世界各大医药企业瞄准目标，纷纷投入巨额资金，开发生物药品，展开了面向21世纪的空前激烈竞争。

生物技术的发展可以划分为三个不同的阶段：传统生物技术、近代生物技术、现代生物技术。传统生物技术的技术特征是酿造技术，近代生物技术的技术特征是微生物发酵技术，现代生物技术的技术特征就是以基因工程为首要标志。本文所说的生物技术，是指现代生物技术，也可称之为生物工程。现代生物技术在70年代开始异军突起，近一二十年来发展极为神速。它与微电子技术、新材料技术和新能源技术并列为影响未来国计民生的四大科学技术支柱，被认为是21世纪世界知识经济的核心。

生物技术的应用范围十分广泛，主要包括医药卫生、食品轻工、农牧渔业、能源工业、化学工业、冶金工业、环境保护等几个方面。其中医药卫生领域是现代生物技术最先登上的舞台，也是目前应用最广泛、成效最显著、发展最迅速、潜力也最大的一个领域。

一、生物技术

生物技术已成为当今世界发展最快、最活跃的高新技术领域之一。生物技术主要包括基因工程、蛋白质工程、细胞工程、酶工程和发酵工程等5个方面内容。生物技术已在农业、医药、轻工、食品、环保、海和能源等方面得到应用，并在医药。

现代生物技术亦即生物工程，是以生命科学为基础，利用生物（或其组织、细胞等）的特性和功能，设计、构建具有预期性能的新物质或新品系，以及与工程原理相结合，加工生产产品或提供服务的综合性技术，它是以DNA分子技术为基础，包括微生物工程，细胞工程，酶工程，基因工程等一系列生物高新技术的总称。它虽诞生于 20 世纪 70 年代初，起步较晚，但其发展迅猛，且潜力巨大。为解决人类生存与发展所面临的粮食、健康、环境和能源等一系列重大问题开辟了广阔的前景，因而备受各国政府和企业界的欢迎，并将其与信息、新材料和新能源技术并列为影响国计民生的四大科学技术支柱，是 21 世纪高新技术产业的先导。

（一）医药生物技术

医药生物技术是生物技术首先取得突破，实现产业化的技术领域。在现代医药生物技术中，当前最活跃、应用最广泛的为基因工程技术和细胞工程技术，人们利用基因改造后的生物体可以制备大量的新的基因工程药物（所谓基因工程药物就是先确定对某种疾病有预防和治疗作用的蛋白质，然后将控制该蛋白质合成过程的基因取出来，经过一系列基因操作，最后将该基因放入可以大量生产的受体细胞中去，这些受体细胞包括细菌、酵母菌、动物或动物细胞、植物或植物细胞，在受体细胞不断繁殖过程中，大规模生产具有预防和治疗这些疾病的蛋白质，即基因疫苗或药物），进而生产各种导向药物，各种特异性的免疫诊断试剂、核酸检测试剂、生物芯片等。基因工程药物已经走进人们的生活，利用基因治愈更多的疾病不再是一个奢望。

1. 生物技术药品的生产

基因工程药品的生产，包括干扰素、白细胞介素、红细胞生成素、血小板生成素四个药品以及基因工程。利用基因工程、酶工程、发酵工程和蛋白质工程对传统医药产业进行技术改造，成为现代生物技术制药产业的包括维生素 C、激素类药品和抗生素的生产以及氨基酸生产等。利用现代生物技术的提取、分离、纯化等下游技术使生化制剂升级换代。其中，乙肝疫苗形成了基因工程产品体系。它是基因工程药物对人类的贡献典例之一，以下将以此为例说明基因工程药物的应用：像其他蛋白质一样，乙肝表面抗原（HBSAg）的产生也受 DNA 调控。利用基因剪切技术，用一种"基因剪刀"将调控 HBSAg 的那段 DNA 剪裁下来，装到一个表达载体中，再把这种表达载体转移到受体细胞内，如大肠杆菌或酵母菌等；最后再通过这些大肠杆菌或酵母菌的快速繁殖，生产出大量我们所需要的 HBSAg（乙肝疫苗）。过去，乙肝疫苗的来源，主要是从 HBV 携带者的血液中分离出来的 HBSAg，这种血液是不安全的，可能混有其他病原体、其他型的肝炎病毒，特别是艾滋病病毒（HIV）的污染。此外，血液来源也是极有限的，使乙肝疫苗的供应犹如杯水车薪，远不能满足全国的需要。基因工程疫苗解决了这一难题。而且基因工程乙肝疫苗（酵母重组）与血源乙肝疫苗可互换使用。据临床报道，基因工程乙肝疫苗（酵母重组）能够成功地加强由血源乙肝疫苗激发的免疫反应，对一个曾经接受过血源乙肝疫苗的人，完全可以换用基因工程乙肝疫苗（酵母重组）来加强免疫。临床研究表明，人体对基因工程乙肝疫苗（酵母重组）有很好的耐受性，无严重副反应出现，表明基因工程乙肝疫苗（酵母重组）是非常安全的，在我国基因工程乙肝疫苗已使用 1 500 万人份以上，如此大规模接种，尚未出现严重副反应报道。正是基于1996年我国已有能力生产大量的基因工程乙肝疫苗，我国才有信心遏制这一威胁人类健康最严重、流行最广泛的病种。大量临床资料表明：它是一种安全有效的制品，它的抗体阳转率在95%以上，母婴阻断率在85%以上，它能降低乙肝感染率、携带率，成为控制乙肝的一种重要手段。基因工程乙肝疫苗（酵母重组）因是一个新产品，有关免疫持久性试验仍在进行之中，从所观察5年资料看，可以保护5年，是否能保护更长时间仍需实验证实。科学研究表明：基因工程乙肝疫苗（酵母重组）可刺激人体产生免疫记忆反应，因此，长期受益是可能的。

2. 医药生物技术的带动作用

随着现代生物技术的应用，必然引起一些产业的发展。例如，随着医疗诊断水平的提高，酶诊断试剂和免疫诊断试剂的生产必然达到更高水平；海洋药物和中药的开发应用技术也会有所改进；保健品的生产也已显出强劲的势头。

展望：人类基因组测序工作的完成，人们期待已久的人类基因密码的破译，会使我们对人的健康与疾病起因有更深入的认识，随之而来的将是更多的新防治药物的产生和新疗法的问世，为基因工程制药产业带来新的发展契机。然而，第一张人类基因组测序工作草图尚未弄清所有人类基因的功能，一旦人的基因产物（即活性蛋白质）被表达出来，将会有几千种具有特殊疗效的现代药物诞生。我们乐观地期待着这场新药革命的来临。

（二）食品生物技术

食品生物技术就是通过生物技术手段，用生物程序、生产细胞或其代谢物质来制造食品，改进传统生产过程，以提高人类生活质的科学技术。生物技术在食品工业中的应用首先是在基因工程领域，即以DNA重组技术或克隆技术为手段，实现动物、植物、微生物等的基因转移或DNA重组，以改良食品原料或食品微生物。如利用基因工程改良食品加工的原料、改良微生物的菌种性能、生产酶制剂、生产保健食品的有效成分等。其次是在细胞工程的应用，即以细胞生物学的方法，按照人们预定的设计，有计划地改造遗传物质和细胞培养技术，包括细胞融合技术及动、植物大量控制性培养技术，以生产各种保健食品的有效成分、新型食品和食品添加剂。再次是在酶工程的应用。酶是活细胞产生的具有高度催化活性和高度专一性的生物催化剂，可应用于食品生产过程中物质的转化。继淀粉水解酶的品种配套和应用开拓取得显著成效以来，纤维素酶在果汁生产、果蔬生产、速溶茶生产、酱油酿造、制酒等食品工业中应用广泛。最后是在发酵工程的应用，即采用现代发酵设备，使经优选的细胞或经现代技术改造的菌株进行放大培养和控制性发酵，获得工业化生产预定的食品或食品的功能成分。还有一些功能性食品如高钙奶、蜂产品、螺旋藻、鱼油、多糖、大豆异黄酮、辅酶Q10等。

作为一项极富潜力和发展空间的新兴技术，生物技术在食品工业中的发展将会呈现出以下趋势：

1. 大力开发食品添加剂新品种

目前，国际上对食品添加剂品质要求是：使食品更加天然、新鲜；追求食品的低脂肪、低胆固醇、低热量；增强食品贮藏过程中品质的稳定性；不用或少用化学合成的添加剂。因此，今后要从两个方面加大开发的力度，一是用生物法代替化学合成的食品添加剂，迫切需要开发的有保鲜剂、香精香料、防腐剂、天然色素等；二是要大力开发功能性食品添加剂，如具有免疫调节、延缓衰老、抗疲劳、耐缺氧、抗辐射、调节血脂、调整肠胃功能性组分。

2. 发展微生物保健食品

微生物食品有着悠久的历史，酱油、食醋、饮料酒、蘑菇都等属于这个领域，它们与双歧杆菌饮料、酵母片剂、乳制品等微生物医疗保健品一样，有着巨大的发展潜力。微生物生产食品有着独有的特点，繁殖过程快，在一定的设备条件下可以大规模生产；要求的营养物质简单；食用菌的投入与产出比高出其他经济作物；易于实现产业化；可采用固体培养，也可实行液体培养，还可混菌培养；得到的菌体既可研制成产品，还可提取有效成分，用途极其广泛。

3. 转基因生物技术为农业、医学及食品等行业的腾飞注入了新的动力

转基因技术的开发可以加速农业、林业和渔业的发展，提高农作物产量，进而通过未来基因食品解决发展中国家人民的饥饿以及营养不良等问题。现时最普遍的转基因食品是大豆及玉米，占总数量的八成。加上棉花、油菜加在一起达到99%，还有番茄，如抗黄瓜花叶病毒的番茄和一种晚熟的番茄；还有也是抗黄瓜花叶病毒矮牵牛的甜椒；另外，也有一些兽用的饲料添加剂和微生物的农用产品。其中食用油是其中比较大的一块。食用油业内人士指出，目前食用油中约有80%～90%为转基因食品，这是由于目前市场上占主导地位的调和油、大豆色拉油，大部分是采用含转基因的原材料制成的。消费者要在超市里买到一瓶非转基因大豆油并不容易。因为目前的大豆色拉油、调和油其主要原料都是进口转基因大豆。由于目前市场上还没有转基因的有花生、橄榄及葵花子，因此所有花生油、橄榄油及葵花子油都属于非转基因食品。一些产品，也可能与转基因有关，如饼干、即溶饮品及冲调食品，饮料和奶制品，啤酒，婴儿食品及奶粉，膨化食品与零食，糖果、果冻和巧克力、雪糕等。

食品生物技术如同一把双刃剑，有利也有弊。转基因食品是不是有利，取决于转什么基因，或者基因转到什么食品里。因此，政府应该采取积极措施，随时公开基因食品的研究成果，以足以博取信任的方式与公众进行沟通。总之，生物技术已深入到食品工业的各个环节，对食品工业的发展发挥越来越重要的作用。随着它的不断发展，必将给人们带来更丰富，更有利于健康，更富有营养的食品，并带动食品工业发生革命性变化。展望21世纪基因食品的发展，未来生物技术不仅有助于实现食品的多样化，而且有助于生产特定的营养保健食品，进而治病健身。

二、生物科学研究对象

地球上现存的生物估计有 200 万~450 万种；已经灭绝的种类更多，估计至少也有 1 500 万种。从北极到南极，从高山到深海，从冰雪覆盖的冻原到高温的矿泉，都有生物存在。它们具有多种多样的形态结构，它们的生活方式也变化多端。从生物的基本结构单位——细胞的水平来考察，有的生物尚不具备细胞形态，在已具有细胞形态的生物中，有的由原核细胞构成，有的由真核细胞构成。从组织结构水平来看，有的是单生的或群体的单细胞生物，有的是多细胞生物，而多细胞生物又可根据组织器官的分化和发展而分为多种类型。从营养方式来看，有的是光合自养，有的是吸收异养或腐食性异养，有的是吞食异养。从生物在生态系统中的作用来看，有的是有机食物的生产者，有的是消费者，有的是分解者，等等。生物科学家根据生物的发展历史、形态结构特征、营养方式以及它们在生态系统中的作用等，将生物分为若干界。当前比较通行的是美国 R.H. 惠特克于 1969 年提出的 5 界系统。他将细菌、蓝菌等原核生物划为原核生物界，将单细胞的真核生物划为原生生物界，将多细胞的真核生物按营养方式划分为营光合自养的植物界、营吸收异养的真菌界和营吞食异养的动物界。中国生物科学家陈世骧于 1979 年提出 6 界系统。这个系统由非细胞总界、原核总界和真核总界 3 个总界组成，代表生物进化的 3 个阶段。非细胞总界中只有 1 界，即病毒界。原核总界分为细菌界和蓝菌界。真核总界包括植物界、真菌界和动物界，它们代表真核生物进化的 3 条主要路线。

（一）非细胞生命形态

病毒不具备细胞形态，由一个核酸长链和蛋白质外壳构成。

根据组成核酸的核苷酸数目计算，每一病毒颗粒的基因最多不过 300 个。寄生于细菌的病毒称为噬菌体。病毒没有自己的代谢机构，没有酶系统，也不能产生腺苷三磷酸（ATP）。因此病毒离开了寄主细胞，就成了没有任何生命活动，也不能独立地自我繁殖的化学物质。只有在进入寄主细胞之后，它才可以利用活细胞中的物质和能，以及复制、转录和转译的全套装备，按照它自己的核酸所包含的遗传信息产生和它一样的新一代病毒。病毒基因同其他生物的基因一样，也可以发生突变和重组，因而也是能够演化的。由于病毒没有独立的代谢机构，也不能独立地繁殖，因而被认为是一种不完整的生命形态。关于病毒的起源，有人认为病毒是由于寄生生活而高度退化的生物；有人认为病毒是从真核细胞脱离下来的一部分核酸和蛋白质颗粒；更多的人认为病毒是细胞形态发生以前的更低级的生命形态。近年发现了比病毒还要简单的类病毒，它是小的 RNA 分子，没有蛋白质外壳。另外还发现一类只有蛋白质却没有核酸的朊粒，它可以在哺乳动物身上造成慢性疾病。这些不完整的生命形态的存在缩小了无生命与生命之间的距离，说明无生命与生命之间没有不可逾越的鸿沟。因此，在原核生物之下，另辟一界，即病毒界是比较合理的。

（二）原核生物

原核细胞和真核细胞是细胞的两大基本类型，它们反映细胞进化的两个阶段。把具有细胞形态的生物划分为原核生物和真核生物，是现代生物科学的一大进展。原核细胞的主要特征是没有线粒体、质体等膜细胞器，染色体只是一个环状的 DNA 分子，不含组蛋白及其他蛋白质，没有核膜。原核生物包括细菌和蓝菌，它们都是单生的或群体的单细胞生物。细菌是只有通过显微镜才能看到的原核生物。大多数细菌都有细胞壁，其主要成分是肽聚糖而不是纤维素。细菌的主要营养方式是吸收异养，它分泌水解酶到体外，将大分子的有机物分解为小分子，然后将小分子营养物吸收到体内。细菌在地球上几乎无处不在，它们繁殖得很快，数量极大，在生态系统中是重要的分解者，在自然界的氮素循环和其他元素循环中起着重要作用。有些细菌能使无机物氧化，从中取得能来制造食物；有些细菌含有细菌叶绿素，能进行光合作用。但是细菌光合作用的电子供体不是水而是其他化合物如硫化氢等。所以细菌的光合作用是不产氧的光合作用。细菌的繁殖为无性繁殖，在某些种类中存在两个细胞间交换遗传物质的一种原始的有性过程——细菌接合。

1. 支原体、立克次氏体和衣原体均属细菌

支原体无细胞壁，细胞非常微小，甚至比某些大的病毒粒还小，能通过细菌滤器，是能够独立地进行生长和代谢活动的最小的生命形态。立克次氏体的酶系统不完全，它只能氧化谷氨酸，而不能氧化葡萄糖或有机酸以产生 ATP。衣原体没有能量代谢系统，不能制造 ATP。大多数立克次氏体和衣原体不能独立地进行代谢活动，被认为是介于细菌和病毒之间的生物。

蓝菌是行光合自养的原核生物，是单生的，或群体的，也有多细胞的。和细菌一样，蓝菌细胞壁的主要成分也是肽聚糖，细胞也没有核膜和细胞器，如线粒体、高尔基器、叶绿体等。但蓝菌细胞有由膜组成的光合片层，这是细菌所没有的。蓝菌含有叶绿素 a，这是高等植物也含有的而为细菌所没有的一种叶绿素。蓝菌还含有类胡萝卜素和蓝色色素——藻蓝蛋白，某些种还有红色色素——藻红蛋白，这些光合色素分布于质膜和光合片层上。蓝菌的光合作用和绿色植物的光合作用一样，用于还原 CO_2 产生的 H^+，因而伴随着有机物的合成还产生分子氧，这和光合细菌的光合作用截然不同。

最早的生命是在无游离氧的还原性大气环境中发生的（见生命起源），所以它们应该是厌氧的，又是异养的。从厌氧到好氧，从异养到自养，是进化史上的两个重大突破。蓝菌光合作用使地球大气从缺氧变为有氧，这样就改变了整个生态环境，为好氧生物的发生创造了条件，为生物进化展开了新的前景。在现代地球生态系统中，蓝菌仍然是生产者之一。

近年发现的原绿藻，含叶绿素 a、叶绿素 b 和类胡萝卜素。从它们的光合色素的组成以及它们的细胞结构来看，很像绿藻和高等植物的叶绿体，因此受到生物科学家的重视。真核生物和原核细胞相比，真核细胞是结构更为复杂的细胞。它有线粒体等各种膜细胞器，又围以双层膜的细胞核，把位于核内的遗传物质与细胞质分开。DNA 为长链分子，与组

蛋白以及其他蛋白结合而成染色体。真核细胞的分裂为有丝分裂和减数分裂，分裂的结果使复制的染色体均等地分配到子细胞中去。

2. 原生生物是最原始的真核生物

原生生物的原始性不但表现在结构水平上，即停留在单细胞或其群体的水平，不分化成组织；也表现在营养方式的多样性上。原生生物有自养的、异养的和混合营养的。例如，眼虫能进行光合作用，也能吸收溶解于水中的有机物。金黄滴虫除自养和腐食性营养外，还能和动物一样吞食有机食物颗粒。所以这些生物还没有明确地分化为动物、植物或真菌。根据这些特性，R.H. 惠特克吸收 20 世纪 E. 海克尔的意见，将原生生物列为他的 5 界系统中的 1 界，即原生生物界。但是有些科学家主张撤销这 1 界，他们的理由是原生生物界所包含的生物种类过于庞杂，大部分原生生物显然可以归入动物、植物或者真菌，那些处于中间状态的原生生物也不难使用分类学的分析方法适当地确定归属。

3. 植物是以光合自养为主要营养方式的真核生物

典型的植物细胞都含有液泡和以纤维素为主要成分的细胞壁。细胞质中有进行光合作用的细胞器即含有光合色素的质体——叶绿体。绿藻和高等植物的叶绿体中除叶绿素 a 外，还有叶绿素 b。多种水生藻类，因辅助光合色素的组成不同，而呈现出不同的颜色。植物的光合作用都是以水为电子供体的，因而都是放氧的。光合自养是植物界的主要营养方式，只有某些低等的单细胞藻类，进行混合营养。少数高等植物是寄生的，行次生的吸收异养，还有很少数高等植物能够捕捉小昆虫，进行吸收异养。植物界从单细胞绿藻到被子植物是沿着适应光合作用的方向发展的。在高等植物中植物体发生了光合器官（叶）、支持器官（茎）以及用于固定和吸收的器官（根）的分化。叶柄和众多分枝的茎支持片状的叶向四面展开，以获得最大的光照和吸收 CO_2 的面积。细胞也逐步分化形成专门用于光合作用、疏导和覆盖等各种组织。大多数植物的生殖是有性生殖，形成配子体和孢子体世代交替的生活史。在高等植物中，孢子体不断发展分化，而配子体则趋于简化。植物是生态系统中最主要的生产者，也是地球上氧气的主要来源。

4. 真菌是以吸收为主要营养方式的真核生物

真菌的细胞有细胞壁，至少在生活史的某一阶段是如此。细胞壁多含几丁质，也有含纤维素的。几丁质是一种含氨基葡萄糖的多糖，是昆虫等动物骨骼的主要成分，植物细胞壁从无几丁质。真菌细胞没有质体和光合色素。少数真菌是单细胞的，如酵母菌。多细胞真菌的基本构造是分枝或不分枝的菌丝。一整团菌丝叫菌丝体。有的菌丝以横隔分成多个细胞，每个细胞有一个或多个核，有的菌丝无横隔而成为多核体。菌丝有吸收水分和养料的机能。菌丝体常疏松如蛛网，以扩大吸收面积。真菌的繁殖能力很强，繁殖方式多样，主要是以无性或有性生殖产生的各种孢子作为繁殖单位。真菌分布非常广泛。在生态系统中，真菌是重要的分解者，分解作用的范围也许比细菌还要大一些。

5. 黏菌是一种特殊的真菌

它的生活史中有一段是真菌性的，而另一段则是动物性的，其结构、行为和取食方法与变形虫相似。黏菌被认为是介于真菌和动物之间的生物。动物是以吞食为营养方式的真核生物。吞食异养包括捕获、吞食、消化和吸收等一系列复杂的过程。动物体的结构是沿着适应吞食异养的方向发展的。单细胞动物吞入食物后形成食物泡。食物在食物泡中被消化，然后透过膜而进入细胞质中，细胞质中溶酶体与之融合，是为细胞内消化。多细胞动物在进化过程中，细胞内消化逐渐为细胞外消化所取代，食物被捕获后在消化道内由消化腺分泌酶而被消化，消化后的小分子营养物经消化道吸收，并通过循环系统而被输送给身体各部的细胞。与此相适应，多细胞动物逐步形成了复杂的排泄系统、进行气体交换的外呼吸系统以及复杂的感觉器官、神经系统、内分泌系统和运动系统等。神经系统和内分泌系统等组成了复杂的自我调节和自我控制的机构，调节和控制着全部生理过程。在全部生物中，只有动物的身体构造发展到如此复杂的高级水平。在生态系统中，动物是有机食物的消费者。在生命发展的早期，即在地球上只有蓝菌和细菌时，生态系统是由生产者和分解者组成的两环系统。随着真核生物特别是动物的产生和发展，两环生态系统发展成由生产者、分解者和消费者所组成的三环系统。出现了今日丰富多彩的生物世界。

从类病毒、病毒到植物、动物，生物拥有众多特征鲜明的类型。各种类型之间又有一系列中间环节，形成连续的谱系。同时由营养方式决定的三大进化方向，在生态系统中呈现出相互作用的空间关系。因而，进化既是时间过程，又是空间发展过程。生物从时间的历史渊源和空间的生活关系来讲，都是一个整体。

三、生物科学研究方法

生物科学的一些基本研究方法——观察描述的方法、比较的方法和实验的方法等是在生物科学发展进程中逐步形成的。在生物科学的发展史上，这些方法依次兴起，成为一定时期的主要研究手段。现在，这些方法综合而成现代生物科学研究方法体系。观察描述的方法在17世纪，近代自然科学发展的早期，生物科学的研究方法同物理学研究方法大不相同。物理学研究的是物体可测量的性质，即时间、运动和质量。物理学把数学应用于研究物理现象，发现这些量之间存在着相互关系，并用演绎法推算出这些关系的后果。生物科学的研究则是考察那些将不同生物区别开来的、往往是不可测量的性质。生物科学用描述的方法来记录这些性质,再用归纳法,将这些不同性质的生物归并成不同的类群。18世纪，由于新大陆的开拓和许多探险家的活动，生物科学记录的物种几倍、几十倍地增长，于是生物分类学首先发展起来。生物分类学者搜集物种进行鉴别、整理，描述的方法获得巨大发展。要明确地鉴别不同物种就必须用统一的、规范的术语为物种命名，这又需要对各种各样形态的器官作细致的分类，并制定规范的术语为器官命名。这一繁重的术语制定工作，主要是 C.Von• 林奈完成的。人们使用这些比较精确的描述方法收集了大量动、植物分类学材料及形态学和解剖学的材料。

（一）比较的方法

18世纪下半叶，生物科学不仅积累了大量分类学材料，而且积累了许多形态学、解剖学、生理学的材料。在这种情况下，仅仅作分类研究已经不够了，需要全面地考察物种的各种性状，分析不同物种之间的差异点和共同点，将它们归并成自然的类群。比较的方法便被应用于生物科学。

运用比较的方法研究生物，是力求从物种之间的类似性找到生物的结构模式、原型甚至某种共同的结构单元。G.居维叶在动物学方面，J.W.Von·歌德在植物学方面，是用比较方法研究生物科学问题的著名学者。用比较的方法研究生物，越来越深刻地揭示动物和植物结构上的统一性，势必触及各个不同类型生物的起源问题。19世纪中叶，达尔文的进化论战胜了特创论和物种不变论。进化论的胜利又给比较的方法以巨大的影响。早期的比较，还仅仅是静态的共时的比较，在进化论确立后，比较就成为动态的历史的比较了。现存的任何一个物种以及生物的任何一种形态，都是长期进化的产物，因而用比较的方法，从历史发展的角度去考察，是十分必要的。早期的生物科学仅仅是对生物的形态和结构作宏观的描述。1665年英国R.胡克用他自制的复式显微镜，观察软木片，看到软木是由他称为细胞的盒状小室组成的。从此，生物科学的观察和描述进入了显微领域。但是在17世纪，人们还不能理解细胞这样的显微结构有何等重要意义。那时的显微镜未能消除使影像失真的色环，因而还不能清楚地辨认细胞结构。19世纪30年代，消色差显微镜问世，使人们得以观察到细胞的内部情况。1838—1839年施莱登和施万的细胞学说提出：细胞是一切动植物结构的基本单位。比较形态学者和比较解剖学者多年来苦心探求生物的基本结构单元，终于有了结果。细胞的发现和细胞学说的建立是观察和描述深入到显微领域所获得的成果，也是比较方法研究的一个重要成果。

（二）实验的方法

前面提到的观察和描述的方法有时也要对研究对象作某些处理，但这只是为了更好地观察自然发生的现象，而不是要考察这种处理所引起的效应。实验方法则是人为地干预、控制所研究的对象，并通过这种干预和控制所造成的效应来研究对象的某种属性。实验的方法是自然科学研究中最重要的方法之一。17世纪前后生物科学中出现了最早的一批生物科学实验，如英国生理学家W.哈维关于血液循环的实验，J.B.Van黑尔蒙特关于柳树生长的实验等。然而在那时，生物科学的实验并没有发展起来，这是因为物理学、化学还没有为生物科学实验准备好条件，活力论还占统治地位。很多人甚至认为，用实验的方法研究生物科学只能起很小的作用。

到了19世纪，物理学、化学比较成熟了，生物科学实验就有了坚实的基础，因而首先是生理学，然后是细菌学和生物化学相继成为明确的实验性的学科。19世纪80年代，实验方法进一步被应用到了胚胎学，细胞学和遗传学等学科。到了20世纪30年代，除了古生物科学等少数学科，大多数的生物科学领域都因为应用了实验方法而取得新进展。

实验方法当然包含着对研究对象进行某种处理，然而更重要的则是它的思维方式。用实验的方法研究某一生命过程，要求根据已有事实提出假说，并根据假说推导出一个可以用实验检验的预测，然后进行实验，如果实验结果符合预测，就说明假说是正确的。在这里，假说必须是可以用实验加以验证的，而且只有经过实验的检验，假说才可能上升为学说或理论。实验方法的使用大大加强了研究工作的精确性。19世纪以来，实验方法成为生物科学主要的研究方法后，生物科学发生巨大变化，成为精确的实验科学。

20世纪，实验方法获得巨大发展，然而单纯观察或描述方法，仍然是生物科学的基本研究方法。生物体具有多层次的复杂的形态结构。每一个历史时期都有形态描述的任务。20世纪30年代出现了电子显微镜，使观察和描述深入到超微观世界。人们通过电子显微镜看到了支原体和病毒，也看到了细胞器的超微结构。由于细胞是生命的最小单位，是生命活动的最小的系统，因而揭示它构造上的细节，对揭示生命的本质具有重大的意义。

比较的方法在20世纪也有新的进展，它已经不限于生物体的宏观形态结构的比较，而是深入到不同属种的蛋白质、核酸等生物大分子化学结构的比较，如不同物种的细胞色素C的化学结构的测定和比较。根据其差异程度可以对物种的亲缘关系给出定量的估计。

（三）电泳

生物科学实验技术在20世纪突飞猛进。随着现代物理学、化学的发展，生物科学新的实验方法纷纷出现。层析、分光光度法、电泳、超速离心、同位素示踪、X射线衍射分析、示波器、激光、电子计算机等相继应用于生物科学研究。细胞培养、细胞融合、基因操作、单克隆抗体、酶和细胞固定化以及连续发酵等新技术纷纷建立，使生物科学实验中对条件的控制更为有效、严格，观察和测量更为精密，这就有可能详尽地探索生物体内物质的、能的和信息的动态过程。生物科学实验技术的发展使生物科学取得一系列辉煌的成就。由新型的实验技术发展而来的生物工程，包括基因工程、细胞工程、酶工程和发酵工程，已经成为当代新技术革命的重要内容。实验研究往往带有分析的性质。生物科学实验分析已经深入到分子的层次，生物大分子本身并不具有生命属性，只有这些生物大分子形成细胞这样复杂的系统，才表现出生命的活动。没有活的分子，只有活的系统。在每一个层次上，新的生物科学规律总是作为系统的和整体的规律而出现的。对于生物科学来说，既需要有精确的实验分析，又需要从整体和系统的角度来观察生命。1924—1928年L.Von·贝塔兰菲提出系统论思想，认为一切生物是时空上有限的具有复杂结构的一种自然系统。1932—1934年，他提出用数学和数学模型来研究生物科学。半个世纪以来，系统论取得了很大发展，涌现出许多定量处理系统问题的数学理论。生物科学也积累了大量关于各个层次生命系统及其组成成分的实验资料，系统论方法将作为新的研究方法而受到人们的重视。

四、生物科学学科分类

生物科学的分支学科各有一定的研究内容而又相互依赖、互相交叉。此外，生命作为一种物质运动形态，有它自己的生物科学规律，同时又包含并遵循物理和化学的规律。因此，生物科学同物理学、化学有着密切的关系。生物分布于地球表面，是构成地球景观的重要因素。因此，生物科学和地学也是互相渗透、互相交叉的。早期的生物科学主要是对自然的观察和描述，是关于博物学和形态分类的研究。所以生物科学最早是按类群划分学科的，如植物学、动物学、微生物科学等。由于生物种类的多样性，也由于人们对生物科学的了解越来越多，学科的划分也就越来越细，一门学科往往要再划分为若干学科，例如植物学可划分为藻类学、苔藓植物学、蕨类植物学等；动物学划分为原生动物学、昆虫学、鱼类学、鸟类学等；微生物不是一个自然的生物类群，只是一个人为的划分，一切微小的生物如细菌以及单细胞真菌、藻类、原生动物都可称为微生物，不具细胞形态的病毒也可列入微生物之中。因而微生物科学进一步分为细菌学、真菌学、病毒学等。

按生物类群划分学科，有利于从各个侧面认识某一个自然类群的生物特点和规律性。但无论具体对象是什么，研究课题都不外分类、形态、生理、生化、生态、遗传、进化等方面。为了强调按类型划分的学科已经不仅包括形态、分类等比较经典的内容，而且包括其他各个过程和各种层次的内容，人们倾向于把植物学称为植物生物科学，把动物学称为动物生物科学。

生物在地球历史中有着40亿年左右的发展进化历程。大约有1 500万种生物已经绝灭，它们的一些遗骸保存在地层中形成化石。古生物科学专门通过化石研究地质历史中的生物，早期古生物科学多偏重于对化石的分类和描述，近年来生物科学领域的各个分支学科被引入古生物科学，相继产生古生态学、古生物地理学等分支学科。现在有人建议，以广义的古生物生物科学代替原来限于对化石进行分类描述的古生物科学。

生物的类群是如此的繁多，需要一个专门的学科来研究类群的划分，这个学科就是分类学。林奈时期的分类以物种不变论为指导思想，只是根据某几个鉴别特征来划分门类，习称人为分类。现代的分类是以进化论为指导思想，根据物种在进化上的亲疏远近进行分类，通称自然分类。现代分类学不仅进行形态结构的比较，而且吸收生物化学及分子生物科学的成就，进行分子层次的比较，从而更深刻揭示生物在进化中的相互关系。现代分类学可定义为研究生物的系统分类和生物在进化上相互关系的科学。

（一）按生命属性划分

生物科学中有很多分支学科是按照生命运动所具有的属性、特征或者生命过程来划分的。

1. 形态学

形态学是生物科学中研究动、植物形态结构的学科。在显微镜发明之前，形态学只限于对动、植物的宏观的观察，如人体解剖学、脊椎动物比较解剖学等。比较解剖学是用比较的和历史的方法研究脊椎动物各门类在结构上的相似与差异，从而找出这些门类的亲缘关系和历史发展。显微镜发明之后，组织学和细胞学也就相应地建立起来，电子显微镜的使用，使形态学又深入到超微结构的领域。但是形态结构的研究不能完全脱离机能的研究，现在的形态学早已跳出单纯描述的圈子，而使用各种先进的实验手段了。

2. 生理学

生理学是研究生物机能的学科，生理学的研究方法是以实验为主。按研究对象又分为植物生理学、动物生理学和细菌生理学。植物生理学是在农业生产发展过程中建立起来的。生理学也可按生物的结构层次分为细胞生理学、器官生理学、个体生理学等。在早期，植物生理学多以种子植物为研究对象；动物生理学也大多联系医学而以人、狗、兔、蛙等为研究对象；以后才逐渐扩展到低等生物的生理学研究，这样就发展了比较生理学。

3. 遗传学

遗传学是研究生物性状的遗传和变异，阐明其规律的学科。遗传学是在育种实践的推动下发展起来的。1900 年孟德尔的遗传定律被重新发现，遗传学开始建立起来。以后，由于 T.H. 摩尔根等人的工作，建成了完整的细胞遗传学体系。1953 年，遗传物质 DNA 分子的结构被揭示，遗传学深入到分子水平。现在，遗传信息的传递、基因的调控机制已逐渐被了解，遗传学理论和技术在农业、工业和临床医学实践中都在发挥作用，同时在生物科学的各分支学科中占有重要的位置。生物科学的许多问题，如生物的个体发育和生物进化的机制，物种的形成以及种群概念等都必须应用遗传学的成就来求得更深入的理解。

4. 胚胎学

胚胎学是研究生物个体发育的学科，原属形态学范围。1859 年达尔文进化论的发表大大推动了胚胎学的研究。19 世纪下半叶，胚胎发育以及受精过程的形态学都有了详细精确的描述。此后，动物胚胎学从观察描述发展到用实验方法研究发育的机制，从而建立了实验胚胎学。现在，个体发育的研究采用生物化学方法，吸收分子生物科学成就，进一步从分子水平分析发育和性状分化的机制，并把关于发育的研究从胚胎扩展到生物的整个生活史，形成发育生物科学。

5. 生态学

生态学是研究生物与生物之间以及生物与环境之间的关系的学科。研究范围包括个体、种群、群落、生态系统以及生物圈等层次。揭示生态系统中食物链、生产力、能量流动和物质循环的有关规律，不但具有重要的理论意义，而且同人类生活密切相关。生物圈是人类的家园。人类的生产活动不断地消耗天然资源，破坏自然环境。特别是进入 20 世纪以后，由于人口急剧增长，工业飞速发展，自然环境遭到空前未有的破坏性冲击。保护资源、保持生态平衡是人类当前刻不容缓的任务。生态学是环境科学的一个重要组成成分，所以也可称环境生物科学。人类生态学涉及人类社会，它已超越了生物科学范围，而同社会科学相关联。

生命活动不外物质转化和传递、能的转化和传递以及信息的传递三个方面。因此，用物理的、化学的以及数学的手段研究生命是必要的，也是十分有效的。交叉学科如生物化学、生物物理学、生物数学就是这样产生的。

6. 生物化学

生物化学是研究生命物质的化学组成和生物体各种化学过程的学科，是进入 20 世纪以后迅速发展起来的一门学科。生物化学的成就提高了人们对生命本质的认识。生物化学和分子生物科学的内容有区别，但也有相同之处。一般说来，生物化学侧重于生命的化学过程、参与这一过程的作用物、产品以及酶的作用机制的研究。例如在细胞呼吸、光合作用等过程中物质和能的转换、传递和反馈机制都是生物化学的研究内容。分子生物科学是从研究生物大分子的结构发展起来的，现在更多的仍是研究生物大分子的结构与功能的关系，以及基因表达、调控等方面的机制问题。

7. 生物物理学

生物物理学是用物理学的概念和方法研究生物的结构和功能、研究生命活动的物理和物理化学过程的学科。早期生物物理学的研究是从生物发光、生物电等问题开始的，此后随着生物科学的发展，物理学新概念，如量子物理、信息论等的介入和新技术如 X 衍射、光谱、波谱等的使用，生物物理的研究范围和水平不断加宽加深。一些重要的生命现象如光合作用的原初瞬间捕捉光能的反应，生物膜的结构及作用机制等都是生物物理学的研究课题。生物大分子晶体结构、量子生物科学以及生物控制论等也都属于生物物理学的范围。

8. 生物数学

生物数学是数学和生物科学结合的产物。它的任务是用数学的方法研究生物科学问题，研究生命过程的数学规律。早期，人们只是利用统计学、几何学和一些初等的解析方法对生物现象做静止的、定量的分析。20 世纪 20 年代以后，人们开始建立数学模型，模拟各种生命过程。现在生物数学在生物科学各领域如生理学、遗传学、生态学、分类学等领域中都起着重要的作用，使这些领域的研究水平迅速提高，另一方面，生物数学本身也在解决生物科学问题中发展成一独立的学科。

有少数生物科学科是按方法来划分的，如描述胚胎学、比较解剖学、实验形态学等。按方法划分的学科，往往作为更低一级的分支学科，被包括在上述按属性和类型划分的学科中。

（二）按层次划分

生物界是一个多层次的复杂系统。为了揭示某一层次的规律以及和其他层次的关系，出现了按层次划分的学科并且愈来愈受人们的重视。

1. 分子生物科学

分子生物科学是研究分子层次的生命过程的学科。它的任务在于从分子的结构与功能以及分子之间的相互作用去揭示各种生命过程的物质基础。现代分子生物科学的一个主要分科是分子遗传学，它研究遗传物质的复制、遗传信息的传递、表达及其调节控制问题等。

2. 细胞生物科学

细胞生物学是研究细胞层次生命过程的学科，早期细胞学是以形态描述为主的。以后细胞学吸收了分子生物科学的成就，深入到超微结构的水平，主要研究细胞的生长、代谢和遗传等生物科学过程，细胞学也就发展成细胞生物科学了。

3.个体生物科学

个体生物科学是研究个体层次生命过程的学科。在复式显微镜发明之前，生物科学大都是以个体和器官系统为研究对象的。研究个体的过程有必要分析组成这一过程的器官系统过程、细胞过程和分子过程。但是个体的过程又不同于器官系统过程、细胞过程或分子过程的简单相加。个体的过程存在着自我调节控制的机制，通过这一机制，高度复杂的有机体整合为高度协调的统一体，以协调一致的行为反应于外界因素的刺激。个体生物科学建立得很早，直到现在，仍是十分重要的。

4.种群生物科学

种群生物科学是研究生物种群的结构、种群中个体间的相互关系、种群与环境的关系以及种群的自我调节和遗传机制等。种群生物科学和生态学是有很大重叠的，种群生物科学可以说是生态学的一个基本部分。

以上所述，还仅仅是当前生物科学分科的主要格局，实际的学科比上述的还要多。例如，随着人类的进入太空，宇宙生物科学已在发展之中。又如随着实验精确度的不断提高，对实验动物的要求也越来越严，研究无菌生物和悉生态的悉生生物科学也由于需要而建立起来。总之，一些新的学科不断地分化出来，一些学科又在走向融合。生物科学分科的这种局面，反映了生物科学极其丰富的内容，也反映了生物科学蓬勃发展的景象。

五、生物科学与生命科学

生命科学的发展必然带来生物产业的革新。在我国经济走向新常态的关键时刻，生命科学也迎来了研究范式的转型和研发平台的创新。在这样的历史关头，认识生命科学与生物产业的发展趋势，因势利导，调整未来的战略和策略，具有十分重要的意义。

首先，"会聚"范式推动对生物复杂系统和生命复杂过程运动规律的研究从"定性观察描述"发展为"定量检测解析"乃至向"预测编程"和"调控再造"的跃升，由此带来生命科学研究的革命。

随着各类实验技术的创新与应用，现代生命科学的发展经历了三个研究范式阶段。20世纪中叶，基于一系列生命分子结构功能关系的研究，生命科学研究进入以分子生物学为代表的第一范式阶段。20世纪末，"人类基因组计划"和一系列"组学"研究的成功，使生命科学研究进入以基因组学为代表的第二范式阶段。最近20年来，高通量低成本的新一代组学技术、单分子技术、纳米技术等新技术新方法的发展以及与数理科学"定量概念"、工程科学"设计概念"、合成化学"合成认识概念"等思路和策略的进一步交叉融合，生命科学开启了以系统化、定量化和工程化为特征的"多学科会聚"研究范式，为更深入系统地认识生命、更精准有效地改造生物体提供了前所未有的机遇。

基因组与表型组结合，大尺度、跨物种宏观进化研究与物种内微观进化规律探索的结合，有望从整合和系统生物学角度解析动植物分化发育等复杂性状的成因，为人类疾病防治、动植物经济性状改良和功能仿生提供新理论新方法。对植物基因与基因组的冗余性及相关遗传多样性、以光合作用为主要特征的生理与代谢以及生长发育调控和环境互作等重大前沿科学问题的研究，为生命复杂体系的解析、农林业与生态环保科学的发展提供了新渠道。

研究细胞内超大复合体的结构、功能和调控，是在原子水平阐明生命机器运转机制、破解生命奥秘的重要途径之一，也是创新药物研制的基础；探索细胞活动的分子运动及信号转导规律，是揭示细胞"生老病死"调控机制的关键，也是认识生命复杂系统与过程的重要节点。

脑科学与数理、信息等学科领域的结合，正在催生脑—机交互技术，有望描绘人脑活动图谱和工作机理，揭开意识起源之谜，极大带动人工智能、复杂网络理论与技术的发展，促进精神疾病和神经退行性疾病等脑疾病防治策略的进步。

合成生物学的出现，引入了"自下而上"系统设计、模块合成、定量测试的工程化研究概念；开发了对基因组"解读、书写、编辑和重构"的使能技术和相关平台，为探索生命起源进化之谜、解析生命分子结构功能提供了通过"人工合成"认识"自然复杂体系"的新思路、新手段和新策略。

其次，转化型研究成为生命科学研究与生物技术创新的主要平台，由此决定生物产业在生物技术"会聚"研发工程化理念指导下高效率、广覆盖的发展趋势。

转化型研究将促进科研成果从"单向技术转让"的传统产业转化模式转变为生物科技源头创新与经济社会发展需求紧密衔接的"双向互动高效发展"新模式。它以解决经济社会各领域的应用问题为目标，开展"会聚"工程化研究，将科学知识与创新技术高效率地向多种应用领域转化，涵盖人类社会发展所面临的人口健康、资源环境、食品安全和公共安保等诸多问题，孕育和催生产业及社会生活方式的革命。

以人类健康与疾病防治为目标的转化医学研究，一方面将系统生物医学研究成果向临床转化，另一方面让基础研究在临床实践中获取科研思想与资源，实现医学向"个性化精准诊治"和"关口前移的健康医学"的新阶段发展。

在基因组研究基础上，加强分子模块设计育种及智能控制技术等精准农业技术的研发，培育高产优质的生物新品种，提高光合作用、无机营养和水利用效率，将为发展环境友好、符合民众营养健康需求的新型农牧业体系奠定基础，在更高层次上保障食品和粮食安全。

以"合成生物学"为代表的新兴生物技术的快速发展，打开了化学合成与生物合成结合、石化经济向碳水化合物经济过渡的大门，有望为化工、材料和能源等行业的发展带来颠覆性变化，将其引入绿色生产的可持续发展时代。合成生物技术理念与植物化学、药物学结合，将加速从自然界发现、鉴定新型天然化合物，开发新药或其他新型化工产品的过程。以学科交叉为驱动力，对生物计算机、人机交互、仿生太阳能电池等前瞻性技术的探索，将可能在提升人的能力、改变人类行为的基础上，真正提升未来工业制造产业的能级。

总之，生命科学研究、生物技术创新、生物科技成果转化体系是支撑现代社会发展不可或缺的知识技术创新链、思想文化发展链和社会经济价值链。构建与"会聚"研究能力相适应、与转化型研究相匹配的科研生态系统，已经成为我国推动生物科技创新和高效转化的当务之急。

第二节 生物学

一、生物学发展史

生物学是从分子、细胞、机体乃至生态系统等不同层次研究生命现象的本质、生物的起源进化、遗传变异、生长发育等生命活动规律的科学。其包含的范畴相当广泛，包括形态学、微生物学、生态学、遗传学、分子生物学、免疫学、植物学、动物学、细胞生物学、环境化学等。生物学随着人类认识世界及科学技术的发展，大概经历了四个时期：萌芽时期、古代生物学时期、近代生物学时期和现代生物学时期。

（一）萌芽时期

指人类产生（约300万年前）到阶级社会出现（约4 000年前）之间的一段时期。这时人类处于石器时代，这一时期的人类还处于认识世界的阶段，原始人开始栽培植物、饲养动物，并有了原始的医术，这一切成为生物学发展的启蒙。

（二）古代生物学

到了奴隶社会后期（约4 000年前开始）和封建社会，人类进入了铁器时代。随着生产的发展，出现了原始的农业、牧业和医药业，有了生物知识的积累，植物学、动物学和解剖学进入搜集事实的阶段。在搜集的同时也进行了整理，被后人称为，古代生物学。古代生物学在欧洲以古希腊为中心，著名的学者有亚里士多德（研究形态学和分类学）和古罗马的盖仑（研究解剖学和生理学），他们的学说整整统治了生物学领域1 000年。其中亚里士多德没有停留在搜集、观察和纯粹的自然描述上，而是进一步做出哲学概括。在解释生命现象时，亚里士多德同先辈们一样，认为有机体最初是从有机基质里产生的，无机的质料可以变成有机的生命。中国的古代生物学，则侧重研究农学和医药学。贾思勰（约480—550年）著有《齐民要术》，系统地总结了农牧业生产经验，提出了相关变异规律，首次提到根瘤菌的作用。沈括（1031—1095年）著有《梦溪笔谈》，该书中有关生物学的条目近百条，记载了生物的形态、分布等相关资料。

（三）近代生物学

从 15 世纪下半叶到 19 世纪，这一时期科学技术得到巨大发展，特别是工业革命开始后，生物学进入了全面繁荣的时代。如细胞的发现，达尔文生物进化论的创立，孟德尔遗传学的提出。巴斯德和科赫等人奠定了微生物学的科学基础，并在工农业和医学上产生了巨大影响。17 世纪建立起来的动物（包括人体）生理学到 19 世纪有了明显的进展，著名学者有弥勒、杜布瓦雷蒙、谢切诺夫和巴甫洛夫等。由于萨克斯、普费弗和季米里亚捷夫的努力，植物生理学在理论上达到了系统化。胡克改进了显微镜的使用方法，发表了《显微镜学》，内载生物学史上最早的细胞结构图，并命名为"cell"。达尔文以博物学家的身份乘英国海军勘探船"贝格尔"号，经历了 5 年的环球旅行，之后出版了震动当时学术界的《物种起源》。该书从变异性、遗传性、生存竞争和适应性等方面论述了生物界的进化现象，提出了以自然选择、适者生存为基础的进化学说。孟德尔多年从事植物杂交试验研究，并在自然科学学会杂志发表了论文《植物杂交试验》，文中提出了遗传单位因子（现在称为"基因"）的概念，阐明了生物遗传的基本规律，即分离规律和自由组合定律（亦称独立分配定律），使生物学研究逐渐集中到分析生命活动的基本规律上，生物学的发展进入"实验生物学阶段"。巴斯德在实验中严格控制无菌条件，并用长曲颈瓶净化与无菌肉汁接触的空气，证实了肉汁腐败的原因是来自外界的微生物污染，澄清了"自然发生说"谬论，为微生物学奠定了基础。

（四）现代生物学

20 世纪的生物学属于现代生物学的范畴，随着科学技术的进一步发展，生物学向理论（包括生物进化）和实践（主要是植物育种）两个方面深入发展。与此同时，由于物理学、化学和数学对生物学的渗透及许多新的研究手段的应用，一些新的边缘学科如生物物理、生物数学应运而生，随着分子生物学和分子遗传学的发展及形态研究的深入，细胞学也进入分子水平，出现了细胞生物学。现代生物学正向微观和综合方向深入。宏观方面，从研究生物体的器官、整体到研究种群、群落和生物圈，生态学为典型代表。现代生态学是研究生物有机体与生活场所的相互关系的科学，亦有人称之为研究生物生存条件、生物与环境相互作用过程及规律的科学，其目的是指导人与生物圈，即自然资源与环境的协调发展。第二次世界大战以后，人类社会经济与科技飞速发展，工业废物、农药化肥残毒、交通工具尾气、城市垃圾等造成了环境污染，破坏了自然生态系统的自我调节和相对平衡。全球变暖、臭氧层破坏、水土流失、沙漠扩大、水源枯竭、气候异常、森林消失等生态危机都是人类不适当的活动造成的。根据生态学中物种共生、物质再生循环及结构与功能协调等原则，以人与自然协调关系为基础、高效和谐为方向，将生态应用于废水污水资源化处理、湖泊富营养化控制、作物种植、森林管理、盐场管理、水产养殖、土地改良、废弃地开发和资源再生等方面，收到了显著的效果。微观方面，如"细胞生物学""分子生物学""量子生物学"的发展，分子生物学为其中典型代表。现代分子生物学是通过研究生物大分子（核酸、蛋白质）的结构、功能和生物合成等方面阐明各种生命现象本质的科学。其目的是在分子水平上，对细胞的活动、生长发育、消亡、物质和能量代谢、遗传、衰老等重要生命活动进行探索。分子生物学的研究关系到人类的方方面面。如不同种类生物间的亲缘关系，过去主要根据不同种类生物在形态构造上的异同确定，这对形态结构较为简单的生物如细菌就很困难。通过对不同种类生物的蛋白质或核酸分子的测定，可以克服上述困难，并能更客观地反映生物间的亲缘关系。分子生物学与医学、农业、生物工程等方面的关系十分密切。分子生物学的研究成果使不同生物体之间的基因转移成为可能，在农业上开辟了育种的新途径，在医学上有可能治疗某些遗传性疾病，在工业上形成了以基因工程为基础的新兴工业，从而有可能生产出许多用常规技术从天然来源无法得到或无法大量得到的生物制品。目前的克隆技术只是分子生物学的一个应用，可以想象未来随着研究的深入及分子生物学的进一步发展，人类的生活必将更美好。

综上所述，生物学发展经历了四个主要时期，即萌芽时期、古代生物学时期、近代生物学时期和现代生物学时期。21世纪不但要认识世界、改造世界，而且要保护世界，对生物学的深层探讨和研究必将会带来丰厚的社会、经济和生态效益，生物学正成为新的科技革命的重要推动力。然而无论累积了多少生物学知识，已知的与未知的相比，不过是沧海一粟。时代在演变，科学技术在发展，人类对世界的认识亦不断前进，随着历史的发展，生物学必将迎来崭新的篇章。

21世纪是生物学发展的世纪，这是20世纪80年代一些有远见卓识的科学家的预言，西方发达国家对这个推断给予了充分的重视，一些著名大学的相关科系为此在教学和课程设置上进行了大量的改革，美国的一些大学还成立了生命科学学院或生命科学研究中心等。随着21世纪的到来，现代生物学在克隆和转基因生物，功能基因组发现、基因治疗等方面不断取得惊人的突破，使生物学发展世纪的端倪已现。

从近年来生命科学发展的趋势看，21世纪，生命科学仍将向最基本的、最复杂的微观和宏观两极发展：一方面，分子生物学和量子生物学将广泛地向其分支学科领域渗透；另一方面，生态学又向研究具有复杂功能的生态系统乃至生物圈方面发展。最后，必将把微观与宏观整体地联系起来，即把分子、细胞、个体、群体、群落等生命不同结构层次作为一个有机系统进行深入研究。预计未来20—30年内，人类认识自身和生命起源与演化的知识将产生革命性的进步，脑科学的进展将进一步揭示人类思维智慧的本质，并对人类文明进程产生巨大作用。在人类获得基因组的全部序列后，人类遗传密码的破译将进入全新的信息提取阶段。重大疾病基因将被发现，一些危害生命的疾病会得到治疗，人类行为的生物基础能得以解释，人的生理素质等能得到改善，以致引起生物技术发生革命性的变化。同时，基因组学、生物信息学和整合生物学的发展将使人类从分子水平认识遗传、发育与进化、生长与衰老、代谢与免疫等重大生命现象的机制，以及生物多样性的演替规律，从而将宏观生物学与微观生物学连接和统一起来。

20世纪末，人类社会在关注生物学发展的同时，又掀起了另一个热潮，即回归和崇尚自然。随着人类文明的发展，人类的生活环境、生存环境发生变化，疾病谱也有所变化，神经系统疾病、微循环系统疾病、糖尿病及并发症、恶性肿瘤、肝炎、艾滋病、老年性痴呆等现代病对人类的威胁正在或已经取代了以往的传染性疾病。医学模式已经由以往的生物医学"向生物—心理—社会医学"转变。由单纯的疾病治疗转变为预防、保健、治疗、康复相结合的模式，各种替代医学和传统医学发挥着越来越大的作用。天然药物是人类长期以来用于防病治病的有力武器，有着悠久的应用历史，至今世界上许多国家和地区仍把天然药物作为防治疾病的重要手段。近年来，由于一些难治性疾病难以找到有效药物，加之人类回归自然的心态日趋强烈，许多国家开始重新从天然药物、民族药物和传统药物中寻找出路。中医药作为传统医学和天然药物重要的组成部分，是祖国医学防病治病的长期赖以生存的手段和物质基础，必将在这场热潮中发挥举足轻重的作用。面对机遇和挑战，要求广大从事中医药研究的科学工作者既要懂得传统中医药理论，又要学会运用现代科学知识。本文着重讨论现代生物学在中医药研究开发中的作用，进而说明掌握和应用现代生物学对中医药现代化的重要意义。

生物学是研究生命物体现象和本质的科学；中医药是中华民族长期以来防病治病的手段和物质基础，中医药学是中国人民长期与疾病做斗争的经验和理论总结，是中华民族卓越的历史文化和现代文明的重要组成部分。两者研究的对象都是生命体，有着必然的联系。由于东西方文明的文化思想的差异，在对生命和疾病的认识过程中走了两条截然不同的研究路线。在西方，科学与哲学逐渐剥离，从西方科学发展起来的生物学由对生物体的表象观察逐步深入到对物体内在的微观结构和功能的分析研究。而中医药学则仍延续着东方哲学思想，注重对人体整体状态和功能的分析判断，在理论中还保留着大量含有神秘哲学色彩的内容。这种东西方文化背景的差异和理论体系构筑基础的不同，加之中国长时间封建社会的闭关锁国，严重阻碍了东西方医药学和生物学的交融，也阻碍了中医药国际化。

近50年，新中国政府为继承和发展中医药事业，并使之现代化和科学化，倾注了大量的人力物力。特别是在人才培养方面，通过成立中医药大学，使中医药发展走向了正规化和现代化。为了促进东西方医药学的交流，中医药院校也进行了不懈的努力，如设置中西医结合专业，开设现代科学课程等等。但与此同时，西方现代生物学也取得了迅猛发展，细胞生物学、分子生物学、免疫学、生理学、基因组学、生物信息学、生物能学、生态学、神经生理学、整体生物学、心理学、宏观生物学等不断发展。特别是基因组学、生物信息学、整体生物学、宏观生物学的兴起，为中医药理论的发展和与西方医学的沟通提供了新的切入点。如何沟通传统中医药学和现代生物学，将现代生物学的理论和技术导入中医药学，促进中医药理论、应用的现代化和国际化，同时利用好中医药学的理论势在必行。

二、生物学与中医药发展

细胞和分子生物学是基础医药学各学科间联系的纽带，细胞和分子生物学的诞生归功于人类对生命现象的认识由宏观向微观转变，观察视野由粗放向细微准确转变。纵观生命科学的发展历程，主要包含 3 个方面的不同层次的发展：

1. 宏观论证

其主要兴趣在对生命现象的终极关怀，但不研究生命现象的成因、过程、问题和机理，其主要研究成果是生物进化论的诞生和发展。

2. 问题研究

兴趣在研究生命现象中的各种问题和机理，历程从分类学入手，到胚胎学水平，再深入到生理学、生物化学、病理学……的过程研究，目前归结于遗传学。

3. 技术手段

兴趣在提供研究问题和机理的方法学。技术方法研究的发展历程大致由开始的形态解剖学方法过渡到细胞学方法，再发展到分子学方法。

从生命和生命现象形成的机制看，无疑是整体综合的结果，从根本上说，只有从整体综合的角度去看待生命现象（整体论观点）和以整体综合的技术手段去研究生命现象，才能正确解释和阐明生命现象。但是人类目前尚不具备这种能力，从认识论考察，细胞和分子生物学与生命科学其他学科一样，迄今基本上是在还原论指导下进行研究，从还原论逐渐过渡到整体论，生命科学将会获得质的飞跃。从客观上分析，中医理论实际上早已在使用现代科学哲理中的两大宝剑：宏观平衡和模糊逻辑，它还应利用第三把宝剑，亚宏观调节。由于传统中医理论的封闭性和较少证伪性，致使与现代科学缺少共同语言。严格说传统中医理论属朴素整体论的范畴。要想完成从朴素整体论向科学整体论的飞跃，就必须借助还原论指导下的研究方式和技术手段。应当指出，当人类尚不具备科学整体论指导下的研究方式和技术手段时，还原论指导下的研究方式和技术手段不仅可行，而且大有裨益。

分子生物学把生命现象中的形态还原为分子，把分子进一步还原为亚分子、结构域、结构域单元和原子基团，把功能还原为"结构"；把现象还原为"调控"；把"效应"与"信号传导"相联系。主要研究内容：

（1）遗传现象、遗传物质、遗传信息传递、基因表达、基因表达调控；

（2）蛋白质、基因、基因组；

（3）功能、结构、结构生物学；

（4）效应、信号传导。

因此，从事中医药研究有必要掌握细胞和分子生物学的理论和研究方法，即使是在关于中药的物质基础与作用机理的研究中也应借助于还原论的基本思路，将复杂体系分割成若干个较简单的体系进行深入的研究，在此基础上再进行高一层次上的相关性研究和体系整合研究。

（一）基因组学与中医药发展的关系

人体基因组计划（human genome project，HGP）是美国科学家在 1985 年率先提出的，目的是阐明人类基因组的核普酸序列，破译人类全部遗传信息。目前人体基因组 23 条染色体上基因的作图和 DNA 全长的作图已接近完成。在人类获得基因组的全部序列后，人类遗传密码的破译将进入全新的信息提取阶段。进一步研究在生物学、医学上重要基因的定位、克隆、结构与功能，随之孕育而生的基因组学（genomics）作为一门新兴学科为世人瞩目。其中疾病基因组学主要研究内容有定位克隆、多基因病、疾病相关基因的网络概念；功能基因组学是以生物学整体观的角度进行研究，其核心问题有：基因组的多样性和进化规律；基因组的表达和调控；模式生物体基因组研究等。

这里不论疾病基因组学中的多基因病（即多基因疾病的发生和发展是多基因或多通路间平衡失调的结果，疾病基因组学的研究已突破了以往一个基因一种病的思维模式）、疾病相关基因的网络概念（利用生物大分子相互作用和网络调控的思维模式来研究和分析疾病基因的作用），还是功能基因组学中基因组的多样性和进化规律（研究群体和个体在生物学形状以及在对疾病的易感性/抗性上的基因差异），基因组的表达和调控（研究群体和个体在整个生长发育过程或反应通路的基因表达网络机制，如一方面大多数细胞中基因的产物都要与别的基因产物相互作用，另一方面在发育过程中大多数基因产物都在多时间和空间表达并发挥其功能，形成基因表达的多效性）等观点和研究思路，都与中医药理论中整体观念、辨证施治、阴阳学说等有许多相似之处，这为中医药现代化研究的方法学研究提供了契机；如能将中医药基本理论主动地应用于基因组学的研究思路，通过尽快地将中医药基本理论与尚未成熟的基因组学研究方法和理论相比较、相交融，将会使中医药学在未来医学和生物学中占有一席之地，同时也可为中医药现代研究跨越式的发展提供崭新的研究思路。

此外，我们可以想象，未来的基因组和后基因组学研究将把医疗保健带入一个崭新的时代：医疗方面，将由目前主要是依赖经验转向以特异的分子病理学为依据；治疗方面，不断地把患病后高成本、低疗效的治疗转变为以患病前预测疾病为依据的预防式治疗。而这种"以人为本、预防为主"的医学模式与中医辩证施治的诊治模式不谋而合。如能将中医证候诊断与现代的基因诊断相结合，把证候诊断观察到的表观现象与基因诊断发现的疾病发病基因相关联，不论对研究功能基因组学、疾病基因组学、蛋白组学中相关基因组或蛋白组的异常表达，还是研究中医证候外观表象的内在发病机制，均有着极为重要的意义，两者的结合必将发展成双赢的局面。

（二）整体生物学、宏观生物学与中医药发展的关系

整体生物学（Integrative Biology）是在有机体整体水平上研究生物的结构、功能和生命活动过程，进而解释从细胞、组织直至生态系统的生命现象。它是后基因组学研究的高层次发展。孤立研究某个基因组成分和其产物的功能常常难以说明问题，必须确定其在生物学功能网络上的地位，例如将其纳入生化途径中才能体现其完整的生物学功能。在这方面，国外已经建立了大肠杆菌等 5 种基因组全序列，已测定微生物的 20 种氨基酸的代谢

图谱。

宏观生物学（Macrobiology）是以种群、群落、生态系统及全球系统的生命现象为研究对象，所涉及的研究领域有动物—植物相互作用关系、生物多样性、进化与系统发育、生物超微结构与功能形态学、生物通信等。近些年，随着生物学科的迅猛发展，其研究内容又有新的分化，例如美国的洛克菲勒大学将生物科学系分为分子生物学、生物化学、细胞生物学、系统发育与进化、发育生物学、微生物与病毒学、宏观生物学等部分；内布拉斯加大学的生物科学院分为两个部分，一是遗传学、细胞与分子生物学分部，另一为生态学与机体生物学分部；杜克大学、佛罗里达大西洋大学等均设有宏观生物学分部。

以上这些变化给我们一些新的启示，在生命科学研究领域将向微观和宏观两个方向发展。鉴于医学模式已经由以往的生物医学"向生物—心理—社会医学"转变，由单纯的疾病治疗转变为预防、保健、治疗、康复相结合的模式，宏观生物学必将引起医药相关领域的广泛重视。中医药基本理论形成在两千多年前，限于当时人们对世间各种现象的认识，只能以"阴阳"代表世间万物两极间的平衡关系，以水木金火土这"五行"形容事物间的相生相克，但这里面包含着朴素唯物主义的认识观，同时在对疾病的观察和治疗中注重整体观念及机体内各种状态间的相互关系，如能将中医药理论思想与现代宏观生物学的学术思想交互融合，必将有助于中医药现代化。

（三）现代生物技术与中医药发展的关系

生物技术（Biotechnology）一词是 1917 年由匈牙利工程师 Karl Ereky 提出的，即利用生物将原材料转变为产品。经过半个多世纪的发展，生物技术的范畴远超过了当时的含义。1982 年国际合作及发展组织将生物技术重新定义为：生物技术是应用自然科学及工程学的原理，依靠微生物、动物、植物体作为反应器将物料进行加工以提供产品来为社会服务的技术。生物技术逐渐成为微生物学、生物化学、化学工程、微电子学等多学科密切相关的综合性边缘学科。

近年来，生物技术已广泛地应用于中医药研究和生产的各个领域，如体外植株培养和试管繁殖技术、基因育种技术等进行中药资源研究和生产；利用植物基因工程和转基因植物技术可将中药的一些有效成分（如生物碱、糖普等植物的次生代谢物）通过关键酶对其代谢途径进行遗传操作，控制人工培养过程，有目的地获得大量有用成分，去除或减少有毒成分，或利用生物转化技术获得所需的活性成分及进行资源的二次利用；基因鉴别、生物检测等分子生物学技术被用于中药品质分析；PCR、单克隆、基因敲除（利用小鼠胚胎干细胞，在体外改变其基因后再生出来带某个突变基因的小鼠，比较突变小鼠与正常小鼠的表型差别，从而鉴定该基因的功能。目前利用带抗性基因标记的载体插入小鼠染色体的方法，可提供大量的各种基因突变的小鼠胚胎干细胞）、生物芯片（即缩小了的生化分析器，通过芯片上微加工获得的微米结构与生化处理相结合，将成千上万个与生命相关的信息集成在一块厘米见方的氧化硅、玻璃或塑料等材料上而制成。包括 DNA 芯片、抗原芯片、抗体芯片、细胞芯片和组织芯片等，它是微电子学和分子生物学结合产生的新技术）、基因芯片（生物芯片中目前最常用的一种，指包被在固相载体上的用于DNA高密度微点阵杂交技术。可用于DNA序列测定、基因表达分析、基因分型、基因多态分析、疾病的诊断、突变分析、药物筛选和微生物的鉴定等）等技术用于中医诊断和中药药理学研究等等。因此，生物技术已成为中医药现代化研究与开发人才必备的知识和技术，可以预测在新世纪中，了解生物技术的现代中医药研究与开发人才将受到用人单位的欢迎。

众所周知，现代技术的竞争就是人才的竞争，培养符合社会发展需要的、掌握世界先进技术和知识的人才是提高国家竞争力所必需。中国作为传统医药应用大国，根据国家对经济发展的需要，医药产业，特别是与生物学和生物技术密切相关的中医药产业将成为国家经济发展的重要支柱之一。为适应21世纪中医药学发展的需要，我们认为，从事中医药研究开发的科学工作者应密切关注和学习分子生物学、细胞生物学、基因组学、生物技术、生态学、神经生理学、整体生物学等现代生物学知识和研究方法，通过将传统中医药理论与现代科学技术的有机结合，开创中医药研究的新纪元。

三、现代生物学与中心法则

表示遗传信息传递规律的中心法则（Central Dogma），是现代生物学中最基本、最重要的规律之一，该法则的产生有其深刻的科学思想和科学社会基础。自其产生以后，随着研究的深入，内容和形式都得到了丰富和修正，显示出其核心思想不是简单的单向决定作用，而是复杂的相互作用，确立这一核心思想有助于预测其未来的发展。中心法则在探讨生命现象的规律方而显示出巨大的作用，极大地推动了生物科学的发展，是现代生物学的理论基石，并为生物学基础理论的统一指明了方向，在生命科学史上占有重要的地位。

近代生物学的两大理论基石是细胞学说和达尔文进化论。细胞学说第一次从结构上论证了植物界和动物界在生命本质上的统一性。达尔文进化论第一次从起源上论证了生物界的统一性，第一次把生物学放在完全科学的基础上。两者不仅自身具有重大的科学价值，而且都导致了近代生物学研究战略的根本转变。中心法则第一次阐明了生物体内信息传递的规律，对以后大量关于基因性质的研究起到了指导作用，导致了现代生物学研究战略的根本转变。在这个思想指导下，大批科学家开展了数千次有益的实验研究，从而进一步澄清了遗传信息据以编码、贮存、转录及转移的方式。中心法则及其附属的"顺序假说"使人们相信了遗传密码的存在。遗传密码的解读是20世纪的重大科学突破之一。在中心法则的思想指导和启发下，基因的概念有了许多新的发展，如顺反子、操纵子、跳跃基因、断裂基因、重叠基因、重复基因、假基因等，也产生了一些重要的理论，如基因表达的调节控制理论等。中心法则从一个全新的角度—信息角度论证了生物界的统一性，不仅揭示了蛋白质合成中遗传信息在不同物种间的统一性，而且也证明了同一物种不同世代间信息转移的统一性。中心法则对生命物质基础和生命主宰物质这两个不同的概念给予了实质性的回答。就信息流而言，核酸是主宰物质，DNA 可以贮存信息、复制信息和发射信息，RNA 可以转录信息、传导信息流。就物质运动而言，蛋白质是主宰物质。酶催化物质代谢和能量代谢、蛋白质构成原生质的主体，主宰一切反应并对信息实行反馈调控。只有在一定条件下，当以核酸为主宰的信息系统和以蛋白质为主宰的代谢系统发生祸联时，生命运动才能够发生和持续进行。因此，生命的物质基础是以核酸蛋白质整合体系为主宰的原生质各种必要的物质组分及其实在的相互作用。如果说，细胞学说和达尔文进化论充分体现了近代自然科学的理论特征，把联系与发展的观点引入了生物学，从而成为马克思主义哲学产生的自然科学前提和证据，那么可以说，中心法则充分体现了现代自然科学的理论特征，把多因子的、动态的、复杂的相互作用引入生物学，必将对丰富和发展马克思主义哲学产生影响；如果说，细胞学说和达尔文进化论是近代生物学的理论基石，那么可以说，中心法则是现代生物学的理论基石。我国著名遗传学家谈家桢认为，中心法则是"生物学上继达尔文提出进化论后的第二个里程碑"。

不仅如此，就生物学理论自身价值而言，中心法则甚至比达尔文进化论还要大。因为达尔文进化论中的许多假说、结论和预测既不容易被证实，也不容易被证伪，甚至带有思辨的性质，而中心法则则是建立在精密的实验科学基础之上的严密的理论，它的每一个细节，以及由此所做出的预测，既可以用物理、化学的工具，以实验科学的方法来证实，也可间或被证伪。正因为如此，它具有极强的说服力；正因为如此，它具有更大的解释功能、规范功能和预测功能；正因为如此，它体现的是现代自然科学的理论特征；也正因为如此，我们才把它看作是现代生物学的理论基石。

中心法则为现代生物学理论的大统一奠定了基础我们知道，遗传、发育和进化是最基本的三大生命现象。对这三者的研究分别形成了遗传学、胚胎学和进化论。长期以来，这三门学科各自在自己的领域内都取得了长足的进展，但在遗传与发育、发育与进化的相互关系方而却留下了大片空白，始终都没有形成统一的解释理论，这是生物学的最大难题之一。

现代生物学愈来愈表明，遗传是生命活动中两大类基本现象—个体发育和系统进化的核心机制。遗传学是发育生物学、进化生物学乃至整个生物科学的中心环节。如果从信息角度上看，遗传的实质是遗传信息的传递；发育的实质是遗传信息的展现；而进化的实质是遗传信息的发展。在分子水平上，细胞分化和性状发育都基于表现专一的生物大分子的合成，因而归根到底依赖于基因在发育过程中按照一定的时空有秩序、有选择的功能表现。反之，基因的功能又可用相应的 mRNA 的转录和专一蛋白质的合成来表示。因此，非常复杂的发育过程，便可以简化为从基因到大分子的合成，再通过大分子的装配到形态结构的发生。而发育程序的来源，则可看作是受长期的进化过程中所获得的遗传性状决定的，并在卵子的发生过程中就贮存于卵子的结构中。因此，从科学本体论讲，已不难看出，中心法则揭示了生物遗传、发育和进化的内在联系，为生物学理论的大统一在总体上指明了方向、奠定了基础。另一方而，从科学认识论上讲，由于中心法则的产生，使人们对遗传、发育和进化的相互关系的研究置于同一认识框架之中。在这个框架内，找到了同一的认识层次—分子层次；同一认识视角—信息视角；同一认识方法—实验科学的方法，从而使人们对这一问题的研究进入常规时期。美国著名生物史家艾伦说："中心法则甚至像进化论那样影响深远。首先，它提供了基因突变的分子解释，……这个例子及其他例子都暗示，甚至进化的机制都能还原到分子水平，并用说明遗传传递、转录、转移及胚胎分化的同样概念来加以理解。"人们经过长时间努力寻求的生物学的大统一似乎就在眼前了。

追求统一性是科学和哲学的崇高使命。对生物界统一性的探讨贯穿于生命科学发展的始终。生命科学中的每一次重大的理论突破，都从不同方而论证了生物界的统一性，而这种论证既标志着生命科学的综合和发展，又为进一步的研究奠定了基础，同时还会对哲学思想产生影响。如果说，遗传学是生物学的核心，它提供了一个框架，生命的多样性及其过程可在其中被理解为一个理性的统一体，那么，就可以说，中心法则是遗传学的核心，它提供了一个统一解释的规律，使我们能够更深刻地理解这个统一体。如果说 21 世纪生物学是带头学科，那么在这个崭新的"生物学世纪"里，我们定能体会到生物学基础理论大统一那种"壮丽的感觉"。

人类对遗传现象的认识可以追溯到远古时代。在漫长的历史发展中，先后出现了许多假说和理论，推动着对遗传本质认识的发展。在不同的历史时期，基于当时的认识水平，形成不同的遗传范式。

古代的泛生论，中世纪的特创论，18 世纪的预成论和渐成论，所有这些便构成了融合遗传的范式。

从 19 世纪下半叶开始，人们逐渐认识到遗传和发育是两回事。发育为遗传所控制，但遗传并非整体的遗传。遗传的载体是某种颗粒性的东西。当时的许多生物学家都以不同的术语来表达这种大致相同的思想或学说。如生理因子（Spence，1864）；生殖微粒（Darwin，1868）；成形微粒（Ellsberg，1876；Haeckel，1876）；细胞种（Nagel，1884）；异细胞（Hertwig，1884）；种质（Weidman，1884）；泛子（De Vries，1889）。所有这些便构成了颗粒遗传的模式。在颗粒遗传范式内，认为遗传是一种粒子行为，可以在细胞内研究。孟德尔遗传学说可以认为是颗粒遗传的最高成就，奠定了经典遗传学的科学基础。摩尔根的基因论可以认为是在颗粒遗传范式内的一种重大发展。

19 世纪末，由于放射性的发现，揭示了原子结构的秘密，物理、化学和生物学相继进入到分子和量子水平，遗传学也逐渐发展到了分子水平。1948 年美国数学家维纳的控制论问世之后，信息概念立刻和遗传概念结合了起来。1953 年，沃森和克里克建立了 DNA 双螺旋模型，并在此基础上研究遗传信息的复制、转录和转译等问题，揭示遗传信息从 DNA 到蛋白质之间的传递规律，从而形成了信息遗传范式。

综上所述，遗传范式的演变经历了融合遗传—颗粒遗传—信息遗传，从而使人们对遗传的认识经历了臆测—机体水平—细胞水平—分子水平。这种对遗传物质结构和功能的不断深化的认识过程符合人类基本的认识规律。中心法则使信息遗传范式得以形成，从而更深刻地揭示了遗传现象乃至整个生命现象的规律。

分子生物学的发展，大致经历了三个时期，每一个时期都有自己的中心课题。第一个时期可称为孕育时期，大体上是 20 世纪 30 年代到 50 年代初。也有人认为分子生物学是从艾弗里的实验开始的。如果是这样，那么分子生物学的孕育时期可以看作是从 1944 年艾弗里的转化实验到 1953 年沃森和克里克的 DNA 双螺旋模型的建立。也可以认为，继摩尔根、缪勒之后，比德尔、塔叶姆、利德伯格以及德尔布吕克、赫尔希和鲁利亚等 50 年代之前的工作，都属于这个时期。其中心课题是寻找基因的物质实体，解决基因的本质问题。

第二个时期是分子生物学理论成熟时期。这个时期以建立 DNA 双螺旋结构为开端，吸引了大批科学家进行广泛而深入的研究，从而揭示了生物大分子的结构、功能及相互关系和相互作用，确立具体的因果联系和作用中介。这一时期的中心课题是围绕核酸和蛋白质之间的关系展开的，揭示了复制、转录和转译的本质和机制。

第三个时期可称为理论应用时期。这一时期在理论上继续探讨生物大分子之间的关系，但已不限于核酸和蛋白质。核酸、蛋白质与多糖及脂肪的关系受到了重视，生物体内大分子与小分子之间的关系也引起注意。更为重要的是，创立了遗传工程的方法，将分子生物学的理论成果转向改造生物体的实践中，并在农业和医学等方面广泛的应用。

中心法则标志着分子生物学理论的成熟。一方面是第一阶段的深化和继续；另一方面，也是分子生物学实际应用的理论基础。可以说，中心法则的产生和发展是分子生物学发展史中的黄金时代。

四、中药资源生物化学

中药资源是中医药事业和中药现代化产业发展的战略物质基础。围绕着中药资源的核心问题—中药资源的可持续开发利用，广大学者开展了多方面的研究。1993 年 5 月，由周荣汉教授主编出版的《中药资源学》为指导中药资源的实践奠定了基本的理论基础。随着中药资源学研究的深入，多学科的新技术新思想不断地渗透融合，推动了中药资源学技术与理论上的更新与突破，进一步促进学科的建设和发展。

（一）中药资源学科的形成与发展

中药资源学是中医药学的重要组成部分。其形成的原始状态最早可追溯到人类生命活动的起始，当时是一种基于生存需求的"资源发掘利用阶段"，先秦时期《诗经》中记载："神农尝百草，日遇七十二毒……"，即是古人进行中药资源发掘利用的形象描述。在资源发掘利用阶段，大自然资源丰富，自生能力强盛，能够满足人类需求，不存在资源存量与资源消耗的矛盾。随着历史的进程，地球人口和生产力不断增长提高，尤其是进入现代社会，生产力发展迅猛，对自然资源需求急剧增长，加上生态环境日益恶化，中药自然资源的存量与资源消耗的矛盾加剧，由此，中药资源进入了一个"资源保护与合理综合开发利用阶段"，同时也进入了一个得到现代科学技术支撑的新阶段。1987 年，国家批准部分中医药高等院校试办中药（天然药物）资源专业中，中药资源学是该专业的主干课。

1993 年，我国首部《中药资源学》专著的正式出版，标志着中药资源学的诞生，专著中明确了中药资源学的概念、性质、任务和研究范围。近年来陆续有中药资源学的文献和专著产生，进一步探讨了中药资源学的定位、发展方向等，中药资源学的学术体系已经基本形成中药资源学是研究中药资源的种类、数量、质量、地理分布、时空变化及其合理开发、利用、保护和管理的一门综合性学科，其研究对象包括药用植物、动物、微生物、矿物资源等，其中又以药用植物资源为主体。

当前，中药资源学的研究内容非常广泛，研究手段不断进步。针对中药资源日益短缺、分布范围缩小、生态环境恶化，道地药材优良种质不断消失和解体，部分品种衰退甚至濒临灭绝等关键问题，学者们开展了中药资源分布调查、中药材道地性形成机制分析、扩大药源途径和中药材规范化种植标准、中药资源管理等工作。仅就药材道地性形成机制而言，就有不同的学者从化学组成、生物地球化学、环境胁迫、植物内生菌、微量元素等多个侧面展开研究，使用了包括近红外光谱技术、热分析技术等多种现代的技术手段。而 3S 技术等空间信息分析手段，即全球定位系统（Global Positioning System，GPS）、遥感（Remote Sensing，RS）和地理信息系统（Geographic Information System，GIS），也被成功用于中药资源调查和蕴藏量估测等。因此，中药资源学科的研究是现代科学技术的交叉综合利用，显示出多方位、多学科的特点。通过与其他学科的交叉、融合，不仅提升了中药资源学的研究水平，而且丰富了中药资源学的科学内涵，促进了中药资源学理论的发展。目前已衍生出了中药资源生态学、中药资源管理学、中药资源经济学、中药资源地理学、中药资源化学等多个"中药资源学"下的二级学科。

（二）中药资源学与种质资源学的学科交叉研究发展

中药资源学具有中医药学知识的本质特征，同时作为研究一类天然物质资源的学科，又具备自然科学属性。从自然科学领域来说，植物和动物类中药资源归属于生物资源学范畴，因此，国内有学者认为，生物因素是中药资源多学科交叉与融合的生长点，是解决目前中药资源面临重大挑战的根本性措施的源泉。

随着现代生命科学的发展，特别是基因组学的重大研究进展，生物资源的种质研究越来越受到关注。种质资源，又称为遗传资源或基因资源。种质资源学是研究生物分类、起源与演化、种质考察与搜集、种质保存、种质评价与鉴定以及种质利用的一门科学。世界各国都很重视种质资源的保护和研究，纷纷建立了各种种质资源库和核心种质资源库。种质的评价和鉴定是有效利用种质资源的基础。种质鉴定技术从最初的表型变异、化学差异到后来的染色体多态性、蛋白质多态性，最后发展到现在的 DNA 多态性分析，可实现对种质的系统评价。创新利用是种质资源研究的最终目的，除了自然选育和杂交选育外，基因工程手段也被成功用于种质的创新。随着生物化学与分子生物学技术的发展，其在种质资源学研究的各环节中扮演着越来越重要的角色。

在国内外重要农作物、经济作物种质资源研究发展的推动下，国内多个研究团队提出并积极开展中药种质资源的保护和研究工作。有学者指出，种质是药材品质形成的基础和关键，也是"道地药材"的本质体现。本单位于2004年开始建设华南药用植物种质资源库，对1000多种南药种质实施迁地或就地保护，同时借助生物化学及其相关分子生物学、化学的手段来研究中药种质的遗传、生长发育和物质代谢规律，揭示阳春砂、化橘红、巴戟天等南药品种特征和道地药材的本质。成都中医药大学依靠四川丰富的中药自然资源，牵头搭建"国家中药种质资源库（四川）"研发平台，比较了川芎、白芷等道地药材种质资源的遗传多样性、化学差异等。中国中医研究院中药研究所历时20多年，经过几代人的努力，针对苍术、芍药等等10多种大宗常用的典型道地药材，系统比较了道地和非道地药材的物质代谢和遗传背景，明确了这些道地药材的遗传机制，进一步结合环境因子，提出道地药材形成的模式理论。

（三）中药种质资源与生物化学的学科交叉研究发展

生物化学是在分子水平上探讨生命现象本质的科学，主要研究生物体分子结构与功能、物质代谢与调节以及遗传信息传递的分子基础与调控规律。随着科学的发展，生物化学的内涵也日益丰富，与遗传学、分子生物学、化学越来越多地相互融合，而生物化学和分子生物学更是基本上相互结合在一起了。

生物化学的技术手段已被广泛用于植物种质资源的研究，例如草坪草、茶等。傅金民等综合利用植物生物化学、生理学、分子生物学和蛋白质组学的方法研究了逆境条件下的不同种质草坪草的生理反应和机制。Chen J 等从形态学、生物化学等角度揭示了云南大叶茶及其近缘品种的遗传多样性和分化机制。王小萍等对收集的52份茶树种质的主要生化组分（包括水浸出物、氨基酸、茶多酚等）进行了检测，结果显示所收集的茶树种质资源生化组分存在丰富的多样性。

随着生物化学与种质资源学的交叉，已衍生出了若干新的学科概念。例如，有学者提出"茶种质资源生物化学"的概念，指研究茶树品种特性与化学成分的关系，茶树生化特性的遗传变异规律，茶树品种适制性的生化指标，茶树品种品质鉴定的生化手段，茶树品种抗逆性的生化基础，品种进化阶段的生化特性及茶树起源、进化与分类研究的生化方法等。

以上学科领域的研究进展，带动了中药种质资源与生物化学交叉研究工作的发展，研究主要表现在以下几方面：

1. 中药种质特性与生化组分的关系

蛋白质、氨基酸、多糖等生物大分子和各种次生代谢产生的化学小分子是中药种质特性的主要体现，与中药材道地性直接相关。在揭示中药种质特性与生化组分关系方面，相关学者开展了大量的工作。如本研究团队比较了阳春砂道地产区广东省阳春地区的3个栽培亚型，"长果""圆果"和"春选"，三者挥发油化学组成上的差别，结果显示"长果"和"圆果"较为接近，"春选"差别较大。马洁等通过GC-MS法测定西双版纳不同采集地、不同株型、不同果实性状的不同种质阳春砂仁挥发油的主要化学成分，发现以矮秆型品质较好。毕红艳等比较了来源于吉林等 6 省市的不同种质党参，发现其多糖含量差异显著。刘江等分析了四川盆地不同麦冬种质资源的氨基酸组成，结果显示不同麦冬资源间氨基酸种类不尽相同。李明利用蛋白质电泳技术比较了当归及其混伪品欧当归、独活的鲜叶、干药材的过氧化物同工酶，结果表明三者间存在差异。

2. 中药种质的分子鉴定

中药种质的分子鉴定是现代生物技术在中药种质资源研究应用中的一个重要方面。除了传统的外观性状、显微性状、理化性状鉴别外，基于种质自身遗传性状的分子标记方法和 DNA 条形码技术为中药种质的鉴定提供新的技术手段，使中药种质鉴定更趋于系统、可靠。本团队针对两面针品种混杂问题严重，建立了基于 ITS2，psbA-trnH 和 rbcL 序列的两面针、常见混伪品及同属近缘种（共 10 个种）的物种鉴定方法（未发表数据）。此外，还利用 26S rDNA D1-D3 区序列多重比对分析，将阳春砂栽培亚型"春选"与其他两个栽培亚型"长果"、"春选"区分开来，该结果与基于生化组分的分析结果相一致。文苗苗等采用 ISSR 分子标记技术对 147 份黄答种质进行了分析，揭示黄答种质资源在总体上具有较高的遗传多样性。童巧珍等利用随机扩增多态性 DNA 标记技术将在形态、生药性状及化学成分等特征上具有高度相似性的 16 个百合种源区分开来。姚领爱等通过对铁皮石解叶绿体相关基因（rbcL，trnH-psbA，rb116）进行扩增、测序、序列对比、聚类分析，发现：bcL 基因可将市场上常易混淆的石解种苗有效区分。

3. 中药种质特征成分的代谢与调控

研究中药种质特征成分的代谢途径和调控规律，有助于从分子水平实施人工调控，从而实现中药材的定向栽培或者通过人工生物合成直接获得具有药效活性的中药种质特征成分。Paddon C J 等在深入研究青蒿素生物合成途径的基础上，利用合成生物学方法在酿酒酵母中重构了青蒿酸（青蒿素的前体）的生物合成途径，发酵效价可达 25，有望成为除植物青蒿外获得青蒿素的另一重要来源。胡之璧等在黄芪普类成分的生物合成与代谢进行了深入的研究，创建了黄芪毛状根 30 L 大规模培养体系；克隆了颗粒结合型淀粉合成酶基因 GBSS I 等，调控黄芪活性成分生物合成，使黄芪中有效成分黄芪甲普与黄芪多糖的含量分别提高了 6~7 倍和 2 倍，生长速度也大大提高；成功克隆了膜荚黄芪中两个与有效成分生物合成相关的糖普转移酶基因 UGP，实现了活性蛋白的高表达。黄璐琦等多个研究团队利用基因芯片、转录组技术鉴定了与丹参酮类成分生物合成相关的多个基因，确定了在生物合成途径中的 5 个关键酶基因 SmHM-GR，SmDX S2，SmFPPS，SmG GPPS 和 SmCPS，并利用获得的基因人工合成了丹参酮的前体化合物丹参酮二烯和铁锈醇。本团队针对阳春砂药效活性部位——挥发油，开展阳春砂挥发性菇类成分的生物合成及调控规律研究。克隆和鉴定了与之相关的 3 个生物合成相关基因 AvDXR，AvHMGR 和 AvDXS 分析了它们在植物激素茉莉酸甲酯刺激下基因表达和挥发性菇类成分积累的变化 [SO.SI]。目前正在利用转录组学方法研究阳春砂中菇类的代谢网络，可为将来进行阳春砂菇类代谢工程调控和生产奠定理论基础。

（四）中药种质资源生物化学的学科思考

综合上文中药种质资源研究的现状及发展趋势分析，可以看出，中药种质资源生物化学学科已初具雏形。当前，将中药种质资源生物化学研究的实践认识进一步理论升华，对中药资源学的科学发展具有重要意义。以下是作者对中药种质资源生物化学的几点学科思考。

1. "中药种质资源生物化学"的概念、意义和学科定位

中药种质资源生物化学（Biological Chemistry of Chinese Herbal Germplasm Resources，BCCHGR）是一门利用生物化学及分子生物学、化学等技术手段，系统研究中药种质的遗传变异、基因转录、蛋白表达与物质代谢，阐明中药种质特征及其形成的分子调控机制的学科，旨在为中药种质鉴别、优化，中药及药效活性成分的生产提供生物化学理论知识基础。中药种质资源属于中药资源学的学科范畴，与中药资源生态学、中药资源管理学、中药资源经济学、中药资源地理学、中药资源化学等共同支撑起中药资源学的科学理论知识体系。

2. 中药种质资源生物化学的任务和研究内容

中药种质资源生物化学研究的任务在于阐明与中药种质的质量、产量相关特征属性及其形成的生物化学基础。主要研究内容包括：①中药种质的生物化学评价，从遗传、生物学性状、化学等不同层面对中药种质进行综合评价，明确中药种质特征，阐明中药材道地性形成的内在因素；②中药药效活性成分的生物合成及调控机制，利用分子生物学技术、组学技术（基因组学、转录组学、蛋白组学等），鉴定与活性成分生物合成相关的关键功能基因，阐明其生物合成途径及调控，为优化中药种质的质量性状奠定基础；③药效活性成分的生物有机合成，针对临床药效明确、来源困难的中药药效活性成分，在阐明其生物合成的基础上，通过在大肠杆菌、酵母菌等微生物中重构生物合成途径来大量获得目标成分；④中药种质产量性状的生物化学基础及调控机制，关注中药种质的产量性状，借助分子生物学、组学技术，挖掘与产量性状相关的遗传决定因素，为优化中药种质的产量性状奠定基础。

中药种质资源生物化学是现代科学技术，尤其是生物技术，迅速发展并不断向中药资源学渗透而产生的一门交叉学科。

综合利用生物化学及分子生物学、化学等技术来阐明中药种质特征及其形成的分子调控机制，可为全方位地保护和开发利用中药资源提供科学理论支撑，促进中药生产技术的创新。该学科的提出和建设将有助于凝练和提升中药资源学的自然科学属性。

随着中药种质资源生物化学学科的发展，中药种质的生物化学评价将是主要的研究内容，中药材道地性形成的生物化学研究有待于深入。由于大多数中药种质缺乏参考基因组，基于高通量检测技术的各种组学技术能够提供大量的遗传信息，反映生物组织基因组信息和外部特征的动态联系，相信将在中药种质资源生物化学研究中发挥重要作用。

第三节　生物化学

一、基础概论

生物化学是指用化学的方法和理论研究生命的化学分支学科。其任务主要是了解生物的化学组成、结构及生命过程中各种化学变化。从早期对生物总体组成的研究，进展到对各种组织和细胞成分的精确分析。目前正在运用诸如光谱分析、同位素标记、X射线衍射、电子显微镜以及其他物理学、化学技术，对重要的生物大分子（如蛋白质、核酸等）进行分析，以此说明这些生物大分子的多种多样的功能与它们特定的结构关系。

生物化学是化学的分支学科。它是研究生命物质的化学组成、结构及生命活动过程中各种化学变化的基础生命科学。

生物化学（Biochemistry）这一名词的出现大约在19世纪末、20世纪初，但它的起源可追溯得更远，其早期的历史是生理学和化学的早期历史的一部分。例如18世纪80年代，A.L.拉瓦锡证明呼吸与燃烧一样是氧化作用，几乎同时科学家又发现光合作用本质上是植物呼吸的逆过程。又如1828年F.沃勒首次在实验室中合成了一种有机物——尿素，打破了有机物只能靠生物产生的观点，给"生机论"以重大打击。1860年L.巴斯德证明发酵是由微生物引起的，但他认为必须有活的酵母才能引起发酵。1897年毕希纳兄弟发现酵母的无细胞抽提液可进行发酵，证明没有活细胞也可迸发这样复杂的生命活动，终于推翻了"生机论"。

（一）物质组成

生物体是由一定的物质成分按严格的规律和方式组织而成的。人体约含水55%～67%，蛋白质15%～18%，脂类10%～15%，无机盐3%～4%及糖类1%～2%等。从这个分析来看，人体的组成除水及无机盐之外，主要就是蛋白质、脂类及糖类三类有机物质。其实，除此三大类之外，还有核酸及多种有生物学活性的小分子化合物，如维生素、激素、氨基酸及其衍生物、肽、核苷酸等。若从分子种类来看，那就更复杂了。以蛋白质为例，人体内的蛋白质分子，据估计不下100 000种。这些蛋白质分子中，极少与其他生物体内的相同。每一类生物都各有其一套特有的蛋白质，它们都是些大而复杂的分子。其他大而复杂的分子，还有核酸、糖类、脂类等；它们的分子种类虽然不如蛋白质多，但也是相当可观的。这些大而复杂的分子称为"生物分子"。生物体不仅由各种生物分子组成，也由各种各样有生物学活性的小分子所组成，足见生物体在组成上的多样性和复杂性。

大而复杂的生物分子在体内也可降解到非常简单的程度。当生物分子被水解时，即可发现构成它们的基本单位，如蛋白质中的氨基酸，核酸中的核苷酸，脂类中脂肪酸及糖类中的单糖等。这些小而简单的分子可以看作生物分子的构件，或称作"构件分子"。它们的种类为数不多，在每一种生物体内基本上都是一样的。实际上，生物体内的生物分子仅仅是由不多几种构件分子借共价键连接而成的。由于组成一个生物分子的构件分子的数目多，它的分子就大；因为构件分子不止一种，而且其排列顺序又可以是各种各样，由此而形成的生物分子的结构，当然就复杂。不仅如此，某些生物分子在不同情况下，还会具有不同的立体结构。生物分子的种类是非常多的。自然界约一百三十余万种生物体中，据估计总大约有　种蛋白质及　种核酸；它们都是由一些构件分子所组成。构件分子在生物体内的新陈代谢中，按一定的组织规律，互相连接，依次逐步形成生物分子、亚细胞结构、细胞组织或器官，最后在神经及体液的沟通和联系下，形成一个有生命的整体。

（二）物质代谢

生物体内有许多化学反应，按一定规律，继续不断地进行着。如果其中一个反应进行过多或过少，都将表现为异常，甚至疾病。病毒除外，病毒在自然环境下无生命反应。生物体内参加各种化学反应的分子和离子，不仅有生物分子，而更多和更主要的还是小的分子及离子。有人认为，没有小分子及离子的参加，不能移动或移动不便的生物分子便不能产生各种生命攸关的生物化学反应。没有二磷酸腺苷（ADP）及三磷酸腺苷（ATP）这样的小分子作为能量接受、储备、转运及供应的媒介，则体内分解代谢放出的能，将会散发为热而被浪费掉，以致一切生理活动及合成代谢无法进行。再者，如果没有 Mg^{2+}、Mn^{2+}、Ca^{2+} 等离子的存在，体内许多化学反应也不会发生，凭借各种化反应，生物体才能将环境中的物质（营养素）及能量加以转变、吸收和利用。营养素进人体内后，总是与体内原有的混合起来，参加化学反应。在合成反应中，作为原料，使体内的各种结构能够生长、发育、修补、替换及繁殖。在分解反应中，主要作为能源物质，经生物氧化作用，放出能量，供生命活动的需要，同时产生废物，经由各排泄途径排出体外，交回环境，这就是生物体与其外环境的物质交换过程，一般称为物质代谢或新陈代谢。据估计一个人在其一生中（按60岁计算），通过物质代谢与其体外环境交换的物质约相当于 60 000 kg 水，10 000 kg 糖类，1 600 kg 蛋白及 1 000 kg 脂类。

物质代谢的调节控制是生物体维持生命的一个重要方面。物质代谢中绝大部分化学反应是在细胞内由酶促成，而且具有高度自动调节控制能力。这是生物的重要特点之一。一个小小的活细胞内，几近两千种酶，在同一时间内，催化各种不同代谢中各自特有的化学反应。这些化学反应互不妨碍，互不干扰，各自有条不紊地以惊人的速度进行着，而且还互相配合。结果，不论是合成代谢还是分解代谢，总是同时进行到恰到好处。以蛋白质为例，用人工合成，即使有众多高深造诣的化学家，在设备完善的实验室里，也需要数月以至数年，或能合成一种蛋白质。然而在一个活细胞里，在 37 ℃ 及近于中性的环境中，一个蛋白质分子只需几秒钟，即能合成，而且有成百上千个不相同的蛋白质分子，几乎像在同一个反应瓶中那样，同时在进行合成，而且合成的速度和量，都正好合乎生物体的需要。

这表明，生物体内的物质代谢必定有尽善尽美的安排和一个调节控制系统。根据现有的知识，酶的严格特异性、多酶体系及酶分布的区域化等的存在，可能是各种不同代谢能同时在一个细胞内有秩序地进行的一个解释。在调节控制方面，动物体内，除神经体液发挥着重要作用之外，作用物的供应及输送、产物的需要及反馈抑制，基因对酶的合成的调控，酶活性受酶结构的改变及辅助因子的丰富与缺乏的影响等因素，亦不可忽视。

（三）结构与功能

组成生物体的每一部分都具有其特殊的生理功能。从生物化学的角度，则必须深入探讨细胞、亚细胞结构及生物分子的功能。功能来自结构。欲知细胞的功能，必先了解其亚细胞结构；同理，要知道一种亚细胞结构的功能，也必先弄清构成它的生物分子。关于生物分子的结构与其功能有密切关系的知识，已略有所知。例如，细胞内许多有生物催化剂作用的蛋白质——酶；它们的催化活性与其分子的活性中心的结构有着密切关系，同时，其特异性与其作用物的结构密切相关；而一种变构酶的活性，在某种情况下，还与其所催化的代谢途径的终末产物的结构有关。又如，胞核中脱氧核糖核酸的结构与其在遗传中的作用息息相关；简而言之，DNA 中核苷酸排列顺序的不同，表现为遗传中的不同信息，实际是不同的基因。分子生物学。

在生物化学中，有关结构与功能关系的研究，才仅仅开始；尚待大力研究的问题很多，其中重大的，有亚细胞结构中生物分子间的结合，同类细胞的相互识别、细胞的接触抑制、细胞间的黏合、抗原性、抗原与抗体的作用、激素、神经介质及药物等的受体等。

二、研究内容

生物化学主要研究生物体分子结构与功能、物质代谢与调节以及遗传信息传递的分子基础与调控规律。

（一）生物化学组成

除了水和无机盐之外，活细胞的有机物主要由碳原子与氢、氧、氮、磷、硫等结合组成，分为大分子和小分子两大类。前者包括蛋白质、核酸、多糖和以结合状态存在的脂质；后者有维生素、激素、各种代谢中间物以及合成生物大分子所需的氨基酸、核苷酸、糖、脂肪酸和甘油等。在不同的生物中，还有各种次生代谢物，如萜类、生物碱、毒素、抗生素等。

虽然对生物体组成的鉴定是生物化学发展初期的特点，但直到今天，新物质仍不断在发现。如陆续发现的干扰素、环核苷一磷酸、钙调蛋白、粘连蛋白、外源凝集素等，已成为重要的研究课题。有的简单的分子，如作为代谢调节物的果糖 -2，6- 二磷酸是 1980 年才发现的。另一方面，早已熟知的化合物也会发现新的功能，20 世纪初发现的肉碱，50 年代才知道是一种生长因子，而到 60 年代又了解到是生物氧化的一种载体。多年来被认为是分解产物的腐胺和尸胺，与精胺、亚精胺等多胺被发现有多种生理功能，如参与核酸和蛋白质合成的调节，对 DNA 超螺旋起稳定作用以及调节细胞分化等。

（二）代谢调节控制

新陈代谢由合成代谢和分解代谢组成。前者是生物体从环境中取得物质，转化为体内新的物质的过程，也叫同化作用；后者是生物体内的原有物质转化为环境中的物质，也叫异化作用。同化和异化的过程都由一系列中间步骤组成。中间代谢就是研究其中的化学途径的。如糖原、脂肪和蛋白质的异化是各自通过不同的途径分解成葡萄糖、脂肪酸和氨基酸，然后再氧化生成乙酰辅酶 A，进入三羧酸循环，最后生成二氧化碳。

在物质代谢的过程中还伴随有能量的变化。生物体内机械能、化学能、热能以及光、电等能量的相互转化和变化称为能量代谢，此过程中 ATP 起着中心的作用。

新陈代谢是在生物体的调节控制之下有条不紊地进行的。这种调控有 3 种途径：

（1）通过代谢物的诱导或阻遏作用控制酶的合成。这是在转录水平的调控，如乳糖诱导乳糖操纵子合成有关的酶。

（2）通过激素与靶细胞的作用，引发一系列生化过程，如环腺苷酸激活的蛋白激酶通过磷酰化反应对糖代谢的调控。

（3）效应物通过别构效应直接影响酶的活性，如终点产物对代谢途径第一个酶的反馈抑制。生物体内绝大多数调节过程是通过别构效应实现的。

（三）结构与功能

生物大分子的多种多样功能与它们特定的结构有密切关系。蛋白质的主要功能有催化、运输和贮存、机械支持、运动、免疫防护、接受和传递信息、调节代谢和基因表达等。由于结构分析技术的进展，使人们能在分子水平上深入研究它们的各种功能。酶的催化原理的研究是这方面突出的例子。蛋白质分子的结构分 4 个层次，其中二级和三级结构间还可有超二级结构，三、四级结构之间可有结构域。结构域是个较紧密的具有特殊功能的区域，联结各结构域之间的肽链有一定的活动余地，允许各结构域之间有某种程度的相对运动。蛋白质的侧链更是无时无刻不在快速运动之中。蛋白质分子内部的运动性是它们执行各种功能的重要基础。

20 世纪 80 年代初出现的蛋白质工程，通过改变蛋白质的结构基因，获得在指定部位经过改造的蛋白质分子。这一技术不仅为研究蛋白质的结构与功能的关系提供了新的途径；而且也开辟了按一定要求合成具有特定功能的、新的蛋白质的广阔前景。

核酸的结构与功能的研究为阐明基因的本质，了解生物体遗传信息的流动做出了贡献。碱基配对是核酸分子相互作用的主要形式，这是核酸作为信息分子的结构基础。脱氧核糖核酸的双螺旋结构有不同的构象，J.D. 沃森和 F.H.C. 克里克发现的是 B- 结构的右手螺旋，后来又发现了称为 Z- 结构的左手螺旋。DNA 还有超螺旋结构。这些不同的构象均有其功能上的意义。核糖核酸包括信使核糖核酸（mRNA）、转移核糖核酸（tRNA）和核蛋白体核糖核酸（rRNA），它们在蛋白质生物合成中起着重要作用。新近发现个别的 RNA 有酶的功能。

基因表达的调节控制是分子遗传学研究的一个中心问题，也是核酸的结构与功能研究的一个重要内容。对于原核生物的基因调控已有不少的了解；真核生物基因的调控正从多方面探讨。如异染色质化与染色质活化；DNA 的构象变化与化学修饰；DNA 上调节序列如加强子和调制子的作用；RNA 加工以及转译过程中的调控等。

生物体的糖类物质包括多糖、寡糖和单糖。在多糖中，纤维素和甲壳素是植物和动物的结构物质，淀粉和糖原等是贮存的营养物质。单糖是生物体能量的主要来源。寡糖在结构和功能上的重要性在 20 世纪 70 年代才开始为人们所认识。寡糖和蛋白质或脂质可以形成糖蛋白、蛋白聚糖和糖脂。由于糖链结构的复杂性，使它们具有很大的信息容量，对于细胞专一地识别某些物质并进行相互作用而影响细胞的代谢具有重要作用。从发展趋势看，糖类将与蛋白质、核酸、酶并列而成为生物化学的 4 大研究对象。

生物大分子的化学结构一经测定，就可在实验室中进行人工合成。生物大分子及其类似物的人工合成有助于了解它们的结构与功能的关系。有些类似物由于具有更高的生物活性而可能具有应用价值。通过 DNA 化学合成而得到的人工基因可应用于基因工程而得到具有重要功能的蛋白质及其类似物。

（四）酶学研究

生物体内几乎所有的化学反应都是酶催化的。酶的作用具有催化效率高、专一性强等特点。这些特点取决于酶的结构。酶的结构与功能的关系、反应动力学及作用机制、酶活性的调节控制等是酶学研究的基本内容。通过 X 射线晶体学分析、化学修饰和动力学等多种途径的研究，一些具有代表性的酶的作用原理已经比较清楚。20 世纪 70 年代发展起来的亲和标记试剂和自杀底物等专一性的不可逆抑制剂已成为探讨酶的活性部位的有效工具。多酶系统中各种酶的协同作用，酶与蛋白质、核酸等生物大分子的相互作用以及应用蛋白质工程研究酶的结构与功能是酶学研究的几个新的方向。酶与人类生活和生产活动关系十分密切，因此酶在工农业生产、国防和医学上的应用一直受到广泛的重视。

（五）生物膜和生物力

生物膜主要由脂质和蛋白质组成，一般也含有糖类，其基本结构可用流动镶嵌模型来表示，即脂质分子形成双层膜，膜蛋白以不同程度与脂质相互作用并可侧向移动。生物膜与能量转换、物质与信息的传送、细胞的分化与分裂、神经传导、免疫反应等都有密切关系，是生物化学中一个活跃的研究领域。

以能量转换为例，在生物氧化中，代谢物通过呼吸链的电子传递而被氧化，产生的能量通过氧化磷酸化作用而贮存于高能化合物 ATP 中，以供应肌肉收缩及其他耗能反应的需要。线粒体内膜就是呼吸链氧化磷酸化酶系的所在部位，在细胞内发挥着电站作用。在光合作用中通过光合磷酸化而生成 ATP 则是在叶绿体膜中进行的。以上这些研究构成了生物力能学的主要内容。

（六）激素与维生素

激素是新陈代谢的重要调节因子。激素系统和神经系统构成生物体两种主要通信系统，二者之间又有密切的联系。70 年代以来，激素的研究范围日益扩大。如发现肠胃道和神经系统的细胞也能分泌激素；一些生长因子、神经递质等也纳入了激素类物质中。许多激素的化学结构已经测定，它们主要是多肽和甾体化合物。一些激素的作用原理也有所了解，有些是改变膜的通透性，有些是激活细胞的酶系，还有些是影响基因的表达。维生素对代谢也有重要影响，可分水溶性与脂溶性两大类。它们大多是酶的辅基或辅酶，与生物体的健康有密切关系。

（七）生命起源与进化

生物进化学说认为地球上数百万种生物具有相同的起源并在大约 40 亿年的进化过程中逐渐形成。生物化学的发展为这一学说在分子水平上提供了有力的证据。例如所有种属的 DNA 中含有相同种类的核苷酸。许多酶和其他蛋白质在各种微生物、植物和动物中都存在并具有相近的氨基酸序列和类似的立体结构，而且类似的程度与种属之间的亲缘关系相一致。DNA 复制中的差错可以说明作为进化基础的变异是如何发生的。生物由低级向高级进化时，需要更多的酶和其他蛋白质，基因的重排和突变为适应这种需要提供了可能性。由此可见，有关进化的生物化学研究将为阐明进化的机制提供更加本质的和定量的信息。

但是，人们对生化系统自身是如何起源的仍然知之甚少，在生物化学的教科书中也无人提及。其实，生化系统的成型也就意味着生命的诞生。最近，有学者提出原始生命是在光合系统的演化中开始的，能量（光能，地球上最普遍而恒久的能量来源）的转化与利用是生化系统运转的核心，而 ATP 在光合作用、代谢通路和遗传信息之间架起了桥梁，它亦是遗传密码起源的关键（ATP 中心假说）。

（八）方法学

在生物化学的发展中，许多重大的进展均得力于方法上的突破。例如同位素示踪技术用于代谢研究和结构分析；层析，特别是 70 年代以来全面地大幅度地提高体系性能的高效液相层析以及各种电泳技术用于蛋白质和核酸的分离纯化和一级结构测定；X 射线衍射技术用于蛋白质和核酸晶体结构的测定；高分辨率二维核磁共振技术用于溶液中生物大分子的构象分析；酶促等方法用于 DNA 序列测定；单克隆抗体和杂交瘤技术用于蛋白质的分离纯化以及蛋白质分子中抗原决定因子的研究等。70 年代以来计算机技术广泛而迅速地向生物化学各个领域渗透，不仅使许多分析仪器的自动化程度和效率大大提高，而且为生物大分子的结构分析，结构预测以及结构功能关系研究提供了全新的手段。生物化学今后的继续发展无疑还要得益于技术和方法的革新。

三、实际应用

生物化学对其他各门生物学科的深刻影响首先反映在与其关系比较密切的细胞学、微生物学、遗传学、生理学等领域。通过对生物高分子结构与功能进行的深入研究，揭示了生物体物质代谢、能量转换、遗传信息传递、光合作用、神经传导、肌肉收缩、激素作用、免疫和细胞间通讯等许多奥秘，使人们对生命本质的认识跃进到一个崭新的阶段。

生物学中一些看来与生物化学关系不大的学科，如分类学和生态学，甚至在探讨人口控制、世界食品供应、环境保护等社会性问题时都需要从生物化学的角度加以考虑和研究。

此外，生物化学作为生物学和物理学之间的桥梁，将生命世界中所提出的重大而复杂的问题展示在物理学面前，产生了生物物理学、量子生物化学等边缘学科，从而丰富了物理学的研究内容，促进了物理学和生物学的发展。

生物化学是在医学、农业、某些工业和国防部门的生产实践的推动下成长起来的，反过来，它又促进了这些部门生产实践的发展。

（一）医学生化

对一些常见病和严重危害人类健康的疾病的生化问题进行研究，有助于进行预防、诊断和治疗。如血清中肌酸激酶同工酶的电泳图谱用于诊断冠心病、转氨酶用于肝病诊断、淀粉酶用于胰腺炎诊断等。在治疗方面，磺胺药物的发现开辟了利用抗代谢物作为化疗药物的新领域，如5-氟尿嘧啶用于治疗肿瘤。青霉素的发现开创了抗生素化疗药物的新时代，再加上各种疫苗的普遍应用，使很多严重危害人类健康的传染病得到控制或基本被消灭。生物化学的理论和方法与临床实践的结合，产生了医学生化的许多领域，如：研究生理功能失调与代谢紊乱的病理生物化学，以酶的活性、激素的作用与代谢途径为中心的生化药理学，与器官移植和疫苗研制有关的免疫生化等。

（二）农业生化

农林牧副渔各业都涉及大量的生化问题。如防治植物病虫害使用的各种化学和生物杀虫剂以及病原体的鉴定；筛选和培育农作物良种所进行的生化分析；家鱼人工繁殖时使用的多肽激素；喂养家畜的发酵饲料等。随着生化研究的进一步发展，不仅可望采用基因工程的技术获得新的动、植物良种和实现粮食作物的固氮；而且有可能在掌握了光合作用机理的基础上，使整个农业生产的面貌发生根本的改变。

（三）工业生化

生物化学在发酵、食品、纺织、制药、皮革等行业都显示了威力。例如皮革的鞣制、脱毛，蚕丝的脱胶，棉布的浆纱都用酶法代替了老工艺。近代发酵工业、生物制品及制药工业包括抗生素、有机溶剂、有机酸、氨基酸、酶制剂、激素、血液制品及疫苗等均创造了相当巨大的经济价值，特别是固定化酶和固定化细胞技术的应用更促进了酶工业和发酵工业的发展。

70 年代以来，生物工程受到很大重视。利用基因工程技术生产贵重药物进展迅速，包括一些激素、干扰素和疫苗等。基因工程和细胞融合技术用于改进工业微生物菌株不仅能提高产量，还有可能创造新的抗菌素杂交品种。一些重要的工业用酶，如 α-淀粉酶、纤维素酶、青霉素酰化酶等的基因克隆均已成功，正式投产后将会带来更大的经济效益。

（四）国防应用

防生物战、防化学战和防原子战中提出的课题很多与生物化学有关。如射线对于机体的损伤及其防护；神经性毒气对胆碱酯酶的抑制及解毒等。

第四节　临床生物化学

一、领域和性质

临床生物化学是化学、生物化学与临床医学的结合，目前已经发展成为一门成熟的独立学科。临床生物化学有其独特的研究领域、性质和作用，是一门理论和实践性较强的、边缘性的应用学科，以化学和医学知识为主要基础。广义上讲，临床生物化学是研究器官、组织人体体液的化学组成和进行着的生物化学过程，以及疾病、药物对这些过程的影响，为疾病诊断、病情监测、药物疗效、预后判断和疾病预防等各个方面提供信息和理论依据。临床生物化学除了要求应用化学与医学方面的理论知识和技术外，还应与生物学、物理学、教学、电子学等各方面的知识密切联系，广泛地应用这些学科领域的新成就。

在日常实践中，临床生物化学的主要作用有两个方面：

第一，阐述有关疾病的生物化学基础和疾病发生发展过程中的生物化学变化。这些生物化学改变可以是原发性的，也可能是某种原因引起器官病损或并发症导致体液生化组成发生的一系列继发性的改变。这部分内容又称之为化学病理学（chemical pathology）。

第二，开发应用临床生物化学检验方法和技术，对检验结果的数据及其临床意义做出评价，用以帮助临床诊断以及采取适宜的治疗。这部分内容有两方面的侧重点：在阐明疾病生化诊断的原理方面，侧重于论述疾病的生化机制，比较接近化学病理学的范畴；而在技术方法的开发应用方面，偏重于临床生物化学实验室的应用，有人称之为临床化学（clinical chemistry），其中一部分内容又称之为诊断生物化学（diagnosticclinical chemistry）。

由于社会和经济的发展，其他相应学科的进展以及新技术的应用，临床生物化学这门学科及其实验室技术在近二三十年中获得迅速发展和完善。它在临床医学中所起的作用和地位已日益受到重视，并已成为任何医院及有关研究部门建设中不可缺少的重要组成部分。它是检验医学中的主干学科之一，它的服务质量直接关系到整个医疗水平的提高和疾病防治的效果。

二、临床生物化学发展的简要回顾和现状

临床生物化学成为一门独立的学科还只是近四五十年的事，因此它是相当年轻的学科。追溯其发展过程，它是与许多相关学科（包括化学、生理学、药物学、病理学、临床医学等等）相互联系、相互渗透的结果。

在临床生物化学学科发展史上，有几次技术上和概念方面的重大突破，促使了本学科的进步和发展。

（一）"临床化学"名词的由来

"临床化学"一词是在第二次世界大战后、21世纪50年代开始较广泛地使用的。19世纪以前只是有一些化学家、生理学家和临床医生研究人体在健康与疾病时的化学组分的变化，包括血液及尿中蛋白质、糖及无机物等物质。1918年，Lichtwitz首先采用"临床化学"作为教科书名公开出版。1931年，Peter及Van Slyke又出版了两卷以《临床化学》为名的专著，第一次概括了这一领域的主要内容，它标志着这一学科的初步形成。

（二）体液生物化学组分的分析应用及"细胞内环境相对稳定"概念

19世纪以来就有一系列关于健康与疾病时体液生物化学组成的研究。它包括Berzelius、Liebig、Simon、BenceJones、Folin以及我国早期生物化学家吴宪等人的杰出工作。1926年，Waiter Gannon使用了"homeostasis"（内环境相对稳定）一词，取代和发展了ClaudeBernard的细胞内环境恒定的概念，这对推动临床生物化学的发展起着深远的影响，在过去50年中成为实验性研究的指导思想。至今临床生物化学中相当部分的工作就是细胞外液（即Bernard提出的内环境）的临床生化。由Van Slyke等人开创的体液水、电解质与酸碱平衡这一领域中的理论与实践在临床诊断和治疗中所起作用就是一个具有代表性范例。

（三）比色法和光度法在临床生物化学实验室中的应用

比色法和光度法对促进这一领域中工作的质和量方面的变化起了根本性推动作用。19世纪和20世纪初，血液及尿中成分多采用传统的重量分析和容量分析法（滴定法），其灵敏度不高，标本用量多，耗费时间长，方法烦琐，限制了它在临床上的广泛应用。20世纪初，特别是从1904年Folin用比色法测定肌酐开始，建立了一系列血液生物化学成分测定的比色分析法。Duboseq第一个设计了目测比色法。值得提到的是，1924年我国北京协和医学院建立了由吴宪教授主持的生物化学系，成为当时我国医学生物化学教学与研究

的中心。该系除了讲授基础生物化学外，还开设了血尿分析法、酶学、血液分析等进修课程，培养了我国第一批生物化学家和临床生物化学工作者；在血液分析、血滤液制备以及改建和发展新的比色分析法等方面做了一系列工作，并报告了我国正常成人血液化学成分的正常参考值。21世纪30年代后，由于光电比色计的应用，临床生物化学实验室的分析才发生了根本性的改观。至今，光度计和分光光度法在现代临床生物化学分析中仍占有突出的地位。

（四）血清酶活力测定作为细胞与组织损伤的重要指标

21世纪50年代后，应用血清酶活力测定作为监测细胞、器官损害及肿瘤生长的指标，使临床生物化学的工作又增加了新的内容。近30年来它已发展成诊断酶学这一分支。1908年Wohlgemuth首先提出，以检测尿中淀粉活力作为急性胰腺炎的诊断指标。以后又有血清碱性磷酸酶和脂酶的测定，但由于当时方法学存在的困难，应用进展缓慢。1954年Ladue、Worblewski、Karmen等人先后发现血清乳酸脱氢酶及转氨酶在不少疾病时增高，此后血清酶在诊断上的应用和研究非常活跃。目前方法学上又有了很大发展，同工酶的概念和检测以及酶谱分析，都大大地增加了诊断的特异性和灵敏度。

（五）治疗性药物监测成为临床生物化学的一个重要分支

由于病人对治疗药物的反应和代谢存在着个体差异，随着新的、有效的微量检测药物血浓度技术的发展，以及药代动力学知识的进展，治疗性药物监测工作在现代化医院中占有的比重日益增加。在有些大医院中，它的工作量已达整个临床生物化学工作的1/3左右。在我国，治疗性药物监测的工作也正在开展，并已受到重视。这对促使临床医生更有效、合理地使用药物，提高疗效，减少药物的副作用，了解药物在体内的转化与代谢规律等方面都具有重要意义。

（六）超微量的仪器分析、免疫学、分子生物学、放射性同位素等技术在生物化学实验室中的应用

这些新技术的应用使临床生物化学工作内容有可能日益扩大深入。近10多年来，对于体内一些微量蛋白质、多肽等生物活性物质的测定，基因（核酸片段）的分析，微量元素的分析，以及它们在多种疾病中的变化，为临床医学提供了极有价值的数据。

（七）自动化装置与电子计算机数据处理系统

近20年来，由于临床生物化学工作内容迅速扩大，促进了分析仪器的机械化和自动化，1957年Skeggs等首先在临床生物化学实验室中引用了连续流动式分析装置（continuous flow analysis），1964年后使用多通道分析仪（multichannel analyzer）和离心式分析仪（centrifugal analyzer，1969），加上微处理机的使用，使临床化学工作大大改进了分析的质和量，提供了检测大批标本的工作程序，改进了对结果的处理和作用，设计出各种组合

报告（profile reporting）。例如将蛋白质、血清酶、电解质和血气等多种项目配套分析结果，经过处理（分析、结合），使数据转化为更高层次的报告。为了解某一器官的功能概貌，可组合一系列相关试验，经综合、分析作出评价。目前在肝功能、肾功能、心肌损害、肿瘤标志、血脂分析以及内分泌功能检测方面的成套试验（profile tests）已被广泛地使用。

（八）临床生物化学的国际性、全国性及地方性学会和出版刊物

由于临床生物化学已发展为一个得到确认的学科和专业，在不少国家都已成立了专门的全国性学会，并有它自己的十分活跃的、有成果的国际性学会。国际纯化学与应用化学协会（IUPAC）设有临床化学专业委员会（Commission of Clinical Chemistry，Division of Biological Chemistry，International Union of Pure and Applied Chemistry），成立于1952年。此外，国际性的临床化学协会（International Federation of Clinical Chemistry，IFCC）亦组织大量学术活动，并设有教育委员会，制定一系列有关培训人才和政策性的文件。在某些国家由于历史的和现实的条件，学会的活动可能与其他临床实验室学科和生物化学学会合并进行。我国目前临床生物化学的学术活动有两个主要方面，一是属于中华医学会下设的临床检验学会的临床生物化学专业委员会，一是属于中国生物化学学会下属的医学的生物化学专业委员会。国际性的专业出版刊物和杂志有《临床化学杂志》（Clinical Chemistry，美国）、《临床化学学报》（Clinical Chemistry Acta，荷兰）、《临床生物化学年鉴》（Annuals of Clinical Biochemistry，英国）以及《临床生物化学评论》（Clinical Biochemistry Reviews，加拿大）等有较大的影响。我国出版的《国外医学——临床生物化学与检验学分册》（始于1980年）是全国性的情报刊物。其他有关临床生物化学为主要内容的国内外文献杂志刊物种类日益增多，可供参考。

三、临床生物化学的现状及其作用

（一）临床生物化学在医疗保健工作、疾病诊断与治疗中的作用

根据国内外近10多年来的统计，临床生化的检测项目不断扩大，工作量也以每年近10%～20%的速度增加。不少项目广泛地应用于肝、胆、胰腺等消化系统疾病以及肾疾病的诊断与治疗，在外科手术及创伤后患者体液电解质与酸碱平衡紊乱的监测有着重要意义。体液中酶与同工酶的活力测定为临床医生判断病情提供了十分有价值的信息，特别在心肌梗死、肝细胞损害、肿瘤及神经肌肉病损等方面近年来有很大新进展。在多种内分泌疾病与先天性代谢障碍疾病的确诊和病情随访中，专一的生物化学检测项目起着决定性的作用。此外，在糖尿病昏迷、肺性脑病的治疗中，由于应用临床生物化学指标紧密监护治疗进程，病死率已大大降低。在一些肿瘤化疗、强心甙及抗心律不齐、抗癫痫、抗抑郁等治疗性药物的控制使用中，能监测血药浓度，根据个体差异合理调整剂量及给药间隔，以提高疗效、减少毒副作用，有着十分重要的指导意义。

（二）临床生物化学理论与技术在医学教育中的作用与地位

由于临床生物化学在医学理论与实践方面的重要性，医学生在学习基础课和临床课中都应充分结合有关的临床生物化学知识。目前，多数院校是从讲授基础生化开始的。一般说，基础生物化学大部分是取材于动物和正常人的，在深度上也可以包括病理的材料。临床生物化学的教学计划在各个国家则有很大的不同，就是在一个国家内，由于本课程的组织者的认识深浅不同，也存在着较大的差异。但是，从最近几年来各国的医学教育改革及内容来看，在所有国家，在整个医学教育过程中，接触临床生物化学知识的比重正在不断增长。近年来，不少大学在后期教育中开设了有关临床实验室科学的课程或相应的讲座，或开展床边专题讨论，有不少课程是为研究生开设的。应当积极地为医学生、医学研究及临床医生提供能有效地利用实验室来进行日常医疗活动的条件。对于非实验室临床专家来说，要求他们通晓详尽的方法学是不现实的，但他们对于检测方法的原理及所得分析结果的限度和评价有所理解是十分必要的。现在，不少教学医院在为医学生和研究生开设临床生化课程的同时，亦为临床医生们提供相应的实验室活动中心，提供一定的经费、投资设备，以促进临床与实验室的合作，这对于现代医学的进步起着十分有益的作用。

（三）临床生物化学实验室面临的任务

临床生物化学室工作内容的不断增长，急需培养专门人才和建立工作质量控制程序、我国有关调查资料表明，如何切实加强和提高实验室的分析质量是刻不容缓的。因此制定提高各级检验人员素质的相应的教育培训计划和考核法规，实行质量控制等制度都是很关键的措施。具体内容应包括培养具有领导和监管临床生物化学实验室工作能力的各级领导人才和熟练的技术干部；及时引进和开发可靠性更高的新方法；协助对分析数据的处理，积极参与临床有关咨询；与临床医生密切合作，对临床生物化学的理论原理和技术应用不断进行总结和研讨。

分析手段的现代化、自动化以及微处理机的使用，是现代生化实验室的重要组成。能否合理地选用仪器，取决于日常工作量、使用人员素质以及对使用效益和经济水平等有关因素的充分了解。制定各项测定项目最适用的分析方法，是一个实验室工作的极其重要的环节，它要求充分考虑到方法的精密度、准确性以及实用性。为保证这一目的，在较大医院的临床生物化学检验部门，有必要组织一定力量进行有关方法学的开发工作，经常研讨新的方法学及自动化设置，经过试用，逐步推广于常规工作。

人们越来越意识到，对疾病本质和过程的透彻理解，在很大程度上需要有关生物化学分析的确切信息。临床医生正面临着应付实验室带来大量分析数据的新课题。因此临床生物化学工作者有必要在这方面和医生合作，进行更多的"翻译""加工"，将生物化学分析结果的信息转化为更高层次的医学语言，从而为医学科学和临床诊疗的提高服务。

四、细胞骨架蛋白——组织特异性蛋白的鉴定及其意义

人类基因组（genome）含有 3 万~5 万个可单拷贝的结构基因，但在一个细胞生长的特定条件下，往往只有少数基因表达。有些基因几乎普遍地在所有细胞活跃地处于表达状态，并保证其表达产物的功能。如多数酵解酶类蛋白、钙调节蛋白。此外，多数细胞均有其细胞骨架的特定组分，或产生特定代谢的酶。这些蛋白在各细胞中表现出它的组织特异性（tissue-speificprotein），当有关细胞损害过程中，它们在血循环中可以出现，可以反映该细胞的特异损害。这一事实被利用于监测某组织是否进行性损害的一种非损伤性的手段，并正在发展中。

有几种方法可以检测出特殊蛋白的组织特异性，如果该蛋白本身就是酶，可以直接测定酶的活性。例如肌酸激酶在骨骼肌中含量很高，但它们并不存在于肝内。血清中该酶的活性可以反映肌肉的损害，特别是骨骼肌的病变——肌萎缩症，或心肌损害。如果该蛋白并非具有酶活性，但可以表现一定的抗原性，可用于制备相应的抗体，用相应的免疫学方法来检测。新的组织特异性蛋白质也可以通过高分辨率的双相电泳色谱而定位，可以比较不同的组织，而检出特殊器官中特异性蛋白的存在。

一个真核细胞的胞质部分（往往指细胞在去除其亚细胞的结构组分——包括线粒体和内质网及核微粒等成分后，残留下的可溶性部分），往往尚含有 20%~30% 高浓度蛋白质溶液，各个蛋白质之间具有弱的相互作用力。这些蛋白质可导致细胞内水形成两个部分，即水化的结合水分子与蛋白分子表面结合以及自由水。这些细胞质中的由蛋白丝组成的非膜相结构统称为细胞骨架（cytoskeleton），根据目前的研究，按纤维直径的大小又可将其分为微管（microtube，直径约 24 nm）、微丝（microfilament，直径约 5~8 nm）、中间纤维或称中间丝（intermediate filament，直径约 7~12 nm）以及比微丝更细且不规则的纤维网，称为微梁格（microtrabecularlatticesystem，直径＜6 nm）。

细胞骨架蛋白在细胞运动、分裂、信息传递、能量转换、代谢调控以及纤维细胞形态方面具有重要作用。

（一）微管

微管可在所有哺乳类动物细胞中存在，除了红细胞外，所有微管均由约 55 ku 的 α 及 β 微管蛋白（tubulin）组成。它们正常时以 α、β 二聚体形式存在（110 ku）并以头尾相连的方式聚合，形成微管蛋白原纤维（protofilament），由 13 根这样的原纤维构成一个中空的微管。

从各种组织中提纯微管蛋白可以发现还存在一些其他蛋白成分（5%~20%），称之为微管相关蛋白（microtube associated proteinsor，MAPS'）。这些蛋白具有组织特异性，表现出从相同 α、β 二聚体聚合形成的微管具有独特的性质，已从人类不同组织中发现了多种 α 及 β 微管的等点异质体（variants），并追踪微管基因表现出部分基因家族，某

些基因被认为是编码独特的微管蛋白。

在人类至少发现两种明显区别的 α-微管蛋白及三种明显区别的 β-微管基因，它们产生具有特定功能的微管蛋白 mRNA，由于这些编码在结构组分上十分近似蛋白质分子，在不同组织存在多少特异性的具有差异表达的微管蛋白亚型，尚待深入研究。

（二）微丝

微丝（microfilament）也普遍存在于所有真核细胞中，是一个实心状的纤维，一般细胞中含量约占细胞内总蛋白质的 1%~2%，但在活动较强的细胞中可占 20%~30%。

微丝的主要化学成分是肌动蛋白（actin）和肌球蛋白（myosin），如同微管蛋白，肌动蛋白的基因组成一个超家族并有多种结构极为相似的组成。在肌细胞中至少存在 4 种不同的肌动蛋白：

（1）骨骼肌的条纹纤维；

（2）心肌的条纹纤维；

（3）血管壁的平滑肌；

（4）胃肠道壁的平滑肌。它们在氨基酸组分上有微小的差异（大约在 400 个氨基酸残基序列中有 4~6 个变异），在肌肉与非肌细胞中都还存在 β 及 γ 肌动蛋白，它们与具有横纹的 α 肌动蛋白可有 25 个氨基酸的差异。

单体的或 G-肌动蛋白可聚合为呈纤维状的 F-肌动蛋白，它们可由 Mg^{2+} 及高浓度的 K^+ 或 Na^+ 诱导而聚合，聚合后 ATP 水解为 ADP 及 C-肌动蛋白 ADP 单体，而从组装成 F-肌动蛋白的多聚体上游离下来。在骨骼肌肌动蛋白的细丝与肌球蛋白的粗丝相互作用产生肌收缩（肌球蛋白可以起作肌动蛋白激活的 ATPase 的作用）。肌球蛋白也存在于哺乳动物的非肌细胞中（但以非聚合状态存在）。

总之，微丝具有多种功能，在不同细胞的表现不同，在肌细胞组成粗肌丝、细肌丝，可以收缩（收缩蛋白），在非肌细胞中主要起支撑作用、非肌性运动和信息传导作用。

（三）中间纤维

细胞骨架的第三种纤维结构称中等纤维或中间纤维（intermediate filment，IF），又称中丝，为中空的骨状结构，直径介于微管和微丝之间，其化学组成比较复杂，在不同细胞中，成分变化较大。

五、细胞调节因子

（一）概述

细胞调节因子是一组小分子或中等分子量的可溶性蛋白质（多肽）与糖蛋白，具有强大的和多方面的生物效应。它们均作用于特异的靶细胞表面受体，通过细胞内信号传导和第二信使介导，调节细胞的增殖、分化、生长、出血、骨发生、免疫过程、创伤的愈合、炎症反应等。较大分子量的调节因子前身物质经蛋白酶切水解为较小的活性分子（成熟分子），糖蛋白分子中的含糖结构对其药理动力学有显著影响。已知不少疾病过程与细胞因子生成的失平衡有密切联系，它们异常过度的分泌可诱发和延长病理过程，有些疾病可恶化，或受到一些起始因子（如病毒与细胞的感染等）的作用后，造成细胞分泌异常而发病。细胞因子的生成异常亦与一些免疫介导的疾病有关，如过敏、哮喘、类风湿性关节炎、系统性红斑狼疮、自身免疫性全细胞缺乏症、牛皮癣等。细胞因子广泛地介入恶性肿瘤的增殖分化、转移，如多发性骨髓瘤，急性白血病，慢性淋巴细胞白血病，霍奇金病。细胞因子更广泛地从多层次以多种形式介导一系列炎症发病进程，如胰腺炎、毛细管渗出性综合征、骨质疏松症、创伤愈合、肾衰等。因此，近年来，细胞因子的分泌表达及其作用引起多方面专家的关注和研究，细胞因子的检测也迅速发展起来。

细胞因子的发现近半个世纪，由于其生物学作用的多效性，细胞来源的多样性，曾经赋予过不少名称。自80年代基因工作和蛋白质的优化技术发展，细胞因子基因被克隆至今，虽然多种细胞因子的蛋白质一级结构被阐明，其相应的 mRNA 及 DNA 序列分析及其染色体定位被确认，但由于一种细胞因子可由多种细胞产生，不同细胞来源的细胞因子又有相似的生物学作用（多效性），加上生物学作用的环境依赖性，因此命名至今不够满意，更不甚统一，分类上的意义也是相对的，有的侧重考虑其细胞来源，有的着重于参照其生物学作用。

（二）细胞调节因子实验室检测的简介

研究细胞因子在各种病理生理情况下的活动、分泌以及在治疗中使用细胞因子制剂的效应，都要求能有效地检测体内细胞因子的含量（浓度水平），以及检测细胞因子的功能（生物效应）。

从前以细胞因子的生物学特征作为其含量分析的基础，免疫分析及其他免疫化学或生物化学技术亦可用于此细胞因子的测定和部分鉴定。

人细胞因子实验测定的标准化：人细胞因子的实验测定中仍存在诸多问题，选择分析方法不恰当则可能导致混乱甚至错误的结论。有时有必要同时选择几种方法分析某些细胞因子。生物分析方法特异性差，那些使用细胞株的生物分析可能与不同细胞因子反应，而且可受非细胞因子分子的影响。用于维持细胞生物的细胞因子能强烈地影响某些依赖细胞对一些细胞因子的反应程度。有的细胞在连续传代后可能失去对某些细胞因子的反应性，此外，由于抑制剂如受体拮抗剂、可溶性细胞因子受体或其他拮抗剂分子的存在，测得细胞因子活性结果可能会比实际活性偏低。

由于蛋白酶的存在或与抑制剂如可溶性受体形成复合物，免疫分析能测得失去生物活性或具部分生物活性的细胞因子分子，并可受到基质效应的影响。此外，特异性问题影响了细胞因子 mRNA 测定，而 mRNA 水平亦不一定与具生物活性的细胞因子水平相一致。

其他影响自动免疫分析方法准确性的问题还包括抗体的选择、分析的不均匀、分子糖基化的不同、寡聚体的形成及循环受体的影响，虽然免疫分析的结果并不一定反映细胞因子的生物活性，但一般而言，免疫分析及其他配体结合分析都更容易标准化。

目前，英国已能提供下列细胞因子的标准化参考试剂：IL-1α，IL-1β，IL-2-9，GM-SCF，M-CSF，TGF-α，TGF-β，TGF-γ，SCF，LIF（白血病抑制因子），IFN-α1，IFN-α2b，IFNγ，还能供应 IFN-α2a，IFN-β 及 IFN-γ 的国际标准。但于细胞因子分子的不均匀，其分析的标准化仍是问题。因此，要求各实验室的细胞因子分析应参考国际标准。某些细胞因子具有易被破坏的特性，从而要求非常细致和标准化的取样。

随着细胞因子在治疗上的不断应用，其测定方法亦得到了广泛的发展，临床检师必须选用正常的分析方法支持临床医生，为临床诊断提供相对简易的实验程序和准确的操作技术。

第五节　细胞生物学

一、细胞学说

运用近代物理学和化学的技术成就和分子生物学的方法、概念，在细胞水平上研究生命活动的科学。其核心问题是遗传与发育。

细胞学说问世以来，确立了细胞（真核细胞）是多细胞生物结构和生命活动的基本单位。但是长期以来，细胞学的研究偏重在结构方面。此后，在相邻学科的进展的影响下逐渐地发展到其他方面。例如在遗传学的带动下发展起细胞遗传学，加深了对染色体的认识；在生物化学的影响之下发展起细胞生化，用生化手段了解细胞各组分的生化组成和功能活动；在物理学、化学的渗透下形成了细胞化学，研究细胞的化学成分及其定位，这些都为细胞生物学的形成和发展打下了基础。50 年代之后，各方面的条件逐渐成熟了，细胞生物学才得以蓬勃发展。

在研究方法上，细胞生物学广泛地利用相邻学科的成就，在技术方法上是博采众长，凡是能够解决问题的都会被使用。

从研究对象来看，细胞生物学与其说是一个学科，倒不如说它是一个领域。这可以从两个方面来理解：一是它的核心问题的性质——把发育与遗传在细胞水平结合起来，这就不局限于一个学科的范围。二是它和许多学科都有交叉，甚至界限难分。

由于广泛的学科交叉，细胞生物学虽然范围广阔，却不能像有些学科那样再划分一些分支学科——如像细胞学那样，根据从哪个角度研究细胞而分为细胞形态学、细胞化学等。如果要把它的内容再适当地划分，可以首先分为两个方面：一是研究细胞的各种组分的结构和功能（按具体的研究对象），这应是进一步研究的基础，把它们罗列出来，例如基因组和基因表达、染色质和染色体、各种细胞器、细胞的表面膜和膜系、细胞骨架、细胞外间质等等。其次是根据研究细胞的哪些生命活动划分，例如细胞分裂、生长、运动、兴奋性，分化、衰老与病变等，研究细胞在这些过程中的变化，产生这些过程的机制等。

细胞生物学的研究重点应该是细胞的决定（时间空间序）与分化（通才与专才）等问题。

细胞生物学（Cell Biology）是在显微、亚显微和分子水平三个层次上，研究细胞的结构、功能和各种生命规律的一门科学。细胞生物学由 Cytology 发展而来，Cytology 是关于细胞结构与功能（特别是染色体）的研究。现代细胞生物学从显微水平、超微水平和分子水平等不同层次研究细胞的结构、功能及生命活动。在我国基础学科发展规划中，细胞生物学与分子生物学、神经生物学和生态学并列为生命科学的四大基础学科。

细胞生物学是以细胞为研究对象，从细胞的整体水平、亚显微水平、分子水平等三个层次，以动态的观点，研究细胞和细胞器的结构和功能、细胞的生活史和各种生命活动规律的学科。细胞生物学是现代生命科学的前沿分支学科之一，主要是从细胞的不同结构层次来研究细胞的生命活动的基本规律。从生命结构层次看，细胞生物学位于分子生物学与发育生物学之间，同它们相互衔接，互相渗透。

运用近代物理学和化学的技术成就和分子生物学的方法、概念，在细胞水平上研究生命活动的科学，其核心问题是遗传与发育的问题。

自 1839 年 M.J. 施莱登和 T.A.H. 施旺的细胞学说引起轰动后，便确立了真核细胞是多细胞生物结构和生命活动的基本单位这一事实，自此开始，各国开始了对细胞学的研究，但主要在细胞的结构研究上。但随着研究的不断深入，生育学、分子生物学等其他相邻学科的知识逐渐与细胞生物学相互交叉，因此研究也逐渐地发展到其他方面，例如：在与遗传学科的知识交叉中衍生出细胞遗传学，加深了对染色体的研究；在与生物化学的共同探索中发展出细胞生化学，用生物化学的方法去了解细胞的生化组成和功能活动；在物理学和化学知识的帮助下形成了细胞化学，用于研究细胞的化学成分，这些都为细胞生物学的形成和发展打下了基础。

在细胞生物学的发展中，按研究内容可分为三个层次：显微水平、超微水平和分子水平。其发展历史可划分为四个阶段。

第一阶段：16 世纪后期到 19 世纪 30 年代，是细胞发现和知识积累的阶段，通过多年的研究和对大量动植物的观察，研究学家意识到不论何种生物，都可以拆分成多种多样的细胞。

第二阶段：19 世纪 30 年代到 20 世纪初期，在细胞学说产生后，一个纯新的研究领域由此诞生，在这一时期，研究的主要特点是在显微水平下研究细胞的结构与功能。随着细胞生物学的不断发展，形态学、胚胎学和染色体知识逐渐积累，使人们认识了细胞在生命活动中的重要作用，在 1893 年，Hertwig 所著的《细胞与组织》出版，是细胞学诞生的里程碑。

第三阶段：20 世纪 30 年代到 70 年代，电子显微镜技术问世，将细胞学带人了全新的发展时期，40 年间发现了细胞的各类超微结构，例如：细胞膜、线粒体、叶绿体等不同结构的功能，使细胞学逐渐精细化，发展出细胞生物学。De Robertis 等研究学家在 1924 出版的普通细胞学在第四版印刷时更名为《细胞生物学》，是最早的细胞生物学教材。

第四阶段：20 世纪 70 年至今，基因重组技术逐渐兴盛，细胞生物学和分子生物学的交叉点越来越多，关系越来越紧密，研究点也从重点研究细胞结构转变为细胞在生命活动中的作用，例如：基因调控、信号转导、肿瘤生物学、细胞分化和凋亡等，都成为新的焦点。

二、细胞的基本功能

细胞是人体和其他生物体的基本结构单位。体内所有的生理功能和生化反应，都是在细胞及其产物（如细胞间隙中的胶原蛋白和蛋白聚糖）的物质基础上进行的。一百多年前，光学显微镜的发明促成了细胞的发现。此后对细胞结构和功能的研究，经历了细胞水平、亚细胞水平和分子水平等具有时代特征的研究层次，从细胞这个小小的单位里揭示出众多生命现象的机制，积累了极其丰富的科学资料。可以认为，离开了对细胞及构成细胞的各种细胞器的分子组成和功能的认识，要阐明物种进化、生物遗传、个体的新陈代谢和各种生命活动以及生长、发育、衰老等生物学现象。要阐明整个人体和各系统、器官的功能活动的机制，将是不可能的。事实上，细胞生理学和分子生物学的实验技术和理论，已经迅速地向基础医学和临床医学各部门渗透。因此，学习生理学应由细胞生理开始。

细胞生理学的主要内容包括：细胞膜和组成其他细胞器的膜性结构的基本化学组成和分子结构；不同物质分子或离子的跨膜转运功能；作为细胞接受外界影响或细胞间相互影响基础的跨膜信号转换功能；以不同带电离子跨膜运动为基础的细胞生物电和有关现象；以及肌细胞如何在细胞膜电变化的触发下出现机械性收缩活动。

一细胞膜的基本结构和物质转运功能：一切动物细胞都被一层薄膜所包被，称为细胞膜或质膜（plasmamembrane），它把细胞内容物细胞周围环境（主要是细胞外液）分隔开来，使细胞能相对地独立于环境而存在。很明显，细胞要维持正常的生命活动，不仅细胞的内容物不能流失，而且其化学组成必须保持相对稳定，这就需要在细胞和它所和的环境之间有起屏障作用的结构；但细胞在不断进行新陈代谢的过程中，又需要经常由外界得到氧气和营养物质。排出细胞的代谢产物，而这些物质的进入和排出，都必须经过细胞膜，这就涉及物质的跨膜转运过程。因此，细胞膜必然是一个具有特殊结构和功能的半透性膜，它允许某些物质或离子有选择的通过，但又能严格地限制其他一些物质的进出，保持了细胞内物质成分的稳定。细胞内部也存在着类似细胞膜的膜性结构。组成各种细胞器如线粒体、内质网等的膜性部分，使它们与一般胞浆之间既存在某种屏障，也进行着某些物质转运。

膜除了有物质转运功能外，还有跨膜信息传递和能量转换功能，这些功能的机制是由膜的分子组成和结构决定的。膜成分中的脂质分子层主要起了屏障作用，而膜中的特殊蛋白质则与物质、能量和信息的跨膜转运和转换有关。

三、膜的化学组成和分子结构

从低等生物草履虫以至高等哺乳动物的各种细胞，都具有类似的细胞膜结构。在电镜下可分为三层，即在膜的靠内外两侧各有一条厚约 2.5 nm 的电子致密带，中间夹有一条厚 2.5 nm 的透明带，总厚度约 7.0～7.5 nm 左右这种结构不仅见于各种细胞的细胞膜，亦见于各种细胞器的膜性结构，如线粒体膜、内质网膜、溶酶体膜等，因而它被认为是一种细胞中普遍存在的基本结构形式。

各种膜性结构主要由脂质、蛋白质和糖类等物质组成；尽管不同来源的膜中各种物质的比例和组成有所不同，但一般是以蛋白质和脂质为主，糖类只占极少量。如以重量计算，膜中蛋白质约为脂质的 1～4 倍不等，但蛋白质的分子量比脂质大得多，故膜中脂质的分子数反较蛋白质分子数多得多，至少也超过蛋白质分子数 100 倍以上。

各种物质分子在膜中的排列形式和存在，是决定膜的基本生物学特性的关键因素。分子生物学的研究成果表明，各种物质特别是生物大分子在各种生物结构中的特殊有序排列，是各种生命现象得以实现的基础。尽管目前还没有一种能够直接观察膜的分子结构的较方便的技术和方法，但根据对生物膜以及一些人工模拟膜特性的分析研究，从 30 年代以来就提出了各种有关膜的分子结构的假说，其中得到较多实验事实支持而目前仍为大多数人所接受的则 70 年代初期（Singer 和 Nicholson，1972）提出的液态镶嵌模型（fluid mosaic model）。这一假想模型的基本内容是：膜的共同结构特点是以液态的脂质双分子层为基架，其中镶嵌着具有不同分子结构、因而也具有不同生理功能的蛋白质，后者主要以 a‑螺旋或球形蛋白质的形式存在。

（一）脂质双分子层

膜的脂质中以磷脂类为主，约占脂质总量的 70% 以上；其次是胆固醇，一般低于 30%；还有少量属鞘脂类的脂质。磷脂的基本结构是：一分子甘油的两个羟基同两分子脂酸相结合，另一个羟基则与一分子磷酸结合，后者再同一个碱基结合。根据这个碱基的不同，动物细胞膜中的磷脂主要有四种：磷脂酰胆碱、磷脂酰乙醇胺、磷脂酰丝氨酸和磷脂酰肌醇。鞘脂类的基本结构和磷脂类似，但不含甘油。胆固醇结构很特殊，它含有一个甾体结构（环戊烷多氢菲）和一个 8 碳支链。

最初提示膜中脂质呈双分子层形式存在的，是对红细胞膜所做的化学测定和计算。Gortert 和 Grendel（1925）提取出红细胞膜中所含的脂质，并测定将这些脂质以单分子层在水溶液表面平铺时所占的面积，结果发现一个红细胞膜中脂质所占的面积，差不多是该细胞表面积的 2 倍。因此导致以下结论：脂质可能是以双分子层的形式包被在细胞表面的。以后提出的双分子层模型中，每个磷脂分子中由磷酸和碱基构成的基团，都朝向膜的外表面或内表面，而磷脂分子中两条较长的脂酸烃链则在膜的内部两两相对。脂质分子的这种定向而整齐地排列，是由脂质分子本身的理化特性和热力学定律所决定。所有的膜脂质都是一些双嗜性分子，磷脂的一端的磷酸和碱基是亲水性极性基团，另一端的长烃链则属疏水性非极性基团。当脂质分子位于水表面时，由于水分子是极性分子，脂质的亲水性基团将和表面水分子相吸引，疏水性基团则受到排斥，于是脂质会在水表面形成一层亲水性基团朝向水面而疏水性基团朝向空气的整齐排列的单分子层。从热力学业角度分析，这样组成的系统包含的自由能最低，因而最为稳定，可以自动形成和维持。根据同样的原理，如果让脂质分子在水溶液中受到激烈扰动时，脂质有可能形成含水的小囊，但这囊只能是由脂质双分子层形成，外层脂质的极性基团和囊外水分子相吸引，内层脂质的极性基团则和囊内水分子相吸引，而两层脂质的疏水性烃链将两两相对，排斥水分子在囊膜中的存在，其结构正和天然生物膜一致。这种人工形成的人工膜囊，称为脂质小体（liposome），似人造细胞空壳，有很大的理论研究和实用价值。由此可见，脂质分子在细胞膜中以双分子层的形式存在，是由脂质分子本身的理化特性所决定的。设想进化过程中最初有生物学功能的膜在原始的海洋中出现时（也可能包括新的膜性结构在细胞内部的水溶液中的生成），这些基本的理化原理也在起作用。

脂质的熔点较低，这决定了膜中脂质分子在一般体温条件下是呈液态的，即膜具有某种程度的流动性。脂质双分子层在热力学上的稳定性和它的流动性，能够说明何以细胞可以承受相当大的张力和外形改变而不致破裂，而且即使膜结构有时发生一些较小的断裂，也可以自动融合而修复，仍保持连续的双分子层的形式。观察一下体内某些吞噬细胞通过毛细血管壁内皮细胞间隙时的变形运动和红细胞通过纤细的毛细血管管腔时被扭曲而不破裂的情况，当会对细胞膜的可变性和稳定性有深刻的印象。当然，膜的这些特性还同膜中蛋白质和膜内侧某些特殊结构（称为细胞架）的作用有关。应该指出的是，膜的流动性一般只允许脂质分子在同一分子层内做横向运动；由于分子的双嗜性，要脂质分子在同一分子层内作"掉头"运动；或由一侧脂质层移到另一侧脂质层，这意味着有极性的磷酸和碱基的一端要穿越膜内部的疏水性部分，这是不容易或要耗能的。

不同细胞或同一细胞而所在部位不同的膜结构中，脂质的成分和含量各有不同；双分子层的内外两层所含的脂质也不尽相同，例如，靠外侧的一层主要含磷脂酰胆碱和含胆碱的鞘脂，而靠胞浆侧的一层则有较多的磷脂酰乙醇胺和磷脂酰丝氨酸。胆固醇含量在两层脂质中无大差别；但它们含量的多少和膜的流动性大小有一定关系，一般是胆固醇含量愈多，流动性愈小。近年来发现，膜结构中含量相当少的磷脂酰肌醇，几乎全部分布在膜的靠胞浆侧；这种脂质与细胞接受外界影响，并把信息传递到细胞内的过程有关。

（二）细胞膜蛋白质

膜结构中含有蛋白质早已证实，但有兴趣的问题是膜中蛋白质究竟以何种形式存在。70 年代以前，多数人主张蛋白质是平铺在脂质双分子层的内外两侧，后来证明，蛋白质分子是以 a - 螺旋或球形结构分散镶嵌在膜的脂质双分子层中。

膜蛋白质主要以两种形式同膜脂质相结合：有些蛋白质以其肽链中带电的氨基酸或基

团，与两侧的脂质极性基团相互吸引，使蛋白质分子像是附着在膜的表面。这称为表面蛋白质；有些蛋白质分子的肽链则可以一次或反复多次贯穿整个脂质双分子层，两端露出在膜的两侧，这称为结合蛋白质。在用分子生物学技术确定了一个蛋白质分子或其中亚单位的一级结构、即肽链中不同氨基酸的排列顺序后，发现所有结合蛋白质的肽链中都有一个或数个主要由 20~30 个疏水性氨基酸组成的片段。这些氨基酸又由于所含基团之间的吸引而形成 a-螺旋，即这段肽链沿一条轴线盘旋，形成每一圈约含3.6个氨基酸残基的螺旋，螺旋的长度大致相当于膜的厚度，因而推测这些疏水的 a 螺旋可能就是肽链贯穿膜的部分，它的疏水性正好同膜内疏水性烃基相吸引。这样，肽链中有几个疏水性 a-螺旋，就可能几次贯穿膜结构；相邻的 a-螺旋则以位于膜外侧和内侧的不同长度的直肽链连接。

膜结构中的蛋白质，具有不同的分子结构和功能。生物膜所具有的各种功能，在很大程度上取决于膜所含的蛋白质；细胞和周围环境之间的物质、能量和信息交换，大都与细胞膜上的蛋白质分子有关。

由于脂质分子层是液态的，镶嵌在脂质层中的蛋白质是可移动的，即蛋白质分子可以在膜脂分子间横向漂浮移位；不同细胞膜中的不同蛋白质分子的移动和所在位置，存在着精细的调控机制。例如，骨骼肌细胞膜中与神经肌肉间信息传递有关的通道蛋白质分子，通常都集中在肌细胞膜与神经末梢分布相对应的那些部分；而在肾小管和消化管上皮细胞，与管腔相对的膜和其余部分的膜中所含的蛋白质种类大不相同，说明各种功能蛋白质分子并不都能在所在的细胞膜中自由移动和随机分布，而实际存在着的有区域特性的分布，显然同蛋白质完成其特殊功能有关。膜内侧的细胞骨架可能对某种蛋白质分子局限在膜的某一特殊部分起着重要作用。

（三）细胞膜糖类

细胞膜所含糖类甚少，主要是一些寡糖和多糖链，它们都以共价键的形式和膜脂质或蛋白质结合，形成糖脂和糖蛋白；这些糖链绝大多数是裸露在膜的外面一侧的。这些糖链的意义之一在于以其单糖排列顺序上的特异性，可以作为它们所结合的蛋白质的特异性的"标志"。例如，有些糖链可以作为抗原决定簇，表示某种免疫信息；有些是作为膜受体的"可识别性"部分，能特异地与某种递质、激素或其他化学信号分子相结合。如人的红细胞 ABO 血型系统中，红细胞的不同抗原特性就是由结合在膜脂质的鞘氨醇分子上的寡糖链所决定的，A 型抗原和 B 型抗原的差别仅在于此糖链中一个糖基的不同。由此可见，生物体内不仅是多聚糖核苷酸中的碱基排列和肽链中氨基酸的排列可以起"分子语言"的作用，而且有些糖类物质中所含糖基序列的不同也可起类似的作用。

四、细胞膜的跨膜物质转运功能

既然膜主要是由脂质双分子层构成的，那么理论上只有脂溶性的物质才有可能通过它。但事实上，一个进行着新陈代谢的细胞，不断有各种各样的物质（从离子和小分子物质到蛋白质等大分子，以及团块性固形物或液滴）进出细胞，包括各种供能物质、合成细胞新物质的原料、中间代谢产物和终产物、维生素、氧和二氧化碳，以及 Na^+、K^+、Ca^{2+} 离子等。它们理化性质各异，且多数不溶于脂质或其水溶性大于其脂溶性。这些物质中除极少数能够直接通过脂质层进出细胞外，大多数物质分子或离子的跨膜转运，都与镶嵌在膜上的各种特殊的蛋白质分子有关；至于一些团块性固态或液态物质的进出细胞（如细胞对异物的吞噬或分泌物的排出），则与膜的更复杂的生物学过程有关。

现将几种常见的跨膜物质转运形式分述如下：

（一）单纯扩散

溶液中的一切分子都处于不断的热运动中。这种分子运动的平均动能，与溶液的绝对温度成正比。在温度恒定的情况下，分子因运动而离开某一小区的量，与此物质在该区域中的浓度（以 mol/L 计算）成正比。因此，如设想两种不同浓度的同种物质的溶液相邻地放在一起，则高浓度区域中的溶质分子将有向低浓度区域的净移动，这种现象称为扩散。物质分子移动量的大小，可用通量表示，它指某种物质在每秒内通过每平方厘米的假想平面的摩尔或毫尔数。在一般条件下，扩散通量与所观察平面两侧的浓度差成正比；如果所涉及的溶液是含有多种溶质的混合溶液，那么每一种物质的移动方向和通量，都只决定于各该物质的浓度差，而与别的物质的浓度或移动方向无关。但要注意的是，在电解质溶液的情况下，离子的移动不仅取决于该离子的浓度也取决于离子所受的电场力。

在生物体系中，细胞外液和细胞内液都是水溶液，溶于其中的各种溶质分子，只要是脂溶性的，就可能按扩散原理作跨膜运动或转运，称为单纯扩散。这是一种单纯的物理过程，区别于体内其他复杂的物质转运机制。但单纯扩散不同于上述物理系统的情况是：在细胞外液和细胞内液之间存在一个主要由脂质分子构成的屏障，因此某一物质跨膜通量的大小，除了取决于它们在膜两侧的浓度外，还要看这些物质脂溶性的大小以及其他因素造成的该物质通过膜的难易程度，这统称为膜对该物质的通透性。

人体体液中存在的脂溶性物质的数量并不很多，因而靠单纯扩散方式进出细胞膜的物质也不很多。比较肯定的是氧和二氧化碳等气体分子，它们能溶于水，也溶于脂质，因而可以靠各自的浓度差通过细胞膜甚或肺泡中的呼吸膜（参见第五章）。体内一些甾体（类固醇）类激素也是脂溶性的，理论上它们也能够靠单纯扩散由细胞外液进入胞浆，但由于分子量较大，近来认为也需要膜上某种特殊蛋白质的"协作"，才能使它们的转运过程加快。

（二）易化扩散

有很多物质虽然不溶于脂质，或溶解度甚上，但它们也能由膜的高浓度一侧向低浓度一侧较容易地移动。这种有悖于单纯扩散基本原则的物质转运，是在膜结构中一些特殊蛋白质分子的"协助"下完成的，因而被称为易化扩散（facilitated diffusion）。例如，糖不溶于脂质，但细胞外液中的葡萄糖可以不断地进入一般细胞，适应代谢的需要；Na^+、

K⁺、Ca²⁺等离子，虽然由于带有电荷而不能通过脂质双分子层的内部疏水区，但在某些情况下可以顺着它们各自的浓度差快速地进入或移出细胞。这些都是易化扩散的例子。易化扩散的特点是：物质分子或离子移动的动力仍同单纯扩散时一样，来自物质自身的热运动，所以易化扩散时物质的净移动只能是由它们的高浓度区移向低浓度区，但特点是它们不是通过膜的脂质分子间的间隙通过膜屏障，而是依靠膜上一些具有特殊结构的蛋白质分子的功能活动，完成它们的跨膜转运。由于蛋白质分子结构上的易变性（包括其构型和构象的改变）和随之出现的蛋白质功能的改变，因而使易化扩散得以进行，并使它处于细胞各种环境因素改变的调控之下。

由载体介导的易化扩散这种易化扩散的特点是膜结构中具有可称为载体（carrier）的蛋白质分子，它们有一个或数个能与某种被转物相结合的位点或结构域（指蛋白质肽链中的某一段功能性氨基酸残基序列），后者先同膜一侧的某种物质分子选择性地结合，并因此而引起载体蛋白质的变构作用，使被结合的底物移向膜的另一侧，如果该侧底物的浓度较低，底物就和载体分离，完成了转运，而载体也恢复了原有的构型，进行新一轮的转运，其终止点是最后使膜两侧底物浓度变得相等。上面提到的葡萄糖进入一般细胞，以及其他营养性物质如氨基酸和中间代谢产物的进出细胞，就属于这种类型的易化扩散。以葡萄糖为例，由于血糖和细胞外液中的糖浓度经常保持在相对恒定的水平，而细胞内部的代谢活动不断消耗葡萄糖而使其胞浆浓度低于细胞外液，于是依靠膜上葡萄糖载体蛋白的活动，使葡萄糖不断进入细胞，且其进入通量可同细胞消耗葡萄糖的速度相一致不同物质通过易化扩散进出细胞膜，都需要膜具有特殊的载体蛋白。

1. 以载体为中介的易化扩散都具有如下的共同特性

（1）载体蛋白质有较高的结构特异性，以葡萄糖为例，在同样浓度差的情况下，右旋葡萄糖的跨膜通量大大超过左旋葡萄糖（人体内可利用的糖类都是右旋的）；木糖则几乎不能被载运。

（2）饱和现象，即这种易化扩散的扩散通量一般与膜两侧被转运物质的浓度差成正比，但这只是当膜两侧浓度差较小时是如此；如果膜一侧的浓度增加超过一定限度时，再增加底物浓度并不能使转运通量增加。饱和现象的合理解释是：膜结构中与该物质易化扩散有关的载体蛋白质分子的数目或每一载体分子上能与该物质结合的位点的数目是固定的，这就构成了对该物质的量并不能使载运量增加，于是出现了饱和。

（3）竞争性抑制，即如果某一载体对结构类似的A、B两种物质都有转运能力，那么在环境中加入B物质将会减弱它对A物质的转运能力，这是因为有一定数量的载体或其结合位点竞争性地被B所占据的结果。目前已经有多种载体从不同动物的各类细胞膜提纯或克隆（clone）。与葡萄糖易化扩散有关的蛋白质的一级结构由一条含近500个氨基酸的肽链组成，而且此肽链有12个疏水性跨膜 a－螺旋（二级结构），多次贯穿膜内外，并互相吸引靠拢，形成球形蛋白质分子（三级结构），但其转运葡萄糖时的具体变构过程尚不完全清楚。

2. 由通道介导的易化扩散

它们常与一些带电的离子如 Na^+、K^+、Ca^{2+}、Cl^+ 等由膜的高浓度一侧向膜的低浓度一侧的快速移动有关。对于不同的离子的转运，膜上都有结构特异的通道蛋白质参与，可分为别称为 Na^+ 通道、K^+ 通道、Ca^{2+} 通道等；甚至对于同一种离子，在不同细胞或同一细胞可存在结构和功能上不同的通道蛋白质，如体内至少已发现有三种以上的 Ca^{2+} 通道和 7 种以上的 K^+ 通道等，这种情况与细胞在功能活动和调控方面的复杂化和精密化相一致。通道蛋白质有别于载体的重要特点之一，是它们的结构和功能状态可以因细胞内外各种理化因素的影响而迅速改变：当它们处于开放状态时，有关的离子可以快速地由膜的高浓度一侧移向低浓度一侧；其离子移动的速度是如此之大，因而在关于通道蛋白的分子结构还知之甚少时，就推测是在这种蛋白质的内部出现了一条贯通膜内外的水相孔道使离子能够顺着浓度差（可能还存在着电场力的作用）通过这一孔道，因而其速度远非载体蛋白质的运作速度所能比拟。这是称为通道（channel）的原因。通道对离子的选择性，决定于通道开放时它的水相孔道的几何大小和孔道壁的带电情况，因而对离子的选择性没有载体蛋白那样严格。大多数通道的开放时间都十分短促，一般以数个或数十个 ms 计算，然后进入失活或关闭状态。于是又推测在通道蛋白质结构中可能存在着类似闸门（gate）一类的基团，由它决定通道的功能状态。许多的离子通道蛋白质已经用分子生物学的技术被克隆，对其结构的研究已证实了上述推测。

通道的开放造成了带电离子的跨膜移动，这固然是一种物质转运形式；但通道的开放是有条件的、短暂的，百离子本身并不像葡萄糖等是一些代谢物，从生理意义上看，载体和通道活动的功能不尽相同。当通道的开放引起带电离子跨膜移动时（如 Na^+、Ca^{2+} 进入膜内或 K^+ 移出膜外），移动本身形成跨膜电流（即离子电流）；而移位的带电离子在不导电的脂质双分子层（具有电容器的性质）两侧的集聚，将会造成膜两侧电门即跨膜电位的改变，而跨膜电位的改变以及进入膜内的离子、特别是 Ca^{2+}，将会引起该通道所在细胞一系列的功能改变。由此可见，通道的开放并不是起转运代谢的作用，而离子的进出细胞，只是把引起通道开放的那些外来信号，转换成为通道所在细胞自身跨膜电位的变化或其他变化，因而是细胞环境因素影响细胞功能活动的一种方式。

（三）主动转运

主动转运指细胞通过本身的某种耗能过程，将某种物质的分子或离子由膜的低浓度一侧移向高浓度一侧的过程。按照热力学定律，溶液中的分子由低浓度区域向高浓度区域移动，就像举起重物或推物体沿斜坡上移，或使电荷逆电场方向移动一样，必须由外部供给能量。在膜的主动转运中，这能量只能由膜或膜所属的细胞来供给，这就是主动的含义。前述的单纯扩散和易化扩散都属于被动转运，其特点是在这样的物质转运过程中，物质分子只能作顺浓度差、即由膜的高浓度一侧向低浓度一侧的净移动，而它所通过的膜并未对该过程提供能量。被动转运时物质移动所需的能量来自高浓度所含的势能，因而不需要另外供能。被动转运最终可能达到的平衡点是膜两侧该物质的浓度差为零的情况；如果被动转运的是某种离子，则离子移动除受浓度差的影响外，还受当时电场力的影响，亦即当最终的平衡点达到时，膜两侧的电—化学势的差应为零。主动转运与此不同，由于膜以某种方式提供了能量，物质分子或离子可以逆浓度或逆电—化学势差而移动。体内某种物质分子或离子由膜的低浓度一侧向高浓度一侧移动，结果是高浓度一侧浓度进一步升高，而另一侧该物质愈来愈少，甚至可以全部被转运到另一侧。如小肠上皮细胞吸收某些已消化的营养物；肾小管上皮细胞对小管液中某些"有用"物质进行重吸收，均属此现象。由于此过程在热力学上为耗能过程，不可能在无供能的情况下自动进行，因此如果在生物体内出现这种情况，说明有主动的跨膜转运在进行，必定伴随了能源物质（常常是 ATP）的消耗。

物质分子可由高浓度处自动向低浓度处扩散，而分子由低浓度处移向高浓度处则需另行供能，正如滑雪者可由高坡自动下滑，而上坡却需要由人体费力一样。被动转运和主动转运的根本区别即在于此。

在细胞膜的主动转运中研究得最充分，而且对细胞的生存和活动可能是最重要的，是膜对于钠和钾离子的主动转运过程。所有活细胞的细胞内液和细胞外液中 Na^+ 和 K^+ 的浓度有很大的不同。以神经和肌细胞为例，正常时膜内 K^+ 浓度约为膜外的 30 倍，膜外的 Na^+ 浓度约为膜内的 12 倍；这种明显的离子浓度差的形成和维持，要依靠新陈代谢的进行，提示这是一种耗能的过程；例如，低温、缺氧或应用一些代谢抑制剂可引起细胞内外 Na^+、K^+ 的浓度差减小，而在细胞恢复正常代谢活动后，巨大的浓度差又可恢复。由此认为各种细胞的细胞膜上普遍存在着一种钠-钾泵（sodium-potassium pump）的结构，简称钠泵，其作用是在消耗代谢能的情况下逆样浓度差将细胞内的 Na^+ 移出膜外，同时把细胞外的 K^+ 移入膜内，因而保持了膜内高 K^+ 和膜外高 Na^+ 的不均衡离子分布。

钠泵是镶嵌在膜的脂质双分子层中的一种特殊蛋白质，它除了有对 Na^+、K^+ 的转运功能外，还具有 ATP 酶的活性，可以分解 ATP 使之释放能量，并能利用此能量进行 Na^+ 和 K^+ 的主动转运；因此，钠泵就是 Na^+-K^+ 依赖式 ATP 酶的蛋白质。钠泵蛋白质已用近代分子生物学方法克隆出来，它们是由 α- 和 β- 亚单位组成的二聚体蛋白质，肽链多次穿越脂质双分子层，是一种结合蛋白质。α- 亚单位的分子量约为 100 kd，转运 Na^+、K^+ 和促使 ATP 分解的功能主要由这一亚单位来完成；β- 亚单位的分子量约为 50 kd，作用还不很清楚。钠泵蛋白质转运 Na^+、K^+ 的具体机制尚不十分清楚，但它的启动和活动强度与膜内出现较多的 Na^+ 和膜外出现较多的 K^+ 有关。钠泵活动时，它泵出 Na^+ 和泵入 K^+ 这两个过程是同时进行或"耦联"在一起的；根据在体内或离体情况下的计算，在一般生理情况下，每分解一个 ATP 分子，可以使 3 个 Na^+ 移到膜外同时有 2 个 K^+ 移入膜内；但这种化学定比关系在不同情况下可以改变。

细胞膜上的钠泵活动的意义：

（1）由钠泵活动造成的细胞内高 K^+，是许多代谢反应进行的必需条件。

（2）如果细胞允许大量细胞外 Na^+ 进入膜内，由于渗透压的关系，必然会导致过多水分了进入膜内，这将引起细胞的肿胀，进而破坏细胞的结构。

（3）它能够建立起一种势能贮备。众所周知，能量只能转换而不能消灭，细胞由物质代谢所获得的能量，先以化学能的形式贮存在 ATP 的高能磷酸键之中；当钠泵蛋白质分解 ATP 时，此能量用于使离子作逆电—化学势跨膜移动，于是能量又发生转换，以膜两侧出现了具有高电—化学势的离子（分别为 K^+ 和 Na^+）而以势能的形式贮存起来；换句话说，泵出膜外的 Na^+ 由于其高浓度而有再进入膜内的趋势，膜内高浓度的 K^+、则有再有再移了膜的趋势，这就是一种势能贮备。由钠泵造成的离子势能贮备，可用于细胞的其他耗能过程。如下节将详细讨论的 Na^+、K^+ 等离子在膜两侧的不均衡分布，是神经和肌肉等组织具有兴奋性的基础；由 K^+、Na^+ 等离子在特定条件下通过各自的离子通道进行的顺电—化学势的被动转运，使这些细胞表现出各种形式的生物电现象。

继发性主动转运钠泵活动形成的势能贮备，还可用来完成一些其他物质的逆浓度差的跨膜转运，这主要见于前面提到的肠上皮和肾小管上皮细胞对葡萄糖、氨基酸等营养物质的较为安全吸收现象，这显然有主动转运过程的参与。但据观察，这种理论上要耗能的过程并不直接伴随 ATP 或其他供能物质的消耗。这些物质的跨膜转运经常要伴有 Na^+ 由上皮细胞的管腔侧同时进入细胞；后者是葡萄糖等进入细胞的必要条件，没有 Na^+ 由高浓度的膜外顺浓度差进入膜内，就不会出现葡萄糖等分子逆浓度差进入膜内。在完整的在体肾小管和肠黏膜上皮细胞，由于在细胞的基底－外侧膜（或基侧膜，即靠近毛细血管和相邻上皮细胞侧的膜）上有钠泵存在，因而能造成细胞内 Na^+ 浓度经常低于小管液和肠腔液中 Na^+ 浓度的情况，于是 Na^+ 不断由小管液和肠腔液顺浓度差进入细胞，由此释放的势能则用于葡萄糖分子的逆浓度进入细胞。葡萄糖主动转运所需的能量不是直接来自 ATP 的分解，而是来自膜外 Na^+ 的高势能；但造成这种高势能的钠泵活动是需要分解 ATP 的，因而糖的主动转运所需的能量还是间接地来自 ATP，为此把这种类型的转运称为继发性主动转运，或称为联合转运（cotransport）。每一种联合转运也都与膜中存在的特殊蛋白质有关，称为转运体（transporter）；而且在不同的情况下，被转运的物质分子有的与 Na^+ 移动的方向相同，有时两者方向相反。甲状腺细胞特有的聚碘作用，也属于继发性主动转运。

主动转运是人体最重要的物质转运形式，除上述的钠泵外，目前了解较多的还有钙泵（Ca^{2+}-Mg^{2+} 依赖式 ATP 酶）、H^+-K^+ 泵（H^+-K^+ 依赖式 ATP 酶）等。这些泵蛋白在分子结构上和钠泵有很大类似，都以直接分解 ATP 为能量来源，将有关离子进行逆浓度的转运。钙泵主要分布在骨骼肌和心肌细胞内部的肌浆网上，激活时可将胞浆中的 Ca^{2+} 迅速集聚到肌浆网内部，使胞浆中 Ca^{2+} 浓度在短时期内下降达成 100 倍以上；这是诱发肌肉舒张的关键因素。H^+-K^+ 泵主要分布在胃黏膜壁细胞表面，与胃酸的分泌有关。

（四）出胞与入胞式物质转运

细胞对一些大分子物质或固态、液态的物质团块，可通过出胞和入胞进行转运。

出胞主要见于细胞的分泌活动，如内分泌腺把激素分泌到细胞外液中，外分泌腺把酶株颗粒和黏液等分泌到腺管的管腔中，以及神经细胞的轴突末梢把神经递质分泌到突触间隙中。根据在多种细胞进行观察，细胞的各种蛋白性分泌物先是在粗面内质网生物合成；在它们由内质网到高尔基复合体的输送过程中，逐渐被一层膜性结构所包被，形成分泌囊泡；后者再逐渐移向特定部位的质膜内侧，准备分泌或暂时贮存。有些细胞的分泌过程是持续进行的，有些则有明显的间断性。分泌过程或一般的出胞作用的最后阶段是：囊泡逐渐向质膜内侧移动，最后囊泡膜和质膜在某点接触和相互融合，并在融合处出现裂口，将囊泡一次性的排空，而囊泡的膜也就变成了细胞膜的组成部分。这个过程主要是由膜外的特殊化学信号或膜两侧电位改变，引起了局部膜中的 Ca^{2+} 通道的开放，由内流的 Ca^{2+}（内流的 Ca^{2+} 也有的进而引发细胞内 Ca^{2+} 贮存库释放 Ca^{2+}）触发囊泡的移动、融合和排放。最近在肥大细胞的研究表明，囊泡与质膜的融合，可能与预先"装配"在两侧膜上的类似形成细胞间通道的那种蛋白质分子有关，当两者"对接"时，囊泡内容与细胞外液相沟通；以后由于组成通道的蛋白质各亚单位分散开来，造成原孔洞的扩大，完成囊泡内容的快速排出，囊泡膜也伸展开来，成为细胞膜的一部分。

入胞和出胞相反，指细胞外某些物质团块（如侵入体内的细菌、病毒、异物或血浆中脂蛋白颗粒、大分子营养物质等）进入细胞的过程。入胞进行时，首先是细胞环境中的某些物质与细胞膜接触，引起该处的质膜发生内陷，以至包被吞食物，再出现膜结构的断离，最后是异物连同包被它的那一部分膜整个地进入细胞浆中。

一种通过被转运物质与膜表面的特殊受体蛋白质相互作用而引起的入胞现象，称为受体介导式入胞。通过这种方式进入细胞的物质已不下 50 余种，包括以胆固醇为主要成分的血浆低密度脂蛋白颗粒、结合了铁离子的运铁蛋白、结合了维生素 B_{12} 的运输蛋白、多种生长调节因子和胰岛素等一部分多肽类激素、抗体和某些细菌毒素，以及一些病毒（流感和小儿麻痹病毒）等。首先是细胞环境中的某物质为细胞膜上的相应受体所"辨认"，发生特异性结合；结合后形成的复合物通过它们在膜结构中的横向移动，逐渐向膜表面一些称为衣被凹陷（coated pit）的特殊部位集中。衣被陷处的膜与一般膜结构无明显差异，只是向细胞内部呈轻度下凹，而且在膜的胞浆侧有一层高电子密度的覆盖物，后者经分析是由多种蛋白质组成的有序结构；当受体复合物的聚集使衣被凹陷成为直径约 0.3 μm 的斑片时（可以在约 1 min 的时间内完成），该处出现膜向胞浆侧的进一步凹入，最后与细胞膜断离。在胞浆内形成一个分离的吞食泡，这称为内移（internalization）；原来附在衣被凹陷内侧的蛋白性结构，现在正好位于吞食泡膜的外侧，仍面向胞浆；但在吞食泡形成后不久，这种蛋白结构就消失，可能是溶解在胞浆中，大概还可以再用于在细胞膜上形成新的衣被凹陷。这类蛋白质的功能，据认为是为吞食泡的形成提供所需的能量。失去了这种特殊的附膜蛋白结构的吞食泡，进而再与胞浆中称为胞内体（endosome）的球状或管状膜性结构相融合，此胞内体的特点是内部具有较低的 pH 酸碱度环境，有助于受体同与它结合的物质分离；以后的过程是这些物质（如进入细胞的低密度脂蛋白颗粒和铁离子等）再被转运到能利用它们的细胞器，而保留在胞内体膜上的受体，则与一部分膜结构形成较小的循环小泡，移回到细胞膜并与之融合，再成为细胞的组成部分，使受体和膜结构可以重复使用。据测算，在人工培养液中的吞噬细胞 1 h 内通过形成吞食泡而进入胞浆的细胞膜面积，大约相当于原细胞膜总面积的 50%~200%，而实际细胞膜的总面积并未明显改变，可见通过上述以胞内体为转站的膜的再循环，不仅维持了细胞膜的总面积的相对恒定，而且使相应的受体可以反复使用。

五、细胞的跨膜信号传递功能

不论是单细胞生物或组成多细胞有机体的每一个细胞，在它们的生命过程中，都会不断受到来自外部环境的各种理化因素的影响。在多细胞动物，由于绝大多数细胞是生活在直接浸浴它们的细胞外液、即内环境之中，因此出现在内环境中的各种化学分子，是它们最常能感受到的外来刺激：这不仅是指存在于细胞外液中的激素或其他体液性调节因子；而且就是在神经调节过程中，当神经信息由一个神经元向其他神经元传递或由神经元传给它的效应器细胞时，在绝大多数情况下，也都要通过一种或多种神经递质和调质为中介，通过这些化学分子在距离极小的突触间隙液中的扩散，才能作用到下一级神经元或效应器细胞。尽管激素和递质（或调质）等分子作为化学信号在细胞外液中播散的距离和范围有所不同，但对接受它们影响的靶细胞并不存在本质的差别。

细胞外液中的各种化学分子，并不需要自身进入它们的靶细胞后才能起作用（一些脂溶性的小分子类固醇激素和甲状腺激素例外）它们大多数是选择性地同靶细胞膜上具有特异的受体性结构相结合，再通过跨膜信号传递（transembrane signaling）或跨膜信号转换（transmembranesognal transduction）过程，最后才间接地引起靶细胞膜的电变化或其他细胞内功能的改变。

机体和细胞也可能受到化学信号以外的其他性质的刺激，如机械的、电的和一定波长电磁波等来自外界环境的刺激的影响；但在动物进化的过程中，这些刺激信号大都由一些在结构和功能上高度分化了的特殊的感受器细胞来感受，引起相应的感受器细胞出现某种电反应。仔细分析各种感受器细胞接受它们所能感受的某种特异刺激信号的过程时发现（如耳蜗毛细胞接受声波振动和视网膜光感受细胞接受光刺激等），它们也涉及外来刺激信号的跨膜传递，即刺激信号也要先作用于膜结构中的感受性结构，才能引起感受器细胞的电变化和随后的传入神经冲动。

不论是化学信号中的激素分子和递质（包括数十种可能起调质作用神经肽类物质）分子，以及非化学性的外界刺激信号，当它们作用于相应的靶细胞时，都是通过为数不多、作用形式也较为类似的途径来完成跨膜信号传递的；这些过程所涉及的膜蛋白质也为数不多，在生物合成上由几类特定基因家族所编码；正因为如此，由每个特定基因家族所表达生成的蛋白质分子，在肽链的氨基酸排列顺序上有较大的相同性（或同源性，homogeneity），功能上也较为类似。因此，关于跨膜信号传递的研究，早已超出了递质或激素作用机制的范畴，成为细胞生理学中一个有普遍意义的新篇章。试想，人体细胞都具有相同的遗传基因，因而一个感光细胞或一个普通体细胞，通过细胞膜上类似的蛋白质，以类似的方式接受它们所受到的外来刺激，可引起细胞本身功能的改变；而且各种不同的细胞通过少数几类膜蛋白质和几种作用方式，就能接受多种多样可能遇到的外界刺激信号的影响，显然符合"生物经济"的原则。

（一）由具有特异感受结构的通道蛋白质完成的跨膜信号传递

1. 化学门控通道

对这种跨膜信号的传递方式的研究，最早是从对运动神经纤维末梢释放的乙酰胆碱（Ach）如何引起它所支配的骨骼肌细胞兴奋的研究开始的。早已知道，当神经冲动到达神经末梢处时，先是由末梢释放一定数量的 Ach 分子，后者再同肌细胞膜上称为终板（指有细胞膜上同神经末相对的那部分膜，其中所含膜蛋白与一般肌细胞膜不同）处的"受体"相结合，引起终板膜产生电变化，最后引起整个肌细胞的兴奋和收缩。由于神经－肌接头处的"受体"也可同烟碱相结合，因而过去在药理学分类中称它为 N- 型 Ach 受体。80 年代后期，我国学者李镇源发现 α- 银环蛇毒同 N- 型受体有极高的特异性结合能力又有人发现一些电鱼的电器官中有密集的这种受体蛋白质分子存在；再依靠 70 年代以来蛋白质化学和分子生物学技术的迅速发展，目前不仅已将这种蛋白质分子提纯，而且基本上搞清了它的分子结构和它们在膜中的存在形式。原来它是由 4 种不同的亚单位组成的 5 聚体蛋白质，总分子量约为 290 kd；每种亚单位都由一种 mRNA 编码，所生成的亚单位在膜结构中通过氢键等非共价键式的相互吸引，形成一个结构为 $\alpha 2\beta\gamma\delta$ 的梅花状通道样结构，而其中的两个 α- 亚单位正是同两分子 ACH 相结合的部位，这种结合可引起通道结构的开放，其几何大小足以使终板膜外高浓度的 Na^+ 内流，同时也能使膜内高浓度的 K^+ 外流结果是使原来存在两侧的静息电位近于消失，亦即使该处膜内外电位差接近于 0 值，这就是终板电位，于是完成了 Ach 这种化学信号的跨膜传递，因为肌细胞后来出现的兴奋和收缩都是以终板电位为起因的。

用分子生物学实验技术证明，同其他膜结合蛋白质类似，在上述 4 种不同的亚单位肽链中，都存在有 4 种主要由 20~25 个疏水性氨基酸形成的 α- 螺旋，因而推测每个亚单位的肽链都要反复贯穿膜 4 次，而 5 个亚单位又各以其第 2 个疏水性跨膜 α- 螺旋构成了水相孔道的"内壁"。

由上述分子水平的研究成果可以知道，原初将终板膜上完成 Ach 跨膜信号传递的蛋白质称作"受体"是不符合实际情况的；它们是一种通道样结构，只是在组成通道的蛋白质亚单位中有两个亚单位具有同 Ach 分子特异地相结合的能力，并能因此引起通道蛋白质的变构作用而使通道开放，然后靠相应离子的易化扩散而完成跨膜信号传递。因此，这种蛋白质应称为 N- 型（或烟碱型）Ach 门控通道，属于化学门控通道或化学依从性通道中的一种。

Ach 在神经－肌接头处的跨膜信号传递机制的阐明，曾一度错误地推测，其他一些神经递质也都是以类似的方式作用于下一级神经元或相应的效应器细胞的；但后来的研究表明并非如此。目前只证明了一些氨基酸递质，包括谷氨酸、门冬氨酸、γ－氨基丁酸和甘氨酸等，主要是通过同 N－ 型 Ach 门控通道结构类似的化学门控通道影响其靶细胞。

2. 电压门控通道

应用类似的技术，在 80 年代还陆续克隆出几种重要离子（如 Na^+、K^+ 和 Ca^{2+} 等离子）的电压门控通道，它们具有同化学门控通道类似的分子结构，但控制这类通道开放与否的因素，是这些通道所在膜两侧的跨膜电位的改变；也就是说，在这种通道的分子结构中，存在一些对跨膜电位的改变敏感的基团或亚单位，由后者诱发整个信道分子功能状态的改变。

在动物界，除了一些特殊的鱼类，一般没有专门感受外界电刺激或电场改变的器官或感受细胞，但在体内有很多细胞，如神经细胞和各种肌细胞，在它们的细胞膜中却具有多种电压门控通道蛋白质，它们可由于同一细胞相邻的膜两侧出现的电位改变而再现通道的开放，并由于随之出现的跨膜离子流而出现这些通道所在膜的特有的跨膜电位改变。例如，前述的终板膜由 Ach 门控通道开放而出现终板电位时，这个电位改变可使相邻的肌细胞膜中存在的电压门控式 Na^+ 通道和 K^+ 通道相继激活（即通道开放），出现肌细胞的所谓动作电位；当动作电位在神经纤维膜和肌细胞膜上传导时，也是由于一些电压门控通道被邻近已兴奋的膜的电变化所激活，结果使这些通道所在的膜也相继出现特有的电变化。由此可见，电压门控通道所起的功能，也是一种跨膜信号转换，只不过它们接受的外来刺激信号是电位变化，经过电压门控通道的开闭，再引起细胞膜出现新的电变化或其他细胞内功能变化，后者在 Ca^{2+} 通道打开引起膜外 Ca^{2+} 内流时甚为多见。

根据对 Na^+、K^+、Ca^{2+} 三种离子的电压门控通道蛋白质进行的分子结构分析，发现它们一级结构中的氨基酸排列有相当大的同源性，说明它们属于同一蛋白质家族，与之有关的 mRNA 在进化上由同一个远祖基因演化而来。是与体内动作电位（见后）产生至关重要的 Na^+ 通道在膜内结构的模式图，它主要由一个较大的 α－亚单位组成，分子量约 260 kd；有时还另有一个或两个小分子量的亚单位，分别称为 β1 和 β2。但 Na^+ 通道的主要功能看来只靠 α－亚单位即可完成。这个较长的 α－单位肽链中包含了 4 个结构类似的结构域（domain，每个结构域大致相当于上述 Ach 门控通道中的一个亚单位，但结构域之间由肽链相连，是一个完整的肽链，应由一个 mRNA 编码和合成），而每个结构域中又各有 6 个由疏水性氨基酸组成的跨膜 α－螺旋段；这 4 个结构域及其所包含的疏水 α－螺旋，在膜中包绕成一个通道样结构。现已证明，每个结构域中的第 4 个跨膜 α－螺旋在氨基酸序列上有特点，即每隔两个疏水性氨基酸，就再现一个带正电荷的精氨酸或赖氨酸；这些 α－螺旋由于自身的带电性质，在它们所在膜的跨膜电位有改变时会产生位移，因而被认为是该通道结构中感受外来信号的特异结构，由此再诱发通道"闸门"的开放；还有实验提示，每个结构域中的第 2、第 3 个 α－螺旋构成了该通道水相孔道的"内壁"；据测算，水相孔道内径最窄处横断面积约为 0.3 nm × 0.5 nm 差不多刚能通过一个水化的 Na^+。

3. 机械门控通道

体内存在不少能感受机械性刺激并引致细胞功能改变的细胞。如内耳毛细胞顶部的听毛在受到切和力的作用产生弯曲时，毛细胞会出现短暂的感受器电位，这也是一种跨膜信号转换，即外来机械性信号通过某种结构内的过程，引起细胞的跨膜电位变化。据精细观察，从听毛受力而致听毛根部所在膜的变形，到该处膜出现跨膜离子移动之间，只有极短的潜伏期，因而推测可能是膜的局部变形或牵引，直接激活了附近膜中的机械门控通道。

细胞间信道　还有一种通道，不是沟通胞浆和细胞外液的跨膜通道，而是允许相邻细胞之间直接进行胞浆内物质交换的通道，故称为细胞间通道。这种通道研究，是从缝隙连接超微结构观察开始的。在缝隙连接处相邻两细胞的膜仅隔开 2.0 nm 左右，而且像是有某种物质结构把两者连接起来；将两侧细胞膜分离进行超微结构观察和分子生物学分析，发现每一侧的膜上都整齐地排列着许多蛋白质颗粒，每个颗粒实际是由 6 个蛋白质亚单位（分子量各为 25 kd）构成的 6 聚体蛋白质，中间包绕一个水相孔道；构成颗粒的蛋白质和中心孔道贯穿所在膜的脂质双分子层；在两侧细胞膜靠紧形成细胞间的缝隙连接时，两侧膜上的各颗粒即通道样结构都两两对接起来，于是形成了一条条沟通两细胞胞浆的通路，而与细胞间液不相沟通。这种细胞间通道的孔洞大小，一般可允许分子量小于 1.0~1.5 kd 或分子直径小于 1.0 nm 的物质分子通过，这包括了电解质离子、氨基酸、葡萄糖和核苷酸等。这种缝隙连接或细胞间通道多见于肝细胞、心肌细胞、肠平滑肌细胞、晶状体细胞和一些神经细胞之间。缝隙连接不一定是细胞间的一种永久性结构；至少在体外培养的细胞之间的缝隙连接或其中包含颗粒的多少，可因不同环境因素而变化；似乎是细胞膜中经常有单方面装配好的通道颗粒存在，在两侧膜靠近并有其他调控因素存在时，就有可能实现对接，而在另一些因素存在时，两方面还可再分离。已对接的通道是否处于"开放"状态，也要受到多种因素的调控，例如当细胞内 Ca^{2+}、H^+ 浓度增加时，可促使细胞间通道关闭。细胞间通道的存在，有利于功能相同而又密接的一组细胞之间进行离子、营养物质，甚至一些信息物质的沟通，造成它们进行同步性活动的可能性。

（二）由膜的特异受体蛋白质、G-蛋白和膜的效应器酶组成的跨膜信号传递系统

这是另一类型的跨膜信号传递。最初是从对激素作用机制的研究开始的。60 年代在研究肾上腺素引起肝细胞中糖原分解为葡萄糖的作用机制时，发现如果使肾上腺素单独和分离出的细胞膜碎片相互作用，可以生成一种分子量小、能耐热的物质，当把这种物质同肝细胞的胞浆单独作用时，也能引起其中糖原的分解，同肾上腺素作用于完整的肝细胞时有类似的效应。实验提示，在肾上腺素正常起作用时，它只是作用于肝细胞的膜表面。通过某种发生在膜结构中的过程，先在胞浆中生成一种小分子物质，后者再实现肾上腺素分解糖原的作用。这种小分子物质不久被证明是环－磷酸腺苷（即 cAMP，环磷腺苷）。以后又陆续发现，很多其他激素类物质作用于相应的靶细胞时，都是先同膜表面的特异受体

相结合，再引起膜内侧胞浆中 cAMP 含量的增加（有时是它的减少），实现激素对细胞内功能的影响。这样就把 cAMP 称作第二信使，这是相对于把激素分子这类外来化学信号看作第一信使而言的。

导致 cAMP 产生的膜结构内部的过程颇为复杂：它至少与膜中三类特殊的蛋白质有关。第一类是能与到达膜表面的外来化学信号作特异性结合的受体蛋白质，这是一些真正可以称作受体的物质。目前已用分子生物学的方法证明，它们是一些独立的蛋白质分子；已经确定的近 100 种这类受体，都具有类似的分子结构，也属于同一蛋白质家族：即它们都由约 300～400 个氨基酸残基组成，有一个较长的细胞外 N- 末端，接着在肽链中出现 7 个由 22～28 个主要为疏水性氨基酸组成的 α- 螺旋，说明这肽链至少要反复贯穿膜 7 次，形成一个球形蛋白质分子，还有一段位于膜内侧的肽链 C- 末端。目前认为，受体分子中第 7 个跨膜螺旋是能够识别、即能结合某种特定外来化学信号的部位；在受体因结合了特异化学信号而激活时，将进而作用于膜中另一类蛋白质，即 G- 蛋白质。

蛋白是鸟苷酸结合蛋白（guaninenucleotide-binding protein）的简称，也是存在于膜结构中的一类蛋白质家族，根据它们分子结构中少数氨基酸残基序列上的不同，已被区分出有数十种，但结构和功能极为相似。G- 蛋白通常由 α-、β-、和 γ-3 个亚单位组成；α- 亚单位通常起催化亚单位的作用，当 G- 蛋白未被激活时，它结合了一分子的 GDP（二磷酸鸟苷）；当 G- 蛋白与激活了的受体蛋白在膜中相遇时，α- 亚单位与 GDP 分离而又与一分子的 GTP（三磷酸鸟苷）结合，这时 α- 亚单位同其他两个亚单位分离，并对膜结构中（位置靠近膜的内侧面）的第三类称为膜的效应器酶的蛋白质起作用，后者的激活（或被抑制）可以引致胞浆中第二信使物质的生成增加（或减少）。上述肾上腺素的作用，就是先由激素激活膜上相应的受体后，通过一种称为 Gs（兴奋性 G- 蛋白）的 G- 蛋白的中介，激活了作为效应器酶的腺苷酸环化酶，使胞浆中的 ATP 生成了起第二信使作用的 cAMP。由于第二信使物质的生成经过多级催化作用，少数几个膜外化学信号分子同受体的结合，就可能在胞浆中生成数目众多的第二信使分子，这是这种类型的跨膜信号传递的重要特点之一。

目前发现膜的效应器酶并不只腺苷酸环化酶一种，因而第二信使物质也不只 cAMP 一种，如近年来还发现，有相当数量的外界刺激信号作用于受体后，可以通过一种称为 Go 的 G- 蛋白，再激活一种称为磷脂酶 C 的膜效应器酶，以膜结构中称为磷脂酰肌醇的磷脂分子为间接底物，生成两种分别称为三磷酸酰肌醇（IP3）和二酰甘油（DG）的第二信使，影响细胞内过程，完成跨膜信号传递。虽然如此，对应于细胞所能接受的多种刺激和与它们相对应的受体数目而言，膜内 G- 蛋白、效应器酶和最后生成的第二信使类物质的种类，还是相对地少得多。这说明，上述由膜中蛋白质酶促反应生成第二信使的途径，具有相当程度的"通用"性质。

由于上述这种跨膜信号传递的形式是在研究激素的作用机制时发现的，而且后来发现绝大多数肽类激素都是通过这一形式起作用的，因此曾一度错误地认为，这只是激素性化学信号跨膜信号传递方式。但近年的资料说明，事实并非如此：在神经递质类物质中，除了上述氨基酸类递质外，其余不论是小分子的经典递质还是后来发现的数量众多的神经肽类物质（目前已近50种），都主要是以在突触后细胞中产生第二信使类物质来完成跨膜信号传递的，这些第二信使物质通过在胞浆中的扩散，在膜的内侧面作用于某些特殊的离子通道，引起突触后膜较广泛而缓慢的电变化。最近证明，在视网膜信号转换过程中，光量子被作为受体的视色素如视紫红质（也具有 7 个跨膜 α - 螺旋的结构特点）吸收后，也是先激活称为 Gt（转换蛋白）的 G- 蛋白，再激活作为效应器的磷酸二酯酶，使视杆细胞外段中 cGMP 的分解加强，最后使光刺激转变为外段膜的电变化。

上述两种主要的跨膜信号传递方式的作用过程，有以下几点值得注意。第一，这两种作用形式并不是绝对分离的，两者之间可以互相影响或在作用上有交叉。一些第二信使类物质可以调节某些电压门控通道和化学门控通道蛋白质的功能状态；而且被某种受体激活了的 G- 蛋白，有的不通过第二信使就能直接作用于膜结构中的通道结构，如上述 Gs 激活时可以直接打开 Ca^{2+} 通道。第二，对于许多外来化学信号分子，并不是一种化学信号只能作用于两种跨膜信号传递系统中的一种；以 Ach 为例，当它们作用于神经 - 肌接头处时，终板膜上有同它们作特异结合的化学门控通道；但当 Ach 作用于心肌或内脏平滑肌时，遇到的却是受体—G- 蛋白—第二信使系统（受体称为 M- 型毒蕈碱型受体）。由此可见，同一种刺激信号通过何种跨膜信号传递系统起作用，关键因素在于靶细胞膜上具有何种感受结构。

（三）细胞的生物电现象及其产生机制

1. 生物电现象的观察和记录方法

前已指出，神经在接受刺激时，虽然不表现肉眼可见的变化，在受刺激的部位产生了一个可传导的电变化，以一定的速度传向肌肉，这一点可以用阴极射线示波器为主的生物电测量仪器测得。图中由射线管右侧电子枪形成的电子束连续射向荧光屏，途中经过两对板状的偏转电极；当电子束由水平偏转板两极之间通过时，由于板上有来自扫描发生器装置的锯齿形电压变化，使射向荧光屏的电子束以一定的速度作水平方向的反复扫动；这时，如果把由两个测量电极引导来的生物电变化经放大器放大后加到垂直偏转板的两极，那么电子束在作横扫的同时又作垂直方向的移动。这样，根据移动电子束在荧光屏上形成的光点的轨迹，就能准确地测量出组织中的微弱电变化的强度及其随时间变化的情况。如果神经干在右端受到刺激，神经纤维将产生一个传向左端的动作电位，当它传导到同放大器相导到同放大器相连的第一个引导电极处时，该处的电位暂时变得相对的较负，于是在一对垂直偏转板上再现电位差，在荧光屏上可看到一次相应的光点波动；当动作电位传导到第二个引导电极处时，该处也将变得较负，于是荧光屏上会出现另一次方向相反的光点波动；这样记到的两次电位波动，称作双相动作电位。把神经标本作一些特殊处理，如将第二个记录电极下方的神经干损伤，使该处不能产生兴奋，那么再刺激神经右端时，在示波器上只能看到一次电位波动，这称为单相动作电位。另外，用其他技术方法还可使记录电极中的一个电极处的电位保持恒定或经常处于零电位状态，亦即使此电极成为参考或无关电极，于是在实验中记录到的电变化就只反映与另一电极（称为有效电极）接触处的组织或细胞的电变化，这称为单极记录法。

2. 细胞的静息电位和动作电位

双相或单相动作电位，是在神经干或整块肌肉组织上记录到的生物电现象，是许多在结构和功能上相互独立的神经纤维或肌细胞的电变化的复合反映；由于测量电极和组织有较大的接触面积，而且组织本身又是导电的，许多细胞产生的电变化可被同一电极所引导，所以记录和测量出的电变化是许多单位的电变化和代数叠加。但目前已经确知，生物电现象是以细胞为单位产生的，是以细胞膜两侧带电离子的不均衡分布和选择性离子跨膜转运为基础的。因此，只有在单一神经或肌细胞进行生物电的记录和测量，才能对它的数值和产生机制进行直接和深入的分析。由于一般的细胞纤小脆弱，单一细胞生物电是通过以下方法测量的：一是利用某些无脊椎动物特有的巨大神经或肌细胞，如枪乌贼的神经轴突，其直径最大可达 100 μm 左右，便于单独剥出进行实验观察，脊椎动物的单一神经纤维也可以设法剥出，但它们的直径最粗也不过 20 μm 左右，方法上较为困难。另一种方法是进行细胞内微电极记录，即用一个金属或细玻璃管制成的充有导电液体而尖端直径只有 1.0 μm 或更细的微型记录电极（凌宁和 Gerard，1949），由于它只有尖端导电，可用它刺入某一个在体或离体的细胞或神经纤维的膜内，测量细胞在不同功能状态时膜内电位和另一位于膜外的参考电极之间的电位差（即跨膜电位），这样记录到的电变化，只与该细胞有关而几乎不受其他细胞电变化的影响。

细胞水平的生物电现象主要有两种表现形式，这就是它们在安静时具有的静息电位和它们受到刺激时产生的动作电位。体内各种器官或多细胞结构所表现的多种形式的生物电现象，大都可以根据细胞水平的这些基本电现象来解释。

静息电位指细胞未受刺激时存在于细胞内外两侧的电位差。R 表示测量仪器如示波器，和它相连的一对测量电极中有一个放在细胞的外表面，另一个连了微电极，准备刺入膜内。当两个电极都处于膜外时，只要细胞未受到刺激或损伤，可发现细胞外部表面各点都是等电位的；这就是说，在膜表面任意移动两个电极，一般都不能测出它们之间有电位差存在。但如果让微电极缓慢地向前推进，让它刺穿细胞膜进入膜内，那么在电极尖端刚刚进入膜内的瞬间，在记录仪器上将显示出一个突然的电位跃变，这表明细胞膜内外两侧存在着电位差。因为这一电位差是存在于安静细胞的表面膜两侧的，故称为跨膜静息电位，简称静息电位。

在所有被研究过的动植物细胞中（少数植物细胞例外），静息电位都表现为膜内较膜外为负；如规定膜外电位为 0，则膜内电位大都在 -10 ～ -100mV。例如，枪乌贼的巨大神经轴突和蛙骨骼肌细胞的静息电位为 -50 ～ -70mV，哺乳动物的肌肉和神经细胞为 -70 ～ -90mV，人的红细胞为 -10mV，等等。静息电位在大多数细胞是一种稳定的直流电位（一些有自律性的心肌细胞和胃肠平地滑肌细胞例外），只要细胞未受到外来刺激而且保持正常的新陈代谢，静息电位就稳定在某一相对恒定的水平。

在近代生理学文献中，一些过去单纯用来描述膜两侧电荷分布状态的术语，仍被用来说明静息电位的存在及其可能出现的改变。例如，人们常常把静息电位存在时膜两侧所保持的内负外正状态称为膜的极化（Polarization），原意是指不同极性的电荷分别在膜两侧的积聚；当静息电位的数值向膜内负值加大的方向变化时，称作膜的超级化（Hyperpolarization）；相反，如果膜内电位向负值减少的方向变化，称作去极化或除极（Depolarization）；细胞先发生去极化，然后再向正常安静时膜内所处的负值恢复，则称作复极化（Repolarization）。

通过实验布置，观察单一神经纤维动作电位的产生和波形特点，可发现，当神经纤维在安静状况下受到一次短促的阈刺激或阈上刺激时，膜内原来存在的负电位将迅速消失，并且进而变成正电位，即膜内电位在短时间内可由原来的 $-70 \sim -90\,mV$ 变到 $+20 \sim +40\,mV$ 的水平，由原来的内负外正变为内正外负。这样，整个膜内外电位变化的幅度应是 $90 \sim 130\,mV$，这构成了动作电位变化曲线的上升支；如果是计算这时膜内电位由零值变正的数值，则应在整个幅值中减去膜内电位由负上升到零的数值，即动作电位上升支中零位线以上的部分，称为超射值。但是，由刺激所引起的这种膜内外电位的倒转只是暂时的，很快就出现膜内电位的下降，由正值的减小发展到膜内出现刺激前原有的负电位状态，这构成了动作电位曲线的下降支。由此可见，动作电位实际上是膜受刺激后在原有的静息电位基础上发生的一次膜两侧电位的快速而可逆的倒转和复原；在神经纤维，它一般在 $0.5 \sim 2.0\,ms$ 的时间内完成，这使它在描记的图形上表现为一次短促而尖锐的脉冲样变化，因而人们常把这种构成动作电位主要部分的脉冲样变化，称之为锋电位。在锋电位下降支最后恢复到静息电位水平以前，膜两侧电位还要经历一些微小而较缓慢的波动，称为后电位，一般是先有一段持续 $5 \sim 30\,ms$ 的负后电位，再出现一段延续更长的正后电位。锋电位存在的时期就相当于绝对不应期，这时细胞对新的刺激不能产生新的兴奋；负后电位出现时，细胞大约正处于相对不应期和超常期，正后电位则相当于低常期。

动作电位或锋电位的产生是细胞兴奋的标志，它只在刺激满足一定条件或在特定条件下刺激强度达到阈值时才能产生。但单一神经或肌细胞动作电位产生的一个特点是，只要刺激达到了阈强度，再增加刺激并不能使动作电位的幅度有所增大；也就是说，锋电位可能因刺激过弱而不出现，但在刺激达到阈值以后，它就始终保持它某种固有的大小和波形。此外，动作电位不是只出现在受刺激的局部，它在受刺激部位产生后，还可沿着细胞膜向周围传播，而且传播的范围和距离并不因原初刺激的强弱而有所不同，直至整个细胞的膜都依次兴奋并产生一次同样大小和形式的动作电位。神经受刺激部位和记录部位之间有一段距离；但不论记录电极在职一神经纤维上如何移动（除非是在纤维末梢处有了纤维形态的改变，或纤维的离子环境等因素发生了改变），我们一般都能记录到同样大小和波形的锋电位，所不同的只是刺激伪迹和锋电位之间的间隔有所变化，这显然与动作电位在神经纤维上"传导"到记录电极所在部位时所消耗的时间长短有关。这种在同一细胞上动作电位大小不随刺激强度和传导距离而改变的现象，称作"全或无"现象，其原因和生理意义将在下面讨论。

在不同的可兴奋细胞，动作电位虽然在基本特点上类似，但变化的幅值和持续时间可以各有不同。例如，神经和骨骼肌细胞的动作电位的持续时间以一个或几个毫秒计，而心肌细胞的动作电位则可持续数百毫秒；虽然如此，这些动作电位都表现"全或无"的性质。

（四）生物电现象的产生机制

早在 1902 年，Bernstein 就提出膜学说，他根据当时关于电离和电化学的理论成果提出了经典的膜学说来解释当时用粗劣的电测量仪器记录到的生物电现象。他认为细胞表面膜两侧带电离子的不同分布和运动，是产生物电的基础。但在当时和以后相当长的一段时期内，还没有测量单一细胞电活动的手段和其他有关技术，因此他的学说长期未能得到证实。直到 21 世纪四五十年代，Hodgkin 和 Huxley 等开始利用枪乌贼的巨大神经轴突和电生理学技术，进行了一系列有意义的实验，不仅对经典膜学说关于静息电位产生机制的假设予以证实，而且对动作电位的产生作了新的解释和论证。通过这一时期的研究，对于可兴奋细胞静息电位和动作电位的最一般原理已得到阐明，即细胞生物电现象的各种表现，主要是由于某些带电离子在细胞膜两侧的不均衡分布，以及膜在不同情况下对这些离子的通透性发生改变所造成的。但是由于当时对细胞膜的分子结构和膜中蛋白质的存在形式和功能还知之甚少，因此 Hodgkin 等对生物电的理解只能是宏观的，对微细过程只能用数学模型来说明。随着 70 年代以来蛋白质化学和分子生物学技术的迅速发展，蛋白质分子从膜结构中克隆出来，并从它们的分子结构的特点来说明通道的功能特性；特别是 70 年代中期发展起来的膜片钳（patch clamp）技术，可以观察和记录单个离子通道的功能活动，使宏观的所谓膜对离子通透性或膜电导的改变，得到了物质的、可测算的证明。

静息电位和 K^+ 平衡电位 Bernstein 最先提出，细胞内外钾离子的不均衡分布和安静状态下细胞膜主要对 K^+ 有通透性，可能是使细胞能保持内负外正的极化状态的基础。已知所有正常生物细胞内的 K^+ 浓度超过细胞外 K^+ 很多，而细胞外 Na^+ 浓度超过细胞内 Na^+ 浓度很多，这是 Na^+ 泵活动的结果；在这种情况下，K^+ 必然会有一个向膜外扩散的趋势，而 Na^+ 有一个向膜内扩散趋势。假定膜在安静状态下只对 K^+ 有通透的可能，那么只能有 K^+ 移出膜外，这时又由于膜内带负电荷的蛋白质大分子不能随之移出细胞，于是随着 K^+ 移出，出现膜内变负而膜外变得较正的状态。K^+ 的这种外向扩散并不能无限制地进行，这是因为移到膜外的 K^+ 所造成的外正内负的电场力，将对 K^+ 的继续外移起阻碍作用，而且 K^+ 移出的越多，这种阻碍也会越大。因此设想，当促使 K^+ 外移的膜两侧 K^+ 浓度势能差同已移出 K^+ 造成的阻碍 K^+ 外移的电势能差相等，亦即膜两侧的电-化学（浓度）势代数和为零时，将不会再有 K^+ 的跨膜净移动，而由已移出的 K^+ 形成的膜内外电位差，也稳定在某一不再增大的数值。这一稳定的电位差在类似的人工膜物理模型中称为 K^+ 平衡电位。Bernstein 用这一原理说明细胞跨膜静息电位的产生机制。

第二章　合成生物学

第一节　合成生物学的历史

对生物与生命，人类自古以来就没有停止过思考和探索。早期对生物的研究，方法是分析法，即将复杂系统分解成小而简单的部分进行观察和理解。这种分析的方法由来已久，伽利略、笛卡尔甚至亚里十多德都使用这种方法。

在19世纪，合成法为辅助分析法开始出现。首先是有机化学。1828年，弗里德里希·维勒合成了世界上第一个合成物—尿素。尿素的出现，不仅是有机化学界，对当时的整个科学界都是革命性的。因为它颠覆了人们传统的"生命力论"，将无机界与有机界联系了起来。接着合成法开始应用至遗传学。1953年，Watson和Crick阐明了DNA的双螺旋结构。20世纪70年代初，限制性内切酶被发现并被纯化提取，这使科学家们有了可以对DNA进行精确剪切的工具。1973年，Cohen和Jalal制造出转基因大肠杆菌。重组DNA技术兴起而快速发展。1984年，K. Mullis发明聚合酶连锁反应（PCR）技术，PCR技术是构成整个分子生物学实验工作的基础技术之一。这些技术为合成生物学出现奠定了技术基础。

生命合成的理念最早源于Jacques Loeb。他在上世纪初主张一种物质的和机械的生命观，即生物是可以设计的，生物可以看作机械，可以人工地修饰和制造。这种理念影响了后来的遗传学科学家，包括Morgan和Muller。后来Muller曾用X射线人工诱导基因突变，正是基于这种理念。而Morgan第一次证明了遗传特性可以通过杂交以外的人工方法加以改变。

合成生物学一词，可追溯到1912年，由Stephane Leduc第一次使用。理论上合成生物学真正形成于1974年，由波兰遗传学家Waclaw Szybalski提出并作详细阐释。而这一理念真正用于实验研究，是在二十年之后用于遗传调控。2002年，Eckard W. imme用一年的时间合成了7.Skb的小儿麻痹病毒基因。2003年，C.Venter宣布用几个星期的时间即合成cpX174噬菌体。合成生物学第一次正式学术会议始于2004年，这标志着合成生物学开始有专门的科研组织。之后合成生物学开始迅速发展。2005年，麻省理工学院（MIT）的Leon Y. Chan将T7噬菌体分离重复基因，并去除冗余序列。同时，C.Venter在Maryland的分机构重新设计了Mycoplasmagenitalium，成为当时最小的基因组（482个蛋白表达基因，

43 个 RNA 基因）。2010 年，C.Vente：将合成的基因组替换入细胞内，细菌可以正常生存和分裂，制造出了第一个由合成的基因组（约 1 000 个基因）所控制的细胞，并宣布合成了世界上首个人造生命细胞。

一、合成生物学的现状

（一）合成生物学的研究领域

合成生物学的研究领域主要有最小基因组、模块元件、人工细胞和生物分子合成四个方向。

1. 最小基因组

最小基因组可定义为：特定条件下，能满足细菌生存和复制所需最小的一组基因。设计最小基因组的目的是为了提供一个技术平台，在此基础上可以设计加入其他合成代谢通路，比如加入燃料基因或者清洁环境污染物的基因。为了在最小基因组的基础上创造新生物体，科学家必须：

（1）确定哪些基因是基本代谢和细胞复制所需要的，同时要保证基因数最小。

（2）构建最小基因组。

（3）为使基因成功表达还必须人工合成或者借用其他细胞的非遗传性物质（如细胞膜、细胞质等）。

获得最小基因组需要在熟悉生物体代谢通路的基础上通过计算机辅助构建功能模块元件。最小基因组的获得也存在另外一种方法，即和已知自然界最小自由生存的细胞一支原体 Mycoplasma genitalium 进行对比，然后采用基因敲除法不断去除多余基因，最终得到最小基因组。Peterson1993 年对 Mycoplasma genitalium 基因进行了随机测序，1995 年 Fraser 等认为 470 个基因是 Mycoplasma genitalium 生存所必须，而 2005 年这一数字变为 3 860。2005 年 C.Venter 在 Maryland 的下属机构重新设计了 Mycoplasma genitalium，成为当时最小的基因组（482 个蛋白表达基因，43 个 RNA 基因）。2008 年，C.Vente：成功合成细菌全部基因组。2010 年，C.Venter 宣布将合成的基因组替换入细胞内，细菌可以正常生存和分裂，开发出了第一个由一个合成的基因组（约 1 000 个基因）所控制的细胞。

2. 模块元件和代谢通路设计，基因库（gene pool）扩展

相对于传统生物学对生物体系统的复杂性的描述，合成生物学家却以一种工程化的视角来看待生命。他们把生命看作是"特定数量的、特性明确的标准部件的组合"，这些部件可以标准化，因而在不同生物体系中可以通用，再通过计算机技术即可重新设计和构建生物体。

为此，需要将其中的通用部件进行标准化，同时也需要将复杂的系统分解成更为可控的元件。这需要全世界科学家通力合作才能完成。

麻省理工学院（MIT）已经建立了 3 000 种此类的模块，又称为生物砖块（Bio-Bricks）。

这种模块资料是开源共享的。麻省理工学院（MIT）在 2003 年还举行了国际遗传工程机器设计竞赛（iGEM），国际遗传工程机器设计竞赛（iGEM）在 2005 年成为国际赛事。参赛选手运用麻省理工学院（MIT）的生物部件注册表（registry），重新修饰现有的自然的生物系统，或是设计和构建人工生物组件和系统。

Benner 和 Sismour 在 2005 年提出，有两类可通用的合成元件：DNA 和蛋白质。脱氧核糖核酸由于其结构相对稳定，相对容易制作。而蛋白质元件较为困难，因为蛋白质由一个或多个肽链组成，一级结构较为复杂，而且肽链的折叠还会形成二级和三级结构。这些结构的存在不仅让合成过程变得困难，同时也是合成蛋白质结构和功能不稳定的原因所在。

3. 人工细胞

合成生物学有两种力一法，一种是由上而下（top-down）：它把现有的生物体作为起点，逐步把多余的遗传片段去除，直至达到"最小"细胞结构。C.Venter 正是采用这种方法。另一种则是由下而上（bottom-up）法：把标准部件的合成作为起点。例如，麻省理工学院（MIT）的生物部件正是这些标准功能部件。

人工细胞应用的是由下而上的方法。Los Alamos 国家实验室，向 Stem Rasmussen 资助 500 万美元用于完全合成生物的细胞。他们这一工程的三个关键部分是：代谢系统、遗传信息分子、细胞膜。Rasmussen 致力开发的这种原生质细胞（proto-cell），不同于自然的细胞，主要是因为其遗传信息分子是肽核酸 PNA（peptideNucleic Acid），而不是DNA。这种人工细胞的目的是为了生产具有自我修复能力的生物电脑和生物机械人。它们可以在纳米的水平指挥所有的生产和降解过程。这种人工细胞可以设定特定功能来完成特定应用目的。

4. 生物分子合成

蛋白质二级结构和三级结构对其功能非常重要，而它的一级结构则更为重要。通过修饰翻译后肽链上的氨基酸，可以更大地改变肽链的功能。英国科学家 VanKasteren 已研发出一种化学标记系统，可以在转录后修饰氨基酸序列，产生功能蛋白，如可以检测哺乳动物脑炎。Kochendoerfer 等人在 2003 年仿照红细胞生成素修饰合成一种蛋白，这种蛋白在体内循环过程中时间更长。

另外，其他合成生物学家致力于更为基础性的工作。Floyd Romesberg 成功研制出两种新的碱基，可以和原有的四种碱基一起并入到 DNA 链中，这种 DNA 链可以在酶的作用下进行复制。PACE（Programmable Artificial Cell Evolution）联合会正致力于肽核酸原生质细胞的研发。这种肽核酸是将传统核酸的核糖支架代之以肽链，从而形成新的遗传信息分子。

（二）合成生物学的研究现状

（1）合成生物学目前的研究包括：

研发出有遗传能力的"生物性"的工具和工艺，为工业和经济提供革命性的促进方法。

（2）在基因和蛋白模块集的基础上，将设计好的生物设备组装起来用于：

① 早期疾病的检测和防治；

② 组织修复和细胞再生。

（3）生产有用的生物材料，例如用低成本和可再生的原料生产出可降解塑料，或者转化成无污染排放的燃料。

（4）赋予材料新的特性。如超小型的电子电路和机械。

（5）控制细胞膜的行为，研发生物传感器等。主要在药品制造业应用。

（6）前瞻性应用。根据英国国会科技部的报告，前瞻性的应用主要包括：

① 生产现有材料或新生物材料、化学品的新技术，例如食品添加剂，另外利用生物燃料工程菌可以生产烃类作为新能源，这种能源具可持续性，对环境也更为友好。在世界石油有限而紧缺的情形下，这是合成生物学极有吸引力之处。再如，利用合成工程菌可以降解纤维素生产氢或乙醇。以植物和海藻为原料，利用合成生物学技术一可以设计生产生活柴油。英国石油公司和美国能源部都投入资金用于合成生命生产能源的研究。

② 新生物为基础的生产工艺和化学合成工艺。例如，Du Pont 和 Tate 用玉米生产出一种可用于纺织业的化合物。利用新合成生物工艺以植物为原料合成蛛丝类似物，其强度和弹性非常高。软体动物的壳也可以合成轻而结实的材料。

③ 生产全新的和改进的诊断试剂、药品和疫苗。利用合成生物学技术来生产药物或者疫苗，需要对生物体做相应的关键修饰。青蒿素，是一种有效抗疟疾的药物，它本身是一种植物提取物。但从植物中提取青蒿素，取决于青蒿的种植状况，成本较高而且效率低下。California University 在 Gates 基金会的资助下，重新设计酵母菌的代谢通路，使酵母菌可以产生有效药物前体。这将大大提高药品生产效率，保证质量，同时降低药品价格，让药品更普及，减少疟疾。

④ 合成生物学构建的人体生理模型，会导致更多的医学应用。例如，可设计刺激胰腺分泌胰岛素的控制电路；细菌和病毒也可设计使其定位良性肿瘤细胞，并定向释放治疗药物；设计病毒使之与 HIV 感染的细胞相作用，阻止 AIDS"；合成生物还可生出新疫苗来预防 SARS 和丙型肝炎。此外，合成生物学应用于单抗、基因治疗和基因诊断力一面也非常有潜力。

⑤ 生物传感器。Edinburgh 大学的一个团队设计出一种细菌，可以探测水中砷的含量。当砷含量超出人体安全值时，这种细菌的基因会受激发产生一种酸，导致液体 pH 值变化，从而使砷含量以颜色变化显示出来。再例如 Nullield 委员会 2009 年一份文章称，已研发出一种生物传感器，这种传感器能够探测尿路感染。

⑥ 清除环境污染的生物修复工具。运用合成生物来治理环境污染，如设计合成可以聚集或者降解重金属和杀虫剂等物质的微生物。美国加州大学 Berkeley 分校的一个团队设计了一种 Pseudomonas 菌株，可以降解有机磷酸酯（杀虫剂的常用物质）。此外，科学家还正在研究可以修复降解重金属，甚至核污染材料的微生物。

可以设想，人工从头合成人基因组将来在技术上极有可能实现。而自我复制的核糖体在 2009 年就已宣布完成。除此之外，合成生物学在未来还可能通过合成或修饰得到新的生命形式，甚至包括哺乳动物。

二、合成生物学的潜在应用

合成生物学尚处于起步阶段，口前的可能应用领域包括三个方面：一是生产新型能源，二是促进药品、疫苗研发和医学发展，三是促进农业发展，四是改善生态环境。

（一）合成生物学与新能源

利用合成生物学有望研发可再生能源，降低对化石能源的依赖，减少污染，同时全球经济和政治对化石能源的依赖也将降低。例如生物酒精，利用各种极为易得的玉米秆、稻草等即可生产；光合蓝藻，低投入高产出，在实验室条件下，每公顷产生的能量远大于陆地作物（大豆和玉米）的能量，并且光合蓝藻近年来极有希望进行工业大规模生产；氢燃料，由于氢燃烧的副产物是水，属于清洁型燃料，利用合成生物学技术 E.coli 和工程蓝藻都可生产氢燃料。

（二）合成生物学与公共卫生

合成生物学有望全面促进医药卫生行业发展。利用合成生物学有望提高药品与疫苗产量，促进个体化医疗发展，加快新药和新型医疗器械开发。近几十年来，科学家运用遗传工程技术改造细菌，用以生产药品与疫苗，合成生物学的出现，将大大提高药品生产效率，降低成本。

1. 合成生物学与药品

利用合成生物学，可以通过代谢工程方法，提高现有药品产量，研制具有新性能的化学药物，药物的效用、产量和规模将大为提高。合成生物学用于药品研发的典型药物是青蒿素。青蒿素是一种抗疟药物，疟疾在非洲以南地区每年患病人数达 3 亿人，致使 70 万~100 万人死亡，主要是青年儿童。青蒿素是从一种名为青蒿的植物中提取，是治疗疟疾的有效药物，但由于青蒿的种植产地与产量的原因，成本很高。来自加州大学的合成生物学家通过遗传改造获得工程细菌 E.coli，大量生产青蒿素前体。这种半合成的青蒿素已有医药企业与研究机构合作，有望显著降低药品成本，提高全世界的药品供应，将计划在 2012 年进入场。

2. 合成生物学与疫苗

合成生物学防护疫苗研究，目前的重点主要是流感病毒防治。病毒疫苗的研制，首先需要鉴定病毒株。利用合成生物学可以快速、低成本的建立病毒模型，大大缩短鉴定病毒株的时间，从而大大加快病毒疫苗的研发。

3. 合成生物学能促进基础生物学和个体化医疗发展

合成生物学大大减少基因克隆、扩增的时间，使 DNA 的合成与操作大为简化，从而有望促进基础生物学发展，同时也为生物学发展提供了新方向。利用合成生物学还有助于个体化医疗的发展，根据个体基因组的特异性，发现个体疾病靶分子，例如肿瘤靶分子，从而特异性检测或者杀死肿瘤细胞，提高特异性同时降低副作用。利用合成生物学，针对某种癌症细胞发现 6 种细胞识别方法，而传统识别方法只有一种，从而特异有效地杀死要杀死的细胞，对健康细胞毫无影响。

（三）合成生物学与农业

用合成生物学有望解决全球食物供应紧缺问题，改善生态环境。人类利用杂交育种方法以获得优良品种的历史由来已久，转基因作物利用重组 DNA 技术改良作物也已有应用。而合成生物学用于农业则是更进一步，有望获得抗病、高产、环境友好，同时减少用水和肥料使用的新型作物。

（四）合成生物学与生态环境

利用合成生物学还有望消除环境污染和保护生态环境，如利用工程细菌消除石油污染，利用合成生命技术制造出的生物传感器来监测作物的营养成分或污染物浓度。

此外，合成生物学还存在双重用途（dual use）问题，即新兴技术是为人类带来受益的"好的"目的而出现，但也有可能被人为用于"坏的"目的。除了以上各种应用，合成生物学在军事研究上也有应用，例如生化战争、生化恐怖袭击。这种事情并不遥远，2002年科学家已合成了早已清除的小儿麻痹症病毒。2005 年，科学家合成了 1918 西班牙流感病毒，该病毒在流行期间曾令大约 2 000 万到 5 000 万感染者死亡。由于合成生物学致力于标准部件和细胞通用元件的开发，即使是业余研究人员也有可能参与研究。例如，麻省理工学院（MIT）在 2003 年还举行了国际遗传工程机器设计竞赛（iGEM），参赛选手利用麻省理工学院（MIT）提供的标准生物部件，设计和构造新的生命形式。国际遗传工程机器设计竞赛（iGEM）在 2005 年成为国际赛事。有理由相信，在将来随着合成生物学发展，会出现合成生命"家庭合成生物学在中国的发展刚刚起步。2007 年 4 月 16 口天津大学举办了国际遗传工程机器设计竞赛（iGEM）研讨会，来自麻省理工学院（MIT）的著名合成生物学家 Drew Endy 和来自美国 Caltech 的 C.Smolke 介绍合成生物学。2007 年 6月 16～17 日在天津大学举办了亚太地区 iGEM 比赛培训班，由 iGEM 的创始人来自麻省理工学院（MIT）的 Tom Knight 和 Randy Rettberg 进行主讲。2007 年 I1 月 29 日，英国爱丁堡人学—大津大学系统生物学和合成生物学联合研究中心挂牌成立，成为我国第一家合成生物学研究机构。2008 年 5 月 12—13 日召开了主题为《合成生物学》的第 322 次香山会次。

合成生物学在中国备受关注与重视。根据合成生物学数据库网页的统计分析结果们，从 1995 年到 2005 年相关文献发表的情况来看，中国在文献绝对数量和增长速度位于美国、欧洲、日本和加拿大之后，成为世界上第五。但从研究成果的影响来看，中国只排在第八位。从合成生物学研究实验室、中心或者研究所的统计来看，2005 年中国在该领域中排名也落后于欧美国家，其中美国（357 个），德国（62 个），日本（60 个），英国（30 个），西班牙（15 个），以色列（15 个），加拿大（14），荷兰（9 个）。而中国仅有 8 个被列入统计的实验室。中国的科技创新资金，主要来源于政府投资。2008 年，中国科技研发部研发支出排名居世界第四，科技文章发表数量和专利数量位于世界第五。目前支持中国合成物学研发的基金项目主要有政府 863 计划、973 计划、国家自然科学基金、国家重点科技研发项目、国家高新技术转化基金等 45。在 2008 年，合成生物学专项发展基金曾经被提议建立，用以发展新燃料、新材料、生物降解和医学应用。

但因为缺少普遍认同的合成生物学定义一度拖延。与美国不同的是，中国民间和企业对合成生物学的投资很少。目前已知部分国外企业与中国在合成生物学领域有合作关系。例如，与荷兰皇家 / 壳牌集团、波音公司与青岛生物能源与过程研究所针对生物燃料有合作研究计划。丹麦诺维信集团与中石化 / 中石油合作开发纤维素生物燃料。

合成生物学作为新兴交叉学科，主要在中国学术界流传。2010 年我国媒体大量报道 Craig Venter 在《科学》杂志上宣布合成人工细菌，这种人工细菌或者人工生命的报道存在很多问题，并没有本质上反映出该项技术成果的本质，还有可能误导社会公众对合成生物学的认识。合成生物学在我国很快被接受，并且学术界表现出极大的热情。但是我国缺少关于合成生物学的生物安全问题、生物防护问题及相关伦理问题的讨论与研究。在中国对于新兴科学与技术的社会影响的研究总是落后于新技术的发展。例如，转基因作物，在获得商业化官方批准之后才引发社会关注。这使我国在面对合成生物学等新兴学科时，受益最大化、风险最小化方面处于不利地位。为避免合成生物学发生这种情况，合成生物学的研究与应用应该与社会学家、伦理学家通力合作，引导社会公众积极参与以提高公众对合成生物学社会影响的意识。

第二节 合成生物学定义

合成生物学，目前仍没有世界普遍认可的定义。实际上，合成生物学本身不断发展和传播，以及它本身学科的交叉性和应用的广泛性，也使得明确定义合成生物学变得不可能。

对于合成生物学的命名，合成生物学家们有过长达数年的争论。Rob Carlson，作为该学科的早期提倡者，在他 Blog 中提到多种命名"国际生物学（International biology）""结构生物学（constructive Biology）""自然工程学（Natural Engineering）""合成基因组学（synthetic Genomics）""生物工程学（Biological Engineering）""合成生物学（synthetic biology）"一词最早源自 1912 年，Stephane Leduc 最早使用，在近年里得到广泛使用，成为描述这个领域最主要的命名。

合成生物学不同命名之间的争论，不仅仅是为了使合成生物学与其他学科划清界限，同时也反映了合成生物学不同层面的社会含意，以及不同社会公众对合成生物学的理解或者误解。1988 年 Steven Benner 在瑞士举行会议，其会议名称"重新设计生命（Redesigning Life）"。然而面对反对重组 DNA 技术的抗议者，只能将会议名称作了更改。因此合成生物学在学科命名上，就存在着社会公众理解与支持的问题。合成生物学的发展需要社会公众的理解与支持，因而需要科学家与公众加强沟通与对话，加大对公众的教育。

关于合成生物学的描述，欧盟在"欧洲合成生物学战略"这一工程网站中描述为"合成生物学运用核酸元件或者预先在实验室化学合成的模块，目的是为了

（1）设计和研究自然界中没有的生物系统。

（2）运用这种方法：

①加深生命过程的理解。

②制造和组装功能性的模块组件，开发新的应用或代谢途径。

美国总统生命伦理委员会对合成生物学的定义为：在化学合成 DNA 的基础上，通过标准化和自动化的流程，创造出具有新的或增强功能/特性的微生物，以满足人类各种需要。其他定义如：

2008 年 A.Danchin 对合成生物学描述为"合成生物学的基础理念是，所有生物系统都可以被看作是独立功能元件的组合—其中的功能元件和人造机械中的部件并不相同。因而，合成生物学可以描述为，特定数量的元件组合到新生物体结构中，以修饰现有生物的特性或者创造新的生物体。"

Thomas Douglas 则更为关注合成生物学的合成新生命的特点："合成生物学是一个学科分支，它利用理性设计原则创造新的生物体系、有机体或从头合成的细胞元件，也包括合成过程中所最为必要的原料、技术或工艺。"

2005 年 Benner and Sismou：认为合成生物学"致力于从自然生命系统中重造非自然的化学系统……科学家们从生命系统中分离可交换使用的部件，经过测试与验证用作基础构件，用于构建类似于生命系统的机械设备"。

Jay Keasling 在 Synthetic biology 2.0 会议上指出"具有良好特性的生物元件，非常易于组装入较大的功能性机械设备和系统中，用于完成许多特定的功能。"

美国的 Hastings 中心则认为"为了促进科学进步和获得为人类带来受益的产品，合成生物学家试图创造出工程化的生物系统，这些生物系统是自然状态下无法出现的。"

加拿大 ETC（The Action Group on Erosion, Technology and Concentration）组织把合成生物学定义为"设计和建造出自然界没有的新的生物部件、生物设备和系统，同时也包括改造现有生物系统以完成特定目的"。

英国国会科技部（Parliamentary Office of Science and Technology, POST）认为合成生物学"将生物学与工程设计一结合，建立标准、通用的生物 DNA 基本元件。这些基本元

件具有特定功能，并可构建工程化的生物部件、系统和微生物。合成生物学同时也可修饰自然的基因组，来创造新的系统或者获得新的应用。"

英国皇家社会学院认为"合成生物学可以理解为按照生物学家、化学家、物理学家和工程师发现的法则，设计新生物系统和新微生物……本质上讲即是生命设计。"

显而易见，关于合成生物学普遍认同的定义并不存在，但其核心技术部分相对明确。欧盟科学伦理委员会 EGE 认为，从合成生物学技术特点来看，最为核心之处即：对自然界中不存在的生物或者不存在的生物元件和系统，进行设计或者重新设计；从合成生物学的研究方向来看，合成生物学更为注重理性人工设计或者处理生物系统，而不是了解自然界上现存的生物体。因此，合成生物学定义应该包括：

（1）最小细胞 / 生物体的设计（包括最小基因组）。

（2）鉴定和使用生物部件（工具包）。

（3）完全或部分的重构生物体。

美国总统生命伦理委员会在报中指出，合成生物学结合了生物学、工程学、遗传学、化学和计算机科学，是一门新兴交叉学科。涉及化学合成 DNA，通过标准化和自动化流程，来制造具有新功能或增强功能的生物化学系统或微生物。传统的生物学将生命的结构和化学组成作为自然现象理解和阐释，而合成生物学则是把生化过程、分子和结构作为原料和工具来生产新的具有潜在应用性的微生物。这些经过修饰的新微生物学与其原型大不相同。显然，合成生物学结合了生物技术知识与工程学原理和技术。

简单地说，合成生物学是通过设计和构造自然界中不存在的人工生命系统来解决能源、材料、健康和环保等问题。不同学者具有不同的视角，对合成生物学有着不同的关注重点。不同科学家、科学组织对合成生物学的描述或定义有所不同，原因归根结底在于合成生物学本身的学科交叉性，这也意味着合成生物学的应用也将涉及多个领域。

第三节　合成生物学和传统遗传工程学

清晰区分合成生物学和遗传工程学的研究领域是非常困难的。加拿大 ETC（The Action Group on Erosion, Technology and Concentration）组织将合成生物学定义为"超级遗传工程学"。人类改变生物遗传物质早在文字出现以前就已经存在，例如选择性培养和杂交育种。DNA 重组技术出现以后，人类能够将合成的遗传物质转入宿主细胞内。合成生物学将改变生物的遗传物质的技术，发展到了极致。一定意义上讲，合成生物学是遗传工程学的延伸，但仍有必要区分合成生物学与传统遗传工程学。合成生物学诸多文献中有五大标准，若一项生物工程研究符合其中任何一条，那么就可以认为这项生物工程研究属于合成生物学领域。

（一）高度的工程复杂性

遗传工程学总是涉及单基因转化到宿主细胞，而合成生物学涉及更复杂的遗传信息转化过程，甚至是合成整个基因组。合成生物学的终级目的是探索和修改遗传信息。

（二）工程化和制造标准化

合成生物学试图获得通用部件，并以市场规模为目标进行研发和生产。

（三）新生命形式

合成生物学试图创造出自然界没有的新的微生物。遗传上程学大多数应用是修改现有的生物，而合成生物学试图完全合成基因组以创造出有特定功能的细胞。创造这种细胞的基本技术是合成能够自我生存的最小细胞。

（四）生命系统的工程化

通过生命系统模型化，合成生物学能够合成复杂的工程化细菌，这种工程化细菌具有特定功能并且能与复杂的生物环境相互交流信息，以解决特定问题。

（五）扩大了生物技术的研究范围

通过标准化设计，合成生物学能吸引大量的研究参与者，因此与遗传工程学只有少数科学家参与不同，合成生物学工程具有规模大和参与人数多的特点，甚至会有许多业余研究人员参与，原因就在于许多模块和通用元件能够进行标准化。

由于合成生物学的学科交叉特点，清晰界定合成生物学有着很大的困难。遗传工程学和合成生物学是生物技术发展的两个阶段，后者建立在前者的基础之上。合成生物学在工程化程度、改变遗传物质的程度、设计生命系统、试图制造具有特定功能的微生物以及标准化的生命通用部件等方面的特点，使它有别于传统的遗传工程学。

要指出的是，虽然遗传工程和合成生物学之间并没有明确的界线，但两者有一部分内容是重叠的。例如，遗传工程通过 DNA 自动测序技术，并利用分子生物学技术（如克隆、PCR 和 DNA 序列重组等技术）来构建 DNA 序列；合成生物学同样也需要上述技术，也需要 DNA 序列的自动合成技术，并要建立一些标准和采用一些规则来简化人工生命系统的设计过程。两者的区别具体来说至少有四个方面的不同。第一点，遗传工程将外源基因转移到某生物基因组内，使之能表达所需要的蛋白质。例如，抗虫棉虽然携带了抗虫基因，但它还是棉花，而合成生物学则是从头设计和构建自然界中不存在的人工生物体系，这是两者显著不同之处。两者同样都含有对现有生物的重新设计和改造的内容，但是在改造的深度和广度上有所不同。第二点，遗传工程中较少使用数学工具，而合成生物学在设计和构建人造生命体系时广泛使用各种数学工具来模拟，构建功能模块和通用部件模块，重新设计生命代谢体系，使得设计和构建的生命体系能正常工作。第三点，在遗传工程的实施过程中由于只转移少数外源基因，一般较少或不进行细胞网络分析。合成生物学改变了"转移一个基因，表达一种蛋白质"的模式，而通常是转移一组基因，因而要在更大规模、更高层次上涉及细胞网络，例如代谢网络等。所以系统网络分析是合成生物学的核心内容之一。第四，合成生物学设计和构建各种人工生物体时，往往需要工程学、数学、生物学等各种学科，因此属于交叉学科。这也是与遗传工程的不同之一。

第三章　分子生物学

第一节　基础概论

　　分子生物学是从分子水平研究生命本质为目的的一门新兴边缘学科，它以核酸和蛋白质等生物大分子的结构及其在遗传信息和细胞信息传递中的作用为研究对象，是当前生命科学中发展最快并正与其他学科广泛交叉与渗透的重要前沿领域。分子生物学的发展为人类认识生命现象带来了前所未有的机会，也为人类利用和改造生物创造了极为广泛的前景。

　　所谓在分子水平上研究生命的本质主要是指对遗传、生殖、生长和发育等生命基本特征的分子机理的阐明，从而利用和改造生物奠定理论基础和提供新的手段。这里的分子水平指的是那些携带遗传信息的核酸和在遗传信息传递及细胞内、细胞间通信过程中发挥着重要作用的蛋白质等生物大分子。这些生物大分子均具有较大的分子量，由简单的小分子核苷酸或氨基酸排列组合以蕴藏各种信息，并且具有复杂的空间结构以形成精确的相互作用系统，由此构成生物的多样化和生物个体精确的生长发育和代谢调节控制系统。简明这些复杂的结构及结构与功能的关系是分子生物学的主要任务。

　　分子生物学（molecular biology）是从分子水平研究生物大分子的结构与功能从而阐明生命现象本质的科学。自 20 世纪 50 年代以来，分子生物学是生物学的前沿与生长点，其主要研究领域包括蛋白质体系、蛋白质－核酸体系（中心是分子遗传学）和蛋白质－脂质体系（即生物膜）。

　　分子生物学是从分子水平探讨生命现象及其规律的一门科学。近年来，由于分子生物医学的迅速发展，不仅带动了生物学乃至整个科学发展，而且为医药、工农业方面的研究开辟了广阔的前景。中医理论体系与分子生物学虽然属于两种不同的思想体系，但两种科学研究生命活动的物质基础是一致的，因此，从分子水平研究中医基础理论及中医药，对推动中西医结合，促进医药学的发展和防病治病具有十分重要的意义。

　　分子生物学（molecular biology）是从分子水平研究生物大分子的结构与功能从而阐明生命现象本质的科学。自 20 世纪 50 年代以来，分子生物学是生物学的前沿与生长点，其主要研究领域包括蛋白质体系、蛋白质－核酸体系（中心是分子遗传学）和蛋白质－脂质体系（即生物膜）。

1953 年沃森、克里克提出 DNA 分子的双螺旋结构模型是分子生物学诞生的标志。

生物大分子，特别是蛋白质和核酸结构功能的研究，是分子生物学的基础。现代化学和物理学理论、技术和方法的应用推动了生物大分子结构功能的研究，从而出现了近 30 年来分子生物学的蓬勃发展。

分子生物学主要研究内容有以下几个方面。

（一）核酸的分子生物学

核酸的分子生物学研究核酸的结构及其功能。由于核酸的主要作用是携带和传递信息，因此分子遗传学（moleculargenetics）是其主要组成部分。由于 50 年代以来的迅速发展。该领域已形成了比较完整的理论体系和研究技术，是目前分子生物学内容最丰富的一个领域。研究内容包括核/基因组的结构、遗传信息的复制、转录与翻译，核酸存储的信息修复与突变，基因表达调控和基因工程技术的发展和应用等。遗传信息传递的中心法则（centraldogma）是其理论体系的核心。

（二）蛋白质的分子生物学

蛋白质的分子生物学研究执行各种生命功能的主要大分子——蛋白质的结构与功能。尽管人类对蛋白质的研究比对核酸研究的历史要长得多，但由于其研究难度较大，与核酸分子生物学相比发展较慢。近年来虽然在认识蛋白质的结构及其与功能关系方面取得了一些进展，但是对其基本规律的认识尚缺乏突破性的进展。

（三）细胞信号转导的分子生物学

细胞信号转导的分子生物学研究细胞内、细胞间信息传递的分子基础。构成生物体的每一个细胞的分裂与分化及其各种功能的完成均依赖于外界环境所赋予的各种指示信号。在外源信号的刺激下，细胞可以将这些信号转变为一系列生物化学变化，例如蛋白质构象的转变、蛋白分子的磷酸化心脏蛋白与蛋白相互作用的变化等，从而使其增殖、分化及分泌状态等发生改变以适应内外环境的需要。信号转导研究的目标是简明这些变化的分子机理，明确每一种信号转导与传递的途径及参与该途径的所有分子的作用和调节方式以及认识各种途径间的网络控制系统。信号转导机理的研究在理论和技术方面与上述核酸及蛋白质分子有着紧密的联系，是当前分子生物学发展最迅速的领域之一。

分子生物学和生物化学及生物物理学关系十分密切，它们之间的主要区别在于：

（1）生物化学和生物物理学是用化学的和物理学的方法研究在分子水平，细胞水平，整体水平乃至群体水平等不同层次上的生物学问题。而分子生物学则着重在分子（包括多分子体系）水平上研究生命活动的普遍规律；

（2）在分子水平上，分子生物学着重研究的是大分子，主要是蛋白质，核酸，脂质体系以及部分多糖及其复合体系。而一些小分子物质在生物体内的转化则属生物化学的范围；

（3）分子生物学研究的主要目的是在分子水平上阐明整个生物界所共同具有的基本特征，即生命现象的本质；而研究某一特定生物体或某一种生物体内的某一特定器官的物理、化学现象或变化，则属于生物物理学或生物化学的范畴。

分子生物学及其技术发展迅猛，PCR 技术及其衍生的相关技术的产生和发展，加速了分子生物学技术在生物学各研究领域的广泛应用。随着分子生物学技术的发展，其在媒介生物学研究中的应用不断深入。国内外运用分子生物学技术对媒介生物研究的相关报道有很多，一方面通过研究媒介生物核酸分子的结构来分类鉴定并探求各钟群之间的亲缘和进化关系，另一方面对媒介生物所传疾病进行分子研究，从本质上寻找媒介生物各种群与所传播疾病之间的内在联系。

第二节　分子生物学的应用

一、分子生物学技术在媒介生物研究中的应用

随着分子生物学技术快速发展，新技术和方法不断涌现并广泛应用于媒介生物研究中，为媒介生物的研究提供了重要的信息。目前，用媒介生物研究的分子生物学技术主要包括 RAPD（随机扩增 DNA 多态性分析，Random amplified polymorphic DNA），RFLP（限制性片段长度多态性分析，Restriction fragment length polymorphism），DNA 条码技（DNA Barcoding）及 RNA 干扰技术（RNA interference）等。

（一）随机扩增 DNA 多态性分析

RAPD 标记技术是一项建立在 DNA 聚合酶链式反应（PCR）技术基础上的新兴技术，被广泛地应用于生物学研究的各个领域。尤其在一些难以通过形态特征来鉴别的物种以及近缘种群的鉴定上显不出其独特的优势。在昆虫学研究中，最早将此方法应用于蚜虫的鉴定区分，还利用 RAPD 技术检测和鉴定了蚜虫体内的两种寄生蜂。此后，褚栋等利用 RAPD 分子标记对烟粉虱 B 型和 Q 型不同地理种群的遗传结构进行了分析，有效地区分烟粉虱不同生物型。蔡明文等成功对 12 个家蚕品种基因组 DNA 进行多态性分析，并根据遗传距离对其进行亲缘关系分析，将 12 个家蚕品种划分为中、口两大类群。

在医学媒介生物中，最早将 RAPD 技术用于伊蚊种群的鉴定比较，并通过统计分析获得共有的 RAPD 指纹图谱，建立了伊蚊种群分类标准。Skoda 等经过引物筛选用 21 个随机引物成功区分嗜人锥蝇和次生锥蝇。Bass 等成功运用 RAPD 技术鉴定南美果蝇。同年，姚涌等进行了安徽省 3 种常见蜚镰基因组多态性 DNA 的研究，成功将 RAPD 技术用于蜚镰分子分类。在这些研究中，RAPD 大多用于近缘种、复合种和种内生物型的识别和鉴定以及地理种群的遗传进化研究，为媒介生物的研究提供了可靠的依据。

（二）限制性片段长度多态性分析

RFLP 技术是山 Botstein 在 1980 年首先建立并发展起来的一种分子遗传标记技术，发展迅速，尤与 PC R 技术相结合后被广泛地应用于种类鉴定和种内种群间的遗传进化研究。Suzuki 等通过对 CO II 基因进行 RFLP 分析，成功区分开原始类型和进化类型的萤科 Luciola fateralis。其后，周华云等成功完成赫坎按蚊复合体近缘种按蚊的研究，鉴定并区分出赫坎按蚊种团的中华按蚊、嗜人按蚊、雷氏按蚊和 8 代按蚊 4 个近缘种按蚊。Garro 等通过 PCR-RFLP 技术成功区分了近缘按蚊种团（Anophelesfunestus）和 A. Minimus 这 2 种亚洲和非洲疟疾媒介昆虫。吴佳教等应用 PCR-RFLP 技术，成功将我国口岸截获频率较高的 9 种检疫性实蝇区分鉴定。此后，吴佳教等又通过用限制性内切酶 VISEI 和 DRA 对我国南方发生和诱捕到的 6 种寡毛实蝇线粒体 DNA（mtDNA）的 PCR 扩增片断进行酶切，开展了实蝇快速鉴定方法研究。2007 年，Alam 等运用 PCR-RFLP 成功地区分了按蚊复合体的近缘种。RFLP 技术的优点是快速、经济、简便，结果也比较可靠，特别适合大群体的遗传、进化研究，因此受到国内外学者的关注，被广泛应用于生物领域的研究中。

（三）DNA 条码技术

DNA 条码技术是 2003 年加拿大圭尔夫大学的生物学家 Hebert 和他的同事首次提出的，该技术利用线粒体细胞色素氧化酶亚基工基因（线粒体 CO 工基因）约 650 帅长作为通用基因序列，建立全球性的物种鉴别体系 DNA 条形码已在多个种群的研究中得到了应用，且鳞翅目昆虫中利用 DNA 条形码研究最多。Ball 等采用 COX I 条形码对毒蛾进行分类鉴定，同种毒蛾的 DNA 序列均聚类在一起，得到的结论与根据形态学分类的结果一致。Armstrong 等通过形态学分类与 COX I 参考数据组 NJ 分析相结合的方法，成功将果蝇从属到物种复合体的各个分类单元定位，并且此方法还成功地运用于边境截获的样品鉴定中。

媒介生物的分类鉴定中也较多应用到 DNA 条形码。Cywinska 等对加拿大 37 种蚊虫进行了分析，发现蚊虫种内个体间的平均差异为 0.5%，而种间的平均差异为 10.4%，Kumar 等应用该技术成功鉴定了印度地区的 62 种蚊虫。赵明等通过利用 DNA 条形码信息研制 DNA 芯片，建立了快速高效的医学媒介蚊类鉴定方法。Nolan 等通过对残肢库蠓复合体线粒体 CO I 基因分析，成功将其进行分类。另外，Augot 等发现运用线粒体 CO I 研究与形态测量相结合的方法可以找出形态差异较小的不显库蠓和苏格兰库蠓雌虫，且从不同种的雌虫中找出了形态上的可变因素，从而大大提高了形态学鉴定的准确性。Cywinska 等通过 DNA 条码技术成功区分加拿大蚊虫种群。此后，DNA 条形码还被广泛运用于蚤类、鼠类、蚜虫类、蝇类等的分类鉴定中。

（四）RNA 干扰技术

RNAi 技术是利用双链 RNA 分子特异阻断靶基因，致使 mRNA 降解，从而使细胞表现出转录后基因沉默的一种分子手段。RNAi 作为一种强有力的分子生物学技术，在昆虫研究中应用广泛。特别是 RNAi 在昆虫体内的系统性扩散机理的研究，改进了现有的 RNAi 方法，有助于昆虫基因功能鉴定和害虫控制，促进了昆虫学科的发展。最早应用 RNA 技术研究昆虫功能基因的是模式昆虫黑腹果蝇。此后，Turner 等 mo 发现喂食苹浅褐卷蛾 dsRNA 既可以抑制幼虫中肠的梭酸酯酶基因的表达，还可以抑制成虫触角上的信息素结合蛋白基因表达。Arauj 等通过喂食长红猎蝽 dsRNA 抑制唾液基因的表达，从而致使血浆凝结时间的缩短。Karim 等将蜱唾液腺突触短杆素 cDNA 片段转录的 dsRNA 注射进唾液腺，可以使蜱虫突触短杆素转录表达水平下降，且刺激唾液腺分泌抗凝剂蛋白。此后，RNAi 技术还被广泛应用在使蜜蜂、甜菜夜蛾、松墨天牛、拟谷盗、南美沙漠蝗、果蝇果蝇等研究中。RNA 作为一种简单、快速、有效的代替基因敲除的遗传工具，为害虫的防治及控制提供了新思路和方法，另一方面彻底地改变了功能基因组学领域的研究步伐，加快了生物学的发展。

（五）其他分子生物学技术

随着分子生物学技术的迅速发展，用于媒介生物研究的分子生物学技术很多。除了以上常用的分子生物学技术，还有单链构象多态性 PCR（Single Strand Conformation Polymorphism PCR，SSCP-PCR）和以 DNA 重复序列的标记为核心的分子标记技术，如简单重复序列即微卫星 DNA 标记（Simple Sequence Repeat，SSR）；以 mRNA 为基础的分子标记技术，如 mRNA 差别显 TPCR（MRNA Differential Display Reverse Transcription Polymerase Chain Reaction，DDRT-PCR）等。这些技术为探求各类群之间的亲缘和进化关系，寻找功能基因提供了有力的证据，极大地促进了生物学的发展。

二、分子生物学技术在虫媒病研究中的应用

虫媒病毒的分子生物学诊断被广泛应用，与此同时不断有虫媒病毒的全基因组被测序，虫媒病毒也被研制成为载体等作为分子生物学的研究工具。虽然我国虫媒病毒的分子生物学研究起步晚，但是近几年我国在这方面的研究取得较大进步，并获得了一些具有国际水平的研究结果。

（一）蜱传疾病

蜱虫在叮咬人、畜，吸食血液的同时释放毒素，是许多重大传染病的重要传播媒介。蜱虫的种类繁多，传播疾病多，对人类健康生活危害大，受到国内外广大学者的关注。2008 年 Hartelt 等用 PCR 方法对所采集的蜱虫和啮齿动物进行病原学检测，发现蜱虫和啮齿动物均未感染 Q 热立克次体，蜱虫中感染斑疹热立克次体的比例为 20.0%，且肩突硬蜱的若虫和成虫中感染 AP、黑体立克次体、巴贝虫的比例分别为 1.0%。8.9% 和 1.0%，而所有的啮齿动物均不感染黑体立克次体，AP 感染率为 5.3%，果式巴贝虫为 0.8%。武汉市 CDC 学者应用 RT-PCR 对产物进行测序验证，从 74 例患者标本中确诊了 61 例淮阳山

病毒（Huaiyangshan Virus）。德国最新研究表明，通过 RT-PCR 检测方法检测地区山羊和绵羊阳性蜱虫带森林脑炎，发现检测率很低、仅为 1/1 700。

分子生物学技术不仅作为诊断技术被运用于疾病、病毒的检测，还被广泛运用于病毒核普酸序列分析。马新英等对我国森林脑炎病毒疫苗株（森张株）编码区的序列测定，发现森张株编码区全长 10 245 bp，编码 3 414 个氨基酸。森张株属于远东亚型，但与欧洲株、西伯利亚株的同源性基本一致。宋宏驷等通过多重反转录聚合酶链式反应对我国新分离的 3 株病毒进行鉴定，证实 3 株新分离嗜神经性虫媒病毒株中 2 株为蜱传脑炎病毒远东型，1 株为日本脑炎病毒 I 型。

（二）蚊媒疾病

蚊虫可以传播几十种疾病，全世界约 300 种蚊虫可以传播虫媒病毒，且很多是人畜共患传染病。因此，蚊虫分子生物学的研究在预防疾病发生和流行方面的重要性就显得更加突出。早期分子生物学技术常被用于媒介生物带毒率的检测。段金花等通过 TaqMan MGB 探针实时聚合酶链反应检测白纹伊蚊体内登革热病毒。黄吉成等 RT-PCR 和病毒分离方法调查白纹伊蚊成幼虫感染基孔肯雅热病毒的状况，为基孔肯雅热的防制提供理论依据。

随着分子生物学技术的日益完善，运用于蚊媒疾病研究的分子生物学技术越来越多。早期国内外学者已完成从蚊虫分离到的 SA14 乙脑病毒的全基因组核普酸序列测定。黄莺等根据 JEV 病毒减毒株 SA14-14-2 基因组序列运用 RT-PC R 扩增技术，完成乙型脑炎病毒的感染性全基因克隆，为开展乙脑病毒的基础研究奠定了基础。Muniaraj 等运用吉梅内染色法以及 PCR 法在库蚊体内发现能寄生节肢动物以及线虫体内的沃尔巴克氏体菌（Wolbochia Endobocteria）。

（三）蜚蠊病原性疾病

蜚蠊是全球性的卫生害虫之一，能携带传播多种致病菌、病毒，其分泌物还可能导致人体过敏，诱发哮喘等疾病，爬过的食品还可能引发细菌性食物中毒。蜚蠊作为常见的医学昆虫，近几年对蜚蠊的分子生物学研究日渐发展起来。朱临等用 16SrRNA 基因序列分析法对江苏 16 个口岸截获的输入性蜚蠊携带的细菌种类进行初步检测，通过对扩增产物进行序列分析、比对，从输入性蜚蠊中共分离鉴定出 15 个属的 23 种细菌。后来有学者通过 SDS-PACE 凝胶电泳和随机扩增多态性 DNA 技术成功获取了 3 种常见蜚蠊的可溶性蛋白质区带和 DNA 指纹图谱，对这 3 种常见蜚蠊的可溶性蛋白质和基因组 DNA 多态性进行分析研究，发现 3 种常见蜚蠊的可溶性蛋白质区带和 DNA 指纹图谱大部分相同仅存在较小差异。

此后，分子生物学用于日常生活中蜚蠊病原性疾病检测日益增多。国外学者 Kryinski 和 Heimseh 等运用 ELISA 方法进行沙门氏菌的检测。Tadasuke 等以大肠杆菌 0157 的 Stxl、Stx2 和 eae 为目的基因设计相应的特异性引物，使用多重 PC R 方法同时检测出目的基因。张世英等针对霍乱弧菌 NhaA 特异性基因设计特异性引物，进行了荧光定量 PCR 检测，收到了良好的检测效果，同时研发设计了霍乱弧菌荧光定量 PCR 诊断试剂盒。蜚镰病原性疾病分子生物学研究为控制相应传染病的发生和流行提供了理论依据。

（四）其他虫媒性疾病

近年来我国相继分离到 10 余种虫媒病毒，如基孔肯雅病毒、玛雅罗病毒、罗斯河病毒、西方马脑炎病毒、Cold 病毒等，除 XJ-160 病毒、YN87448 病毒完成了全基因组的核普酸序列测定外，其余病毒仅进行了部分核普酸序列的测定，因此还不能够了解病毒的全部基因组信息。

目前国际基因库收录的虫媒病毒的基因序列非常多，这些病毒对多种组织培养细胞产生致病性作用，特别是这些病毒与我国目前已发现的虫媒病毒如乙脑病毒、登革热病毒等无血清学交叉反应，因此推断可能是以前在我国并未发现的新病毒。由于这些病毒株的标本直接采自吸血昆虫或患者、病畜的血清（包括脑脊液），与人畜关系密切，这很可能是我国传染病的新病源，对我国流行病学研究具有重要意义。

三、分子生物学展望

（一）重视虫媒病的预防控制

全球环境处在不断变化的过程，环境变化不仅影响人类社会的生产生活，对公共卫生的影响也极其深远和广泛。一方面，环境变化直接影响媒介生物的时空分布，另外，媒介生物体内病原体的繁殖扩增也与环境有关。有资料显不，近年我国虫媒病流行势态正受环境变化的影响，虫媒生物的时空分布正发生显著变化并对人类健康造成了不同程度的威胁。因此，媒介生物及其传播疾病的控制显得尤为重要。加强虫媒生物及传染病的监测工作及综合研究，运用各种分子生物学技术及时掌握环境变化下传染病流行的新趋势、新动态，以便制定针对性的方针政策，形成有效的应对和适应环境变化的机制。

（二）完善分子分类鉴定技术

分子分类鉴定技术是近年来分子生物学领域研究的热点。随着分子生物学理论与技术的迅猛发展，不断开发出分析速度更快、成本更低、信息量更大的分子分类鉴定技术。但是，分子生物学技术应用于生物学研究较晚，生物核普酸序列信息有限，如何从浩瀚的 DNA 文库中挑选出对所研究类群的进化起关键作用的基因或 DNA 片段仍是一个难题。另外，不少用于系统树构建的软件，山于有许多不同的假设、不同的参数，使得同样的数据却得出不同的结论。因此，在许多条件未知的情况下，难以确定所研究类群系统发育树构建的最佳方法。

（三）加强虫媒病毒分子生物学研究

我国已分离到许多种类的虫媒病毒，但由于缺少标准的诊断血清，无法对一些新分离病毒进行血清学鉴定和分类。此后虽然开展了一些分子生物学的研究，但大多数仅停留在病毒核普酸同源性和系统发生树分析方面，缺乏对它们的重要结构和功能位点的研究，以致对病原微生物的致病性、流行性、变异性以及耐药性分析等问题未得到充分认识。深入开展新分离虫媒病毒的基础研究，充分掌握这些病毒结构及功能基因的遗传变异特征，为相关疾病的监测、诊断和防治提供理论基础。

（四）加大虫媒病毒诊断试剂的投入研发

我国地域辽阔，人口分布面积广，媒介昆虫种类繁多，存在多种虫媒病毒及相关疾病。目前，山于分子生物学新技术、标记免疫分析技术、生物传感器技术、流式细胞技术、自动化与信息技术的发展大多处于研究完善阶段，加之大多数虫媒病毒或虫媒病毒病缺少标准抗原或标准诊断血清，使得疾病诊断困难。加大虫媒病实验室研究成果的应用，加强虫媒病毒诊断试剂的开发研制非常重要。在总结国内外经验的基础上，完善现有的虫媒病毒诊断试剂并不断研制开发新的虫媒病毒分子生物学诊断试剂，从而使分子生物学技术研究成果更好地应用于疾病预防控制。

第三节 分子生物学发展简史

分子生物学的发展大致可分为三个阶段。

一、准备和酝酿阶段

19 世纪后期到 20 世纪 50 年代初，是现代分子生物学诞生的准备和酝酿阶段。在这一阶段产生了两点对生命本质的认识上的重大突破。

（一）确定了蛋白质是生命的主要物质基础。

19 世纪末 Buchner 兄弟证明酵母无细胞提取液能使糖发酵产生酒精，第一次提出酶（enzyme）的名称，酶是生物催化剂。20 世纪 20 至 40 年代提纯和结晶了一些酶（包括尿素酶、胃蛋白酶、胰蛋白酶、共同酶、细胞色素 C、肌动蛋白等），证明酶的本质是蛋白质。随后陆续发现生命的许多基本现象（物质代谢、能量代谢、消化、呼吸、运动等）都与酶和蛋白质相联系，可以用提纯的酶或蛋白质在体外实验中重复出来。在此期间对蛋白质结构的认识也有较大的进步。1902 年 EmilFisher 证明蛋白质结构是多肽；40 年代末，Sanger 创立二硝基氟苯（DNFB）法、Edman 发展异硫氰酸苯酯法分析肽链 N 端氨基酸；1953 年 Sanger 和 Thompson 完成了第一个多肽分子——胰岛素 A 链和 B 链的氨基酸全序列分析。由于结晶 X-线衍射分析技术的发展，1950 年 Pauling 和 Corey 提出了 α-角蛋白的 α-螺旋结构模型。所以在这阶段对蛋白质一级结构和空间结构都有了认识。

（二）确定了生物遗传的物质是 DNA

虽然 1868 年 F.Miescher 就发现了核素（nuclein），但是在此后的半个多世纪中并未引起重视。20 世纪 20 至 30 年代已确认了自然界有 DNA 和 RNA 两类核酸，并阐明了核苷酸的组成。由于当时对核苷酸和碱基的定量分析不够精确，得出 DNA 中 A、G、C、T 含量是大致相等的结果，因而间长期认为 DNA 结构只有"四核苷酸"单位的重复，不具有多样性，不能携带更多的信息，当时对携带遗传信息的候选分子更多的是考虑蛋白质。40 年代以后的实验事实使人们对核酸的功能和结构两方面的认识都有了长足的进步。1944 年 O.T.Avery 等证明了肺炎球菌转化因子是 DNA；1952 年 S.Furbery 等的 X-线衍射分析阐明了核苷酸并非平面的空间构象，提出了 DNA 是螺旋结构；1948—1953 年 Chargaff 等用新的层析和电泳技术分析组成 DNA 的碱基和核苷酸量，积累了大量的数据，提出了 DNA 碱基组成 A=T、G=C 的 Chargaff 规则，为碱基酸对的 DNA 结构认识打下了基础。

二、现代分子生物学的建立和发展阶段

这一阶段是从 50 年代初到 70 年代初，以 1953 年 Watson 和 Crick 提出的 DNA 双螺旋结构模型作为现代分子生物学诞生的里程碑开创了分子遗传学基本理论建立和发展的黄金。DNA 双螺旋发现的最深刻意义在于：确立了核酸作为信息分子的结构基础；提出碱基配对是核酸复制、遗传信息传递的基本方式；从而最后确定了核酸是遗传的物质基础，为认识核酸与蛋白质的关系及其生命中的作用打下了最重要的基础。在此期间的主要进展包括：

（一）遗传信息传递中心法则的建立

在发现 DNA 双螺旋结构同时，Watson 和 Crick 就提出 DNA 复制的可能模型。其后在 1956 年 A.Kornbery 首先发现 DNA 聚合酶；1958 年 Meselson 及 Stahl 同位素标记和超速离心分离实验为 DNA 半保留模型提出了证明；1968 年 Okazaki（冈畸）提出 DNA 不连续复制模型；1972 年证实了 DNA 复制开始需要 RNA 作为引物；70 年代初获得 DNA 拓扑异构酶，并对真核 DNA 聚合酶特性做了分析研究；这些都逐渐完善了对 DNA 复制机理的认识。

在研究 DNA 复制将遗传信息传给子代的同时，提出了 RNA 在遗传信息传到蛋白质过程中起着中介作用的假说。1958 年 Weiss 及 Hurwitz 等发现依赖于 DNA 的 RNA 聚合酶；1961 年 Hall 和 Spiege-lman 用 RNA-DNA 杂增色证明 mRNA 与 DNA 序列互补；逐步阐明了 RNA 转录合成的机理。

在此同时认识到蛋白质是接受 RNA 的遗传信息而合成的。50 年代初 Zamecnik 等在

形态学和分离的亚细胞组分实验中已发现微粒体(microsome)是细胞内蛋白质合成的部位；1957 年 Hoagland、Zamecnik 及 Stephenson 等分离出 tRNA 并对它们在合成蛋白质中转运氨基酸的功能提出了假设；1961 年 Brenner 及 Gross 等观察了在蛋白质合成过程中 mRNA 与核糖体的结合；1965 年 Holley 首次测出了酵母丙氨酸 tRNA 的一级结构；特别是在 60 年代 Nirenberg、Ochoa 以及 Khorana 等几组科学家的共同努力破译了 RNA 上编码合成蛋白质的遗传密码，随后研究表明这套遗传密码在生物界具有通用性，从而认识了蛋白质翻译合成的基本过程。

上述重要发现共同建立了以中心法则为基础的分子遗传学基本理论体系。1970 年 Temin 和 Baltimore 又同时从鸡肉瘤病毒颗粒中发现以 RNA 为模板合成 DNA 的反转录酶，又进一步补充和完善了遗传信息传递的中心法则。

（二）对蛋白质结构与功能的进一步认识

1956—58 年 Anfinsen 和 White 根据对酶蛋白的变性和复性实验，提出蛋白质的三维空间结构是由其氨基酸序列来确定的。1958 年 Ingram 证明正常的血红蛋白与镰刀状细胞溶血症病人的血红蛋白之间，亚基的肽链上仅有一个氨基酸残基的差别，使人们对蛋白质一级结构影响功能有了深刻的印象。与此同时，对蛋白质研究的手段也有改进，1969 年 Weber 开始应用 SDS- 聚丙烯酰胺凝胶电泳测定蛋白质分子量；19 世纪 60 年代先后分析得血红蛋白、核糖核酸酶 A 等一批蛋白质的一级结构；1973 年氨基酸序列自动测定仪问世。中国科学家在 1965 年人工合成了牛胰岛素；在 1973 年用 1.8AX- 线衍射分析法测定了牛胰岛素的空间结构，为认识蛋白质的结构做出了重要贡献。

三、初步认识生命本质并开始改造生命的深入发展阶段

70 年代后，以基因工程技术的出现作为新的里程碑，标志着人类认识生命本质并能主动改造生命的新时期开始。其间的重大成就包括：

（一）重组 DNA 技术的建立和发展

分子生物学理论和技术发展的积累使得基因工程技术的出现成为必然。1967—1970 年 R.Yuan 和 H.O.Smith 等发现的限制性核酸内切酶为基因工程提供了有力的工具；1972 年 Bery 等将 SV-40 病毒 DNA 与噬菌体 P22DNA 在体外重组成功，转化大肠杆菌，使本来在真核功能中合成的蛋白质能在细菌中合成，打破了种属界限；1977 年 Boyer 等首先将人工合成的生长激素释放抑制因子 14 肽的基因重组入质粒，成功地在大肠杆菌中合成得到这 14 肽；1978 年 Itakura（板仓）等使人生长激素 191 肽在大肠杆菌中表达成功；1979 年美国基因技术公司用人工合成的人胰岛素基因重组转入大肠杆菌中合成人胰岛素。至今我国已有人干扰素、人白介素 2、人集落刺激因子、重组人乙型肝炎病毒为疫苗、基因工程幼畜腹泻疫苗等多种基因工程药物和疫苗进入生产或临床试用，世界上还有几百种基因

工程药物及其他基因工程产品在研制中，成为当今农业和医药业发展的重要方向，将对医学和工农业发展做出新贡献。

转基因动植物和基因剔除植物的成功是基因工程技术发展的结果。1982 年 Palmiter 等将克隆的生长激素基因导入小鼠受精卵细胞核内，培育得到比原小鼠个体大几倍的"巨鼠"，激起了人们创造优良品家畜的热情。我国水生生物研究所将生长激素基因转入鱼受精卵，得到的转基因鱼的生长显著加快、个体增大；转基因猪也正在研制中。用转基因动物还能获取治疗人类疾病的重要蛋白质，导入了凝血因子 IX 基因的转基因绵羊分泌的乳汁中含有丰富的凝血因子 IX，能有效地用于血友病的治疗。在转基因植物方面，1994 年能比普通西红柿保鲜时间更长的转基因西红柿投放市场。1996 年转基因玉米、转基因大豆相继投入商品生产，美国最早研制得到抗虫棉花，我国科学家将自己发现的蛋白酶抑制剂基因转入棉花获得抗棉铃虫的棉花株。到 1996 年全世界已有 25 万公顷土地种植转基因植物。

基因诊断与基因治疗是基因工程在医学领域发展的一个重要方面。1991 年美国向一患先天性免疫缺陷病（遗传性腺苷脱氨酶 ADA 基因缺陷）的女孩体内导入重组的 ADA 基因。获得成功。我国也在 1994 年用导入人凝血因子 IX 基因的方法成功治疗了乙型血友病的患者。在我国用作基因诊断的试剂盒已有近百种之多。基因诊断和基因治疗正在发展之中。

这时期基因工程的迅速进步得益于许多分子生物学新技术的不断涌现。包括：核酸的化学合成从手工发展到全自动合成。1975—1977 年 Sanger、Maxam 和 Gilbert 先后发明了三种 DNA 序列的快速测定法；90 年代全自动核酸序列测定仪的问世；1985 年 Cetus 公司 Mullis 等发明的聚合酶链式反应（PCR）的特定核酸序列扩增技术，更以其高灵敏度和特异性被广泛应用、对分子生物学的发展起到重大的推动作用。

（二）基因组研究的发展

目前分子生物学已经从研究单个基因发展到研究生物整个基因组的结构与功能。1977 年 Sanger 测定了 ΦX174-DNA 全部 5 375 个核苷酸的序列；1978 年 fiers 等测出 SV-40DNA 全部 5 224 对碱基序列；80 年代入噬菌体 DNA 合部 48 502 碱基对的序列全部测出；一些小的病毒包括乙型肝炎病毒、艾滋病毒等基因组的全序列也陆续被测定；1996 年底许多科学家共同努力测出了大肠杆菌基因组 DNA 的全序列长 4×10^6 碱基对。测定整个生物基因组核酸的全序列无疑对理解这一生物的生命信息及其功能有极大的意义。1990 年人类基因组计划（human genome projiect）开始实施，这是生命科学领域有史以来全球性最庞大的研究计划，将在 2005 年时测定出人基因组全部 DNA3×10^9 碱基对的序列、确定人类约 5 万~10 万个基因的一级结构，这将使人类能够更好掌握自己的命运。

1. 单克隆抗体及基因工程抗体的建立和发展

1975 年 Kohler 和 Milstein 首次用 B 淋巴细胞杂交瘤技术制备出单克隆以来，人们利用这一细胞工程技术研制出多种单克隆抗体，为许多疾病的诊断和治疗提供有效的手段。80 年代以后随着基因工程抗体技术相继出现的单域抗体、单链抗体、嵌合抗体、重构抗体、双功能抗体等为广泛和有效的应用单克隆抗体提供了广阔的前景。

2. 基因表达调控机理

分子遗传学基本理论建立者 Jacob 和 Monod 最早提出的操纵元学说打开了人类认识基因表达调控的窗口，在分子遗传学基本理论建立的 60 年代，人们主要认识原核生物基因表达调控的一些规律，70 年代以后才逐渐认识了真核基因组结构和调控的复杂性。1977 年最先发现猴 SV40 病毒和腺病毒中编码蛋白质的基因序列是不连续的，这种基因内部的间隔区（内含子）在真核基因组中是普遍存在的，揭开了认识真核基因组结构和调控的序幕。1981 年 Cech 等发现四膜虫 rRNA 的自我剪接，从而发现核（ribozyme）。八九十年代，使人们逐步认识到真核基因的顺式调控元件与反式转录因子、参与蛋白质间的分子识别与相互作用是基因表达调控根本所在。

3. 细胞信号转导机理研究成为新的前沿领域

细胞信号转导机理的研究可以追述至 50 年代。Sutherland1957 年发现 cDNA、1965 年提出第二信使学说，是人们认识受体介导和细胞信号转导的第一个里程碑。1977 年 Ross 等用重组实验证实 G 蛋白的存在和功能，将 G 蛋白与腺苷酸环化酶的作用相联系起来，深化了对 G 蛋白偶联信号转导途径的认识。70 年代中期以后，癌基因和抑癌基因的发现、蛋白酪氨酸激酶的发现及其结构与功能的深入研究、各种受体蛋白基因的克隆和结构功能的探索等，使近 10 年来细胞信号转导的研究更有了长足的进步。目前，对于某些细胞中的一些信号转导途径已经有了初步的认识，尤其是在免疫活性细胞对抗原的识别及其活化信号的传递途径方面和细胞增殖控制方面等形成了一些基本的概念，当然要达到最终目标还需相当长时间的努力。

以上简要介绍了分子生物学的发展过程，可以看到在近半个世纪中它是生命科学范围发展最为迅速的一个前沿领域，推动着整个生命科学的发展。至今分子生物学仍在迅速发展中，新成果、新技术不断涌现，这也从另一方面说明分子生物学发展还处在初级阶段。分子生物学已建立的基本规律给人们认识生命的本质拽出了光明的前景，分子生物学的历史还短，积累的资料还不够，例如：在地球上千姿百态的生物携带庞大的生命信息，迄今人类所了解的只是极少的一部位，还未认识核酸、蛋白质组成生命的许多基本规律；又如即使到 2005 年我们已经获得人类基因组 DNA 3×10^9 bp 的全序列，确定了人的 5 万~10 万个基因的一级结构，但是要彻底搞清楚这些基因产物的功能、调控、基因间的相互关系和协调，要理解 80% 以上不为蛋白质编码的序列的作用等，都还要经历漫长的研究道路。可以说分子生物学的发展前景光辉灿烂，道路还会艰难曲折。

四、分子生物学与基因工程

21世纪已悄然来临。世纪之初，回顾过去一个世纪的科技发展，我们欣喜地看到，20世纪是人类取得辉煌成就的世纪，创造奇迹的世纪，值得自豪的世纪。原子大门的开启，使人类深入到微观世界，发现了核裂变与核聚变，找到了新能源；电子计算机的诞生，迎来了信息革命，使产业经济逐步走向知识经济；宇航技术的发展，使各类卫星和宇宙飞船遨游太空，极大地改变了人类的工作和生活方式；遗传密码的破译，使人类揭开了生命之谜，踏上了按自己意愿创造新物种的新征途，凡此种种，数不胜数。有人说，就其对人类的解放而言，应首推电子计算机的发明与应用。在我看来，分子生物学与基因工程毫不逊色，也是科技百花园中一枝瑰丽的奇葩：分子生物学是一门继往开来的科学，具有旺盛的生命力；基因工程对推动人类社会的文明与进步举足轻重，不仅为解决当今全球性问题带来了希望，而且孕育和爆发了一场新的产业革命，生物工业将成为21世纪的新兴产业之一。

（一）分子生物学和基因工程的产生及其发展趋势

细胞学说、进化论、能量守恒与转化定律被誉为19世纪自然科学的三大发现，由此可见19世纪生物学所取得的重大进展。历史的车轮进入20世纪以后，生物学又在前人成就的基础上向更深层次进军。世纪之初，就抓住了基因这个当时还看不见摸不着的要素，致力于它的本质以及遗传物质精细结构、运动规律、遗传机制等重大问题的研究，取得了向微观世界进军的节节胜利。经过长期艰难曲折的探索，沃森和克里克于1953年建立了DNA双螺旋结构模型，揭示了DNA.RNA和蛋白质的组成、结构、功能以及它们在复制、转录、翻译和信息传递等遗传活动中的分工与高度协作机制。这是20世纪最伟大的发现之一。1961年，尼伦伯格和马太开始遗传密码的破译工作，得到世界各国科学家的响应，至1969年64种遗传密码全被测出，编制了遗传密码表，通过密码子的排列组合表达成千上万的遗传信息，其意义可与化学元素周期表相比拟。进一步的研究发现遗传密码代表着生命现象所必备的起码条件，体现了生命世界的高度统一性。在遗传学中．由DNA→RNA→蛋白质的信息传递过程称为"中心法则"经过沃森、克里克、雅可布、莫洛、特明等人先后十几年的努力，终于在1970年获得了中心法则的较完整的物理图像。

这两项成就给生物学带来了革命性的突破，是分子生物学诞生的重要标志从此，生物学走进了定量的、分子水平的阶段，并取得了一系列始料未及的科学成就。其中最重要的可能是DNA重组技术，对人类社会的文明与进步，具有不可估量的推动作用。

DNA重组技术又称为基因工程，是生物技术的基础和核心。它的产生是从人工合成基因开始的。分子生物学诞生后不久，世界各国相继在人工合成基因上取得一系列突破。1956年，关国人工合成RAI和DNA；1965年，中国在世界上首次人工合成蛋白质—牛胰岛素；1970年关国人工合成DNA；中国相继于1979和1981年人工合成RNA和由76个核普酸组成的酵母丙氨酸转移核糖核酸；1982年，洪国藩提出一种对DNA分子结构的非随机测定法，是核酸研究领域的一项重大进展；1984 年，日本在高温高压下合成球蛋白，对揭示生命起源和研究球外生命具有重要意义。70 年代以来，科学家们相继发现了一些能够切割和连接 DNA 分子的酶，由此可把一种生物体的某个基因缝在合适的载体上，转换到另一种生物体内，使下一代表现出某种新的遗传特性，从而创造出新的生物物种。不仅可以打破种属界限，而且可以打破种间界限。这是人类征服自然能力的一次巨大飞跃。从此，人类步入了按自己需要创造新物种的时代。

另一方面，遗传密码的破译，还使人类在分子水平上对生命起源这个困扰人类数千年的重大难题有了本质的认识。1990 年启动的重大国际合作项目—人类基因组计划（HGP）的宏大任务就是力图建立生命的遗传图谱和物理图谱，通过 DNA 顺序测定和基因识别从整体上破译人类遗传信息。据估计，该计划将于 2004 年左右完成。届时，人类将完全弄清自己染色体内所含的、承载人类遗传密码的 30 亿个碱基对的排列顺序。它不仅对 21 世纪的分子医学具有重大意义，而且将推动整个生命科学的蓬勃发展。

20 世纪基因工程中最具革命意义的事件也许要算哺乳动物的"克隆"。1997 年 2 月，英国爱丁堡罗林斯研究所的维尔穆特向世界宣布，他们利用成年羊的体细胞克隆出来的小羊"多莉"已经 7 个月了，使世界为之震惊。1998 年 7 月日本和关国的科研人员相继宣称已成功地克隆出 2 只小牛犊和 3 代 50 只老鼠。这些成就，在实验技术上跨越了过去认为是"不可逾越"的障碍。科学家们乐观地预言：从成年人的组织中克隆人已经为期不远了。甚至人人公开表示，争取今后每年制造 100～500 个克隆人。20 世纪的生命科学和生物技术已经达到了前所未有的境界，而这些成就主要得益于分子生物学。

生命之谜的探索是没有止境的。在 21 世纪中，分子生物学和基因工程必将在深度和广度上不断延伸。它与现代数学、物理、化学、计算机技术的交叉渗透，将为科学家们提供广阔的研究空间。生物结构之复杂灵巧；它们在新陈代谢活动中的高度组织性和协调性；许多动物在感觉、思维、学习、记忆、导航、计算功能上表现出的灵敏性、快速性、高效性、可靠性和抗干扰性；令许多科学家惊叹不已。螳螂在捕捉小昆虫时做出的计算和判断的快速性与准确性使现代电子上系统相形见绌；蝙蝠在夜间的捕食导航能力使红外系统显得无能为力。那么，蛋白质分子是否与记忆分子有关？这将是未来生物学要阐明的问题。人类如何模仿生物系统的优良性能设计工程技术系统？如模仿昆虫的嗅觉器官，研制灵敏的气体分析仪；模仿动植物的特殊性能开发具有生物功能的纤维制品；模仿人脑神经元的结构及功能研制具有逻辑推理能力的神经网络计算机等，将带来更新的技术革命。有很多设想，已在 20 世纪变为现实，而更多的构想为新世纪的科学家们提供了机遇与挑战。

分子生物学和基因工程这朵关丽的鲜花，昨天含苞欲放，今天灿烂芬芳，明天将更加绚丽辉煌。科学家们预言，21 世纪将是生物学的世纪。

（二）基因工程与人类社会的文明进步

目前，世界各国都把可持续发展摆到了重要的战略位置上。其核心问题在于人类和她所赖以生存的生态系统如何实现和谐相处、平衡协同。20世纪的科技进步，把人类文明推进到了一个前所未有的新高度，同时也带来了一系列棘手的社会问题。当前国际社会已普遍认识到：人口爆炸、资源短缺、环境恶化是严重威胁人类社会可持续发展的三大全球性问题。当人类带着文明、进步和那些尚未解决的重大科技问题跨入新世纪的同时，这些严峻的挑战也和我们一起进入了新世纪。在分子生物学基础上发展起来的基因工程，给这些问题的解决带来了希望。

基因工程与人口急增问题：由于粮食紧缺，当今世界上已有13至14亿人处于严重饥饿状态。人口急增，加剧了耕地危机：住房和建设用地增长使耕地面积减少，无节制的开发和破坏性的耕作，加速了土地退化和荒漠化速度；人口急增，工业扩展，污染加剧，环境恶化；人口急增，能源、水资源危机日益突出；人口急增，就业压力增大，失业率上升，犯罪率高，严重影响社会安定。应用基因工程可培育高产性状综合良种，缓解粮食危机。据报道，美国已将仙人掌基因移入小麦、玉米、大豆，设计出需水量少的谷类作物；欧共体已用DNA重组技术培育适应贫瘠土壤生长的谷类作物；把固氮基因转移到谷类植物根部，可使植株成为一个小小的"化肥厂"，不仅可以降低成本，减少化肥的工业生产，缓解环境污染，而且可以提高农作物产量；也有人把菜豆和向日葵的基因重组培养"向日豆"；还有正努力培养多年生的玉米树。基因工程在解决肉类食品短缺方面也可大显身手。运用基因技术可加速禽畜生长，提高奶、肉的产量和质量。人工生产的鸡卵清蛋白，已投放市场。人们还力图将牛的瘤胃中的细菌分解纤维基因转移人的肠胃中，以减少食物需求量。尽管有些技术目前尚处于实验阶段，但其重大作用不久将显示出来。

（三）基因工程与资源

20世纪的物质文明是以能源的巨大消耗为代价的。据估计，近一个世纪中，人类消耗的能源比过去一万年的总和还要多。石油、天然气、煤等不可再生资源的蕴藏量和可开采量已趋于枯竭。这对本就处于危机之中的森林资源无疑雪上加霜。森林资源的消失加剧，必将引起其他生物资源危机，生态严重破坏，导致水土流失、土地沙漠化、气候异常、水旱灾害频繁等严重后果。人们把核能作为解决能源矛盾的出路，无疑是十分重要的。令人欣喜的是基因工程在缓解能源矛盾上也能派上用场。组建工程菌实施三次采油可大力提高原油开采率。1981年美国用这一技术多得原油2 000万桶，价值6亿美元。地球上绿色植物吸收太阳能一年积累的生物量是一个极其丰富的再生能源，可用发酵工程把它们变成燃料酒精或沼气。1982年美国利用生物量生产2亿加伦燃料酒精。1983年巴西利用糖蜜、淀粉生产了近1 000亿加伦酒精。在某些生产过程（如化学工业）中使用基因技术，可极大地降低能源消耗。

（四）基因工程与环境

20世纪工业化进程的加速，使大气污染、水污染、温室效应、臭氧层破坏、酸雨等重大环境问题越来越突出。基因工程可从下述三条途径有效地解决环境污染问题。其一，创造新菌种，使它们吃进各种废水、废气、废渣中的污染物质，吐出可供人畜食用的蛋白质、脂肪、糖类等。其二，生产不污染环境的农药、杀虫剂等。1987年，我国已开始在工厂中批量生产这类生物杀虫剂。其三，使用生物固氮技术可减少化肥、农药等相关工业生产对环境的污染。

（五）基因工程与癌症和遗传病

基因工程将在根治癌症和人类遗传疾病上大显身手。通过DNA重组技术，可以像换零件一样地调换人体内的不正常基因，从根本上治愈遗传病。1971年已在半乳糖血症、高精氨酸血症的治疗上取得良好效果。1985年，关国用基因移植法试验治疗莱克—奈汉综合征获得初步成功，开创了基因疗法新纪元。1987年，关国批准使用由基因生产出的溶解凝块的药物，每年可挽救成千上万心脏病患者的生命。艾滋病，被人们称为"世纪之魔"。1987年，日本发现了对艾滋病有抑制作用的蛋白质，在人类征服"黑色瘟疫"的战役中燃起了一丝星星之火。

（六）基因工程与产业革命

基因工程不仅能应用于传统工业，以降低消耗、提高产量、减少污染，例如，化学工业中的生物催化、石油工业中的工程菌采油、冶金工业中的细菌冶金等，而且导致了一些新型产业的诞生，使生物工业成为现代产业革命的重要组成部分。已获得巨大效益的是生物医药工业和生物食品（氨基酸）工业。生长激素释放因子器、胰岛素、人生长激素、乙肝疫苗、干扰素等已不需用动物体细胞培养，而用基因方法人工合成并在工厂批量生产，效益十分惊人。在食品工业方而，利用微生物发酵技术生产氨基酸可使产量成倍增长。用基因工程方法生产的马丁糖蛋白，甜度是蔗糖的10万倍。生物工业已在现代产业中占有重要地位。据统计，世界上已有50多个国家拥有生物产业。美、日、英等发达国家在生物工业上的投资数口可观。据估计，当今世界应用生物技术所获得的产品已超过160种。科学家们断言，21世纪必将是生物工业大发展的世纪。

与信息产业一样，生物产业也是知识密集型产业，属知识经济的范畴。因此，生物技术也是知识经济的重要资源和生产要素。在信息产业中，生物技术大有用武之地。据分析，如果能模仿核酸记录遗传密码的能力，当今世界上所有的图书内容将可记载在黄豆粒大小的"图书馆"内。分子生物学和基因技术的发展还将不断地为计算机技术提供宝贵的借鉴。科学家们不是正在研制"生物芯片"以代替硅芯片吗？一旦人类解开有脑存储、加工、传递信息的秘密，就可能为智能机的研制带来福音。这一口的一经达到，人类科技将产生一次更大规模的革命，人类文明将被推进到一个更新的高度。

第四节　生物学革命的诱因分析

20 世纪，生物学取得了长足进展：诞生了新学科—分子生物学；产生了新技术—DNA 重组技术；形成了新产业—生物产业。对工农业、畜牧业、医药卫生事业乃至整个人类社会产生了广泛而又深刻的影响。20 世纪生物学革命的产生有着极为深刻的社会、历史和文化背景。对这一问题的深入分析与探讨，无疑将为新世纪的科技创新活动带来有益的借鉴和重要的启示。

一、科学家们的献身精神与创造性探索活动

两千多年前，庄子曾表达过"原天地之关，而达万物之理"的愿望。先哲们还断言："物含妙理总堪寻"。隽永的哲理，道出了科学探索的口标和艰辛。多姿多彩的生物世界，其理何在？成千上万的科学家为寻求这万物之理耗尽了青春和热血。一个看似简单的问题："人从何处来？"却是如此难以回答。寻根问底，生命起源成为困扰人类的千古之谜。许多科学家穷毕生之精力，志在揭示其谜底。科学家们对生命之谜表现出如此强烈的兴趣与爱好，也许在于人作为自然界最高级的生物，首先必须彻底地了解和认识自己，才能更好地认识和改造自然。因而，弄清遗传，变异、进化和生命起源等重大问题就成为必要的了。

实验与假说是探索生命之谜的两个相互联系、相互促进的重要方而。奥地利业余生物学家孟德尔，从 1856 年起进行了长达 8 年的豌豆杂交实验，发现了两条遗传定律，提出了基因假说。1882 年，弗莱明等人在实验中相继发现了细胞核内染色体的有 L 分裂和减数分裂，揭示了基因与染色体的相似行为。萨通等人 1904 年及时地提出了染色体假说而圆满地阐述了孟德尔定律，但染色体数和遗传特征数之间的巨大差异仍是一个未解之谜。摩尔根等人通过对果蝇的杂交实验，不仅证实了染色体是遗传的主要物质基础，而且发现了基因的连锁和交换现象，解释了上述疑难。可见，实验是发展新理论的基础，理性的假说则透过千变万化的实验现象，抓住了共同本质。实验和理论提出的差异和矛盾，就像漫漫长路上依稀可辨的路标。

由于实验条件和科学整体水平的限制，古典遗传学对基因的研究还停留在染色体水平上，未能进入到分子层次。但是，摩尔根学派预言"基因代表着一个有机化学实体"，指出基因的大小和大型有机分子接近。这就为古典遗传学向分子生物学的发展指出了方向。

二、学科交叉渗透与科学整体化趋向

分子生物学是多学科结合的产物，集体智慧的结晶。在遗传学探索基因的同时，生物化学家们静心地研究着蛋白质、核酸的组成与化学结构。查哥夫和托德驱散了笼罩在核酸

结构上的迷雾，为 DNA 模型的建立打下了基础；结构学派的先驱们创造了简便有效的 X 射线衍射分析技术，获得了蛋白质、核酸的几何结构和物理图像，为 DNA 模型的建立提供了依据；遗传信息学派从量子力学、统计物理中吸取营养，证明了 DNA 是遗传信息的载体；遗传生化学派通过对遗传病的深入研究，把基因和酶拉到一起来了，确立了"基因通过控制特定蛋白质的产生来控制细胞代谢"这一原理。到 1952 年，各个学派均在自己的领域中取得了一系列重大进展，为分子生物学的诞生做好了充分准备。然而，长期以来，这些学派的研究工作是彼此独立地进行的。DNA 的空间结构怎样，如何控制蛋白质的合成，如何携带和传递遗传信息等尚不清楚。50 年代，在科学整体化趋势影响下，许多科学家力图把各个学派的工作结合起来。正是各学科的交叉渗透，带来了 DNA 双螺旋结构模型的建立、遗传密码的破译、遗传中心法则的确立等一系列重大突破而宣告了分子遗传学的诞生。它一诞生就超出了遗传学的范围，引起一系列链锁式反应，使分子水平的研究迅速扩展到整个生物学。另一方面，又迅速应用到工程技术领域，兴起了以基因工程为核心的新兴生物技术。

前期的艰苦探索犹如十月怀胎，战后物理学、化学、信息论等思想和方法加速向生物学渗透，各遗传学派研究成果融会贯通，促进了分子生物学的一朝分娩。学科间的交叉渗透好比催化剂，对分子生物学的诞生催生助产。

三、遗传学研究热潮的兴起和物理学家的弄潮作用

遗传学所取得的革命性突破，和 20 世纪所掀起的遗传学研究热潮密切相关。19 世纪中期，由于达尔文进化论的巨大影响，生物学界有重进化轻遗传的偏向，致使孟德尔的成果被埋没 35 年之久。1900 年被重新发现后，即刻兴起了古典遗传学研究的热潮。此后不久，核酸研究的进展又给遗传学带来了新的转机。当人们认识到核酸是基因的载体、可能指导蛋白质的合成时，遗传学再次成为一个最活跃、最热门的领域。

遗传学研究热潮的兴起，可能与下述三方面因素有关。其一，它所面临的问题富有吸引力和挑战性。生物是怎样遗传的？有无规律可循？遗传的本质是什么？等等。都是长期困扰人类而又极富挑战性的课题，对科学家们具有强大的吸引力。其二，学科的发展具有广阔的前景，科学家们能在该领域有所作为、有所创造、有所前进。事实上，基因、蛋白质、酶等生物大分子的结构、本质特征及其在生命活动中的作用机制等始终都是极富意义的问题。直至今天，仍是一个极其活跃的研究领域。特别是分形理论和混沌理论成为科学家们的热门话题以来，蛋白质和酶催化中的分形结构、分形维数以及它们在运动变化中的混沌特征等的研究经久不衰，DNA 的全能性、生物分型外显性、生物分型元、核酸分维与分子进化等新概念不断涌现。其三，物理学家的弄潮作用。物理学之所以能加速向生物学渗透，从信息角度研究遗传之谜之所以能成为一个学派，与著名物理学家的卷入不无关系。1932 年，玻尔在题为《生命和光》的演讲中主张生物学必须采用新概念与新方法才能上升到更

高水平。

玻尔的学生德尔布吕克深受其思想的影响，放弃了铀原子裂变研究，把兴趣转向生物学。他与卢里亚、赫尔希组成了闻名世界的噬菌体小组，沃森就曾是该小组的成员。赫尔希等人于1952年所做的噬菌体实验再次证明了DNA是遗传信息的载体。关国分子生物学家斯坦特在评价该实验的重要性时说："从这个实验中得到的知识对沃森和克里克在几个月之内做出分子结构模型来，也许是最重要的刺激因素之特别值得称颂的是量子力学创始人之一的薛定谔于1944年出版的《生命是什么》一书，把量子论和信息论引入生物学。他力图把量子力学、热力学和生物学结合起来阐述生命的本质。薛定谔的影响，不仅在于他提出了一系列新概念、新见解，对生命活动的维持、延续、遗传、变异等极富意义，而且在于他的书对科学家所产生的强大吸引力，使一大批优秀物理学家转向生物学领域，致力于生命本质的研究。沃森还在上大学时，就被《生命是什么》迷住了。克里克受到该书的巨大影响而由物理学转向生物学。正是他们二人激动人心的和卓有成效的合作，揭开了现代生物学的新篇章。薛定谔对生物学革命的推波助澜功不可灭。有人盛赞他吹响了生物学革命的号角，称赞他的书是"唤起生物学革命的小册子"。

四、社会思潮与社会制度

分子生物学和基因工程的产生是一个历史过程，导致这一重大成就的诱因是多方面的。除历史、文化方面的因素外，还与社会思潮、社会制度等方面的影响有关。动荡的社会阻碍科技发展，安定的环境促进科技创新。分子遗传学的主要成就均诞生于关国，正是关国在两次世界大战中远离战火骚扰，且制定了一系列有利于科技发展的政策，吸引了一大批欧洲国家和其他一些国家的优秀科学家之故。20世纪70年代末至80年代初中国在人工合成蛋白质和核酸研究领域取得重大进展，与1978年以后所形成的崇尚科学、尊重人才的风尚休戚相关。可以设想，如果分子生物学和基因工程等领域所取得的重大成就不能得到社会肯定和政府重视，研究工作者们不能赢得社会尊重，那么，它是不可能产生如此深远而又广阔的影响的。据文献称，七八十年代，关国曾一度有"一流科学家搞数理、二流科学家搞化学、三流科学家搞生物"的思潮，这对科技发展是极其不利的，也是与21世纪生物学所取得的成就格格不入的。

第五节　分子生物学与其他学科的关系

分子生物学是由生物化学、生物物理学、遗传学、微生物学、细胞学、以蘯信息科学等多学科相互渗透、综合融会而产生并发展起来的，凝聚了不同专长的科学家的共同努力。它虽产生于上述各个学科，但已形成它独特的理论体系和研究手段，成为一个独立的学科。

生物化学与分子生物学关系最为密切。两者同在我国教委和科委颁布的一个二级学科中，称为"生物化学与分子生物学"，但两者还是区别的。生物化学是从化学角度研究生命现象的科学，它着重研究生物体内各种生物分子的结构、转变与新陈代谢。传统生物化学的中心内容是代谢，包括糖、脂类、氨基酸、核苷酸以及能量代谢等与生理功能的联系。分子生物学则着重阐明生命的本质——主要研究生物大分子核酸与蛋白质的结构与功能、生命信息的传递和调控。国际生物化学学会和中国生物化学学会现均已改名为国际生物化学与分子生物学学会和中国生物化学与分子生物学学会。

细胞生物学与分子生物学关系也十分密切。传统的细胞生物学主要研究细胞和亚细胞器的形态、结构与功能。细胞作为生物体基本的构成单位是由许多分子组成的复杂体系，光学显微镜和电子显微镜下所见到的规则结构是各种分子有序结合而形成的。探讨组成细胞的分子结构比单纯观察大体结构能更加深入认识细胞的结构与功能，因此现代细胞生物学的发展越来越多地应用分子生物学的理论和方法。分子生物学则是从研究各个生物大分子的结构入手，但各个分子不能孤立发挥作用，生命绝非组成万分的随意加入或混合，分子生物学还需要进一步研究各生物分子间的高层次组织和相互作用，尤其是细胞整体反应的分子机理。这在某种程度上是向细胞生物学的靠拢。分子细胞学或细胞分子生物学就因此而产生，成为人们认识生命的基础。

由于分子生物学涉及认识生命的本质，它也就自然广泛地渗透到医学各学科领域中，成为现代医学重要的基础。在医学各个学科中，包括生理学、微生理学、免疫学、病理学、药理学以及临床各学科分子生物学都正在广泛地形成交叉与渗透，形成了一些交叉学科，如分子免疫学、分子病毒学、分子病理学和分子药理学等，大大促进了医学的发展。

第四章 蛋白质化学

蛋白质（Protein）是生物体的基本组成成分。在人体内蛋白质的含量很多，约占人体固体成分的 45%，它的分布很广，几乎所有的器官组织都含蛋白质，并且它又与所有的生命活动密切联系。例如，机体新陈代谢过程中的一系列化学反应几乎都依赖于生物催化剂—酶的作用，而本科的质就是蛋白质；调节物质代谢的激素有许多也是蛋白质或它的衍生物；其他诸如肌肉的收缩，血液的凝固，免疫功能，组织修复以及生长、繁殖等主要功能无一不与蛋白质相关。近代分子生物学的研究表明，蛋白质在遗传信息的控制、细胞膜的通透性、神经冲动的发生和传导以及高等动物的记忆等方面都起着重要的作用。

第一节 蛋白质分子

一、蛋白质的元素组成

单纯蛋白质的元素组成为碳 50%～55%、氢 6%～7%、氧 19%～24%、氮 13%～19%，除此之外还有硫 0～4%。有的蛋白质含有磷、碘。少数含铁、铜、锌、锰、钴、钼等金属元素。

各种蛋白质的含氮量很接近，平均为 16%。由于体内组织的主要含氮物是蛋白质，因此，只要测定生物样品中的氮含量，就可以按下式推算出蛋白质大致含量。

二、蛋白质的基本组成单位——氨基酸

蛋白质可以受酸、碱或酶的作用而水解。例如，一种单纯蛋白质用 6N 盐酸在真空下 110℃水解约 16 h，可达到完全水解（酸水解的条件下，色氨酸、酪氨酸易被破坏）。利用层析等手段分析水解液，就可证明组成蛋白质分子的基本单位是氨基酸。构成天然蛋白质的氨基酸共 20 种。

生物界中也发现一些 D 系氨基酸，主要存在于某些抗菌素以及个别植物的生物碱中。

（一）氨基酸的分类

组成蛋白质的氨基酸按其 α-碳原子上侧链 R 的结构分为 20 种，20 种氨基酸按 R 的结构和极性的不同。

（1）脂肪族氨基酸（包括聚被鹣羧基酸、一氨基二羧基酸、二氨基–羧基酸）。

（2）芳香族氨基酸。

（3）杂环族氨基酸。

（4）杂环亚氨基酸。

（二）根据侧链 R 的极性不同分为非极性和极性氨基酸

氨基酸的 R 基团不带电荷或极性极微弱的属于非极性中性氨基酸，如：甘氨酸、丙氨酸、缬氨酸、亮氨酸、异亮氨酸、蛋氨酸、苯丙氨酸、色氨酸、脯氨酸。它们的 R 基团具有疏水性。

氨基酸的 R 基团带电荷或有极性的属于极性氨基酸，它们又可分为：

（1）极性中性氨基酸：R 基团有极性，但不解离，或仅极弱地解离，它们的 R 基团有亲水性。如：丝氨酸、苏氨酸、半胱氨酸、酪氨酸、谷氨酰胺、天门冬酰胺。

（2）酸性氨基酸：R 基团有极性，且解离，在中性溶液中显酸性，亲水性强。如天门冬氨酸、谷氨酸。

（3）碱性氨基酸：R 基团有极性，且解离，在中性溶液中显碱性，亲水性强。如组氨酸、赖氨酸、精氨酸。

这 20 种氨基酸都有各自的遗传密码，它们是生物合成蛋白质的构件，无种属差异。在体内，一些特殊蛋白质分子中还含有其他氨基酸，如甲状腺球蛋白中碘代酪氨酸，胶原蛋白中的羟脯氨酸及羟赖氨酸，某些蛋白质分子中的胱氨酸等，它们都是在蛋白质生物合成之后（或合成过程中），相应的氨基酸残基被修饰形成的。还有的是在物质代谢过程中产生，如鸟氨酸（由精氨酸转变来的等，这些氨基酸在生物体内都没有相应的遗传密码。

三、蛋白质的结构及其功能

蛋白质为生物高分子物质之一，具有三维空间结构，因而执行复杂的生物学功能。蛋白质结构与功能之间的关系非常密切。在研究中，一般将蛋白质分子的结构分为一级结构与空间结构两类。

（一）蛋白质的一级结构

蛋白质的一级结构（primary structure）就是蛋白质多肽链中氨基酸残基的排列顺序（sequence），也是蛋白质最基本的结构。它是由基因上遗传密码的排列顺序所决定的。各种氨基酸按遗传密码的顺序，通过肽键连接起来，成为多肽链，故肽键是蛋白质结构中的主键。

迄今已有约一千种左右蛋白质的一级结构被研究确定，如胰岛素，胰核糖核酸酶、胰蛋白酶等。

蛋白质的一级结构决定了蛋白质的二级、三级等高级结构，成百亿的天然蛋白质各有其特殊的生物学活性，决定每一种蛋白质的生物学活性的结构特点，首先在于其肽链的氨基酸序列，由于组成蛋白质的20种氨基酸各具特殊的侧链，侧链基团的理化性质和空间排布各不相同，当它们按照不同的序列关系组合时，就可形成多种多样的空间结构和不同生物学活性的蛋白质分子。

（二）蛋白质的空间结构

蛋白质分子的多肽链并非呈线形伸展，而是折叠和盘曲构成特有的比较稳定的空间结构。蛋白质的生物学活性和理化性质主要决定于空间结构的完整，因此仅仅测定蛋白质分子的氨基酸组成和它们的排列顺序并不能完全了解蛋白质分子的生物学活性和理化性质。例如球状蛋白质（多见于血浆中的白蛋白、球蛋白、血红蛋白和酶等）和纤维状蛋白质（角蛋白、胶原蛋白、肌凝蛋白、纤维蛋白等），前者溶于水，后者不溶于水，显而易见，此种性质不能仅用蛋白质的一级结构的氨基酸排列顺序来解释。

蛋白质的空间结构就是指蛋白质的二级、三级和四级结构。

（三）蛋白质的二级结构

蛋白质的二级结构（secondary structure）是指多肽链中主链原子的局部空间排布即构象，不涉及侧链部分的构象。

α-螺旋的结构特点如下：

（1）多个肽键平面通过 α-碳原子旋转，相互之间紧密盘曲成稳固的右手螺旋。

（2）主链呈螺旋上升，每3.6个氨基酸残基上升一圈，相当于0.54 nm，这与X线衍射图符合。

（3）相邻两圈螺旋之间借肽键中 $C=O$ 和H桥形成许多链内氢键，即每一个氨基酸残基中的NH和前面相隔三个残基的 $C=O$ 之间形成氢键，这是稳定 α-螺旋的主要键。

（4）肽链中氨基酸侧链R，分布在螺旋外侧，其形状、大小及电荷影响 α-螺旋的形成。酸性或碱性氨基酸集中的区域，由于同电荷相斥，不利于 α-螺旋形成；较大的R（如苯丙氨酸、色氨酸、异亮氨酸）集中的区域，也妨碍 α-螺旋形成；脯氨酸因其 α-碳原子位于五元环上，不易扭转，加之它是亚氨基酸，不易形成氢键，故不易形成上述 α-螺旋；甘氨酸的R基为H，空间占位很小，也会影响该处螺旋的稳定。

① β-片层结构。

Astbury等人曾对 β-角蛋白进行X线衍射分析，发现具有0.7 nm的重复单位。如将毛发 α-角蛋白在湿热条件下拉伸，可拉长到原长二倍，这种 α-螺旋的X线衍射图可改变为与 β-角蛋白类似的衍射图。说明 β-角蛋白中的结构和 α-螺旋拉长伸展后结构相同。两段以上的这种折叠成锯齿状的肽链，通过氢键相连而平行成片层状的结构称为 β-片层（β-pleated sheet）结构或称 β-折叠。

② 超二级结构和结构域。

超二级结构（supersecondary structure）是指在多肽链内顺序上相互邻近的二级结构常常在空间折叠中靠近，彼此相互作用，形成规则的二级结构聚集体。目前发现的超二级结构有三种基本形式：α 螺旋组合（αα）；β 折叠组合（βββ）和 α 螺旋 β 折叠组合（βαβ），其中以 βαβ 组合最为常见。它们可直接作为三级结构的"建筑块"或结构域的组成单位，是蛋白质构象中二级结构与三级结构之间的一个层次，故称超二级结构。

结构域（domain）也是蛋白质构象中二级结构与三级结构之间的一个层次。在较大的蛋白质分子中，由于多肽链上相邻的超二级结构紧密联系，形成二个或多个在空间上可以明显区别它与蛋白质亚基结构的区别。一般每个结构域由 100～200 个氨基酸残基组成，各有独特的空间构象，并承担不同的生物学功能。如免疫球蛋白（IgG）由 12 个结构域组成，其中两个轻链上各有 2 个，两个重链上各有 4 个；补体结合部位与抗原结合部位处于不同的结构域。一个蛋白质分子中的几个结构域有的相同，有的不同；而不同蛋白质分子之间肽链中的各结构域也可以相同。如乳酸脱氢酶、3- 磷酸甘油醛脱氢酶、苹果酸脱氢酶等均属以 NAD^+ 为辅酶的脱氢酶类，它们各自由 2 个不同的结构域组成，但它们与 NAD^+ 结合的结构域构象则基本相同。

（四）蛋白质的三级结构

蛋白质的多肽链在各种二级结构的基础上再进一步盘曲或折叠形成具有一定规律的三维空间结构，称为蛋白质的三级结构（tertiary structure）。蛋白质三级结构的稳定主要靠次级键，包括氢键、疏水键、盐键以及范德华力（Van der Waals force）等。这些次级键可存在于一级结构序号相隔很远的氨基酸残基的 R 基团之间，因此蛋白质的三级结构主要指氨基酸残基的侧链间的结合。次级键都是非共价键，易受环境中 pH、温度、离子强度等的影响，有变动的可能性。二硫键不属于次级键，但在某些肽链中能使远隔的两个肽段联系在一起，这对于蛋白质三级结构的稳定上起着重要作用。

现也有认为蛋白质的三级结构是指蛋白质分子主链折叠盘曲形成构象的基础上，分子中的各个侧链所形成一定的构象。侧链构象主要是形成微区（或称结构域 domain）。对球状蛋白质来说，形成疏水区和亲水区。亲水区多在蛋白质分子表面，由很多亲水侧链组成。疏水区多在分子内部，由疏水侧链集中构成，疏水区常形成一些"洞穴"或"口袋"，某些辅基就镶嵌其中，成为活性部位。

具备三级结构的蛋白质从其外形上看，有的细长（长轴比短轴大 10 倍以上），属于纤维状蛋白质（fibrous protein），如丝心蛋白；有的长短轴相差不多基本上呈球形，属于球状蛋白质（globular protein），如血浆清蛋白、球蛋白、肌红蛋白，球状蛋白的疏水基多聚集在分子的内部，而亲水基则多分布在分子表面，因而球状蛋白质是亲水的，更重要的是，多肽链经过如此盘曲后，可形成某些发挥生物学功能的特定区域，例如酶的活性中心等。

（五）蛋白质的四级结构

具有二条或两条以上独立三级结构的多肽链组成的蛋白质，其多肽链间通过次级键相互组合而形成的空间结构称为蛋白质的四级结构（quarternary structure）。其中，每个具有独立三级结构的多肽链单位称为亚基（subunit）。四级结构实际上是指亚基的立体排布、相互作用及接触部位的布局。亚基之间不含共价键，亚基间次级键的结合比二、三级结构疏松，因此在一定的条件下，四级结构的蛋白质可分离为其组成的亚基，而亚基本身构象仍可不变。

一种蛋白质中，亚基结构可以相同，也可不同。如烟草斑纹病毒的外壳蛋白是由2 200 个相同的亚基形成的多聚体；正常人血红蛋白 A 是两个 α 亚基与两个 β 亚基形成的四聚体；天冬氨酸氨甲酰基转移酶由六个调节亚基与六个催化亚基组成。有人将具有全套不同亚基的最小单位称为原聚体（protomer），如一个催化亚基与一个调节亚基结合成天冬氨酸氨甲酰基转移酶的原聚体。

某些蛋白质分子可进一步聚合成聚合体（polymer）。聚合体中的重复单位称为单体（monomer），聚合体可按其中所含单体的数量不同而分为二聚体、三聚体……寡聚体（oligomer）和多聚体（polymer）而存在，如胰岛素（insulin）在体内可形成二聚体及六聚体。

四、蛋白质的结构与功能的关系

（一）蛋白质的一级结构与其构象及功能

蛋白质一级结构是空间结构的基础，特定的空间构象主要是由蛋白质分子中肽链和侧链 R 基团形成的次级键来维持，在生物体内，蛋白质的多肽链一旦被合成后，即可根据一级结构的特点自然折叠和盘曲，形成一定的空间构象。

Anfinsen 以一条肽链的蛋白质核糖核酸酶为对象，研究二硫键的还原和氧化问题，发现该酶的 124 个氨基酸残基构成的多肽链中存在四对二硫键，在大量 β-巯基乙醇和适量尿素作用下，四对二硫键全部被还原为巯 H，酶活力也全部丧失，但是如将尿素和 β-巯基乙醇除去，并在有氧条件下使巯基缓慢氧化成二硫键，此时酶的活力水平可接近于天然的酶。Anfinsen 在此基础上认为蛋白质的一级结构决定了它的二级、三级结构，即由一级结构可以自动地发展到二、三级结构。

一级结构相似的蛋白质，其基本构象及功能也相似，例如，不同种属的生物体分离出来的同一功能的蛋白质，其一级结构只有极少的差别，而且在系统发生上进化位置相距愈近的差异越小。

促肾上腺皮质激素（ACTH）和促黑激素（MSH）均为垂体分泌的多肽激素。α-MSH 和 ACTh 4~10 位的氨基酸结构与 β-MSH 的 11~17 位一样，故 ACTH 有较弱的 MSH 的生理作用。

在蛋白质的一级结构中，参与功能活性部位的残基或处于特定构象关键部位的残基，即使在整个分子中发生一个残基的异常，那么该蛋白质的功能也会受到明显的影响。被称之为"分子病"的镰刀状红细胞性贫血仅仅是 574 个氨基酸残基中，一个氨基酸残基即 β 亚基 N 端的第 6 号氨基酸残基发生了变异所造成的，这种变异来源于基因上遗传信息的突变。

（二）蛋白质空间构象与功能活性的关系

蛋白质多种多样的功能与各种蛋白质特定的空间构象密切相关，蛋白质的空间构象是其功能活性的基础，构象发生变化，其功能活性也随之改变。蛋白质变性时，由于其空间构象被破坏，故引起功能活性丧失，变性蛋白质在复性后，构象复原，活性即能恢复。

在生物体内，当某种物质特异地与蛋白质分子的某个部位结合，触发该蛋白质的构象发生一定变化，从而导致其功能活性的变化，这种现象称为蛋白质的别构效应（allostery）。

蛋白质（或酶）的别构效应，在生物体内普遍存在，这对物质代谢的调节和某些生理功能的变化都是十分重要的。

现以血红蛋白（hemoglobin，简写 Hb）为例来说明构象与功能的关系。

血红蛋白是红细胞中所含有的一种结合蛋白质，它的蛋白质部分称为珠蛋白（globin），非蛋白质部分（辅基）称为血红素。Hb 分子由四个亚基构成，每一亚基结合一分子血红素。正常成人 Hb 分子的四个亚基为两条 α 链，两条 β 链。α 链由 141 个氨基酸残基组成，β 链由 146 个氨基酸残基组成，它们的一级结构均已确定。每一亚基都具有独立的三级结构，各肽链折叠盘曲成一定构象，β 亚基中有 8 个 α–螺旋区（分别称 A，B，…H 螺旋区），α 亚基中有 7 个 α–螺旋区。在此基础上肽链进一步折叠形成球状，依赖侧链间形成的各种次级键维持稳定，使之球形表面为亲水区，球形向内，在 E 和 F 螺旋段间的 20 多个疏水氨基酸侧链构成口袋形的疏水区，辅基血红素就嵌接在其中，α 亚基和 β 亚基构象相似，最后，四个亚基 α2β2 聚合成具有四级结构的 Hb 分子。在此分子中，四个亚基沿中央轴排布四方，两 α 亚基沿不同方向嵌入两个 β 亚基间，各亚基间依靠多种次级键联系，使整个分子呈球形，这些次级键对于维系 Hb 分子空间构象有重要作用。

第二节　健康与疾病时的血浆蛋白质

一、概念

血浆蛋白质是血浆固体成分中含量很多、组成极为复杂、功能广泛的一类化合物。目前已经研究的血浆不下 500 种，其中已分离出接近纯品者有 200 种。近 10 多年来，出现和使用了不少新技术，用于分析血浆内较微量的个别蛋白质，并研究其在疾病时的变化，这些资料有助于疾病的诊断并提供有价值的病理生理信息。研究有关个别蛋白质的结构、功能、代谢的知识正在迅速积累，并成为很活跃的研究领域。

血浆蛋白基础医学、临床医学及生物化学家的广泛重视，正在进展的领域有以下几个方面：

（1）生物化学家分离纯化各种血浆蛋白质组分，研究它们的物理性质、氨基酸的组成及顺序，以及某些蛋白质中结合的糖、脂类、金属化合物、活性多肽、类固醇激素和其他各种化合物。许多工作是对这些蛋白、降解、转换更新与代谢调节的研究。

（2）生理学家与病理生理学家长期以来对血浆蛋白质的生理功能感兴趣研究它的胶体性质、缓冲性质和生理作用，在运输脂类、多种金属和微生时、元素中的作用，在结合和调节活性激素外源性药物体内过程中的作用，以及血浆蛋白质在反蚀肾小球滤过、肾小管回收功能和肝细胞功能方面的意义。

血浆蛋白质亦广泛地应用于研究营养学问题，特别是蛋白质的营养不良。

（3）血浆蛋白质具有遗传的变异如结合珠蛋白和转铁蛋白等在不同人群中常见有结构上的差异。还有一些虽然是少见的遗传变异（如缺乏某一种脂蛋白或免疫球蛋白），可表现一定的临床症状，亦具有临床医学上的意义。由于血液是人体组成中最易获得的标本，遗传学家常利用血浆蛋白质结构上的差异作为研究人群与家族遗传特征的标志。

（4）在临床生物化学实验室中血浆蛋白质的分析一直是最主要的常规工作之一。最早就用于有关肝及肾疾病和血液恶性肿瘤的诊断与预后的监测。近年来由于个别蛋白质微量和特异的分析检测技术的进展，为不少病理过程和疾病的诊断又提供了新的信息。

血浆蛋白质中不少特殊成分的研究，如血液凝固因子、免疫球蛋白组分及补体系统组分的检测，在血液学与免疫学中都是基本的理论和实践。

（5）在进化与个体发育的生物化学研究中，已发现有不少正常胎儿时期的蛋白质可以在恶性癌肿病人中重新出现。血浆蛋白质合成的调控，如急性时相反应蛋白的表达与释放，在临床医学中是长期受注意而又尚未完全解决的课题，它与限制炎症过程密切相关。此外，尚有不少蛋白质水解酶的特异抑制物在血浆中循环，它们具有十分重要的代谢调控作用，虽然其体内过程尚未被完全阐明。

（6）血浆蛋白质在实际工作中还广泛地用于组织与细胞培养。血浆中含有各种细胞刺激因子，它们对细胞的活力、增殖、分化、胸内酶的合成及细胞特殊功能起着特殊的作用。必须指出，各种血浆蛋白质组分对不同类型的细胞起的作用有特异性，已发展成为细胞生物学研究的重要分支。

（7）在人类不少疾病，包括常见的两种疾病——动脉粥样硬化及肿瘤的发病学研究，以及最常见的糖尿病及其并发症的发病机制中，血浆蛋白质均有广泛的涉及。

一般教科书将血浆蛋白质多方面的功能概括为：①营养；②缓冲与胶体渗透压；③运载（包括类固醇、甲状腺激素、维生素与、脂类、金属与微量元素、药物等）；④免疫与防御功能（包括免疫球蛋白与补体）；⑤凝血与纤维蛋白溶解；⑥各种醇的特殊功能；

⑦代谢调控等几大方面。

血浆蛋白质的分类是一个较为复杂的问题，随着分离方法和对血浆蛋白质功能了解的进展，显然可以从不同角度来进行归纳分类。早先通过盐析法将血浆蛋白质分为白蛋白和球蛋白两大类，目前看来最实际的还是通过醋酸纤维薄膜电泳或琼脂糖凝胶电泳获得有关血浆蛋白质全貌的图谱，即将血浆蛋白质分为白蛋白和 α 12 β、γ 球蛋白 5 个主要区带，根据不同的电泳条件还可将各个区带进一步分离。在琼脂糖凝胶电泳中常可分出个区带。如果采用聚丙烯酰胺凝胶电泳在适当条件下可以分出 30 多个区带。近年免疫化学技术分析法的进展提供了对个别蛋白质测量的新方法，二者结合可以为血浆蛋白质的分析和临床意义积累很好的有用资料。

目前许多学者试图按功能进行分类，如营养、修补、运输、载体、补体系统和凝血因子等。

二、血浆蛋白质的理化性质、功能与临床意义

（一）前白蛋白

前白蛋白（prealbumin，PA），分子量 5.4 万，由肝细胞合成，在电泳分离时，常显示在白蛋白的前方，其半寿期很短，仅约 12 h。因此，测定其在血浆中的浓度对于了解蛋白质在营养不良和肝功能不全，比之白蛋白和转铁蛋白具有更高的敏感性。PA 除了作为组织修补的材料外，还可视作一种运载蛋白，可结合 T4 与 T3，而对 T3 的亲和力更大。PA 与视黄醇结合蛋白形成复合物，具有运载维生素 A 的作用。在急性炎症、恶性肿瘤、肝硬化或肾炎时其血浓度下降。

（二）白蛋白

白蛋白（Albumin，Alb）系由肝实质细胞合成，在血浆中的半寿期约为 15～19 天，是血浆中含量最多的蛋白质，占血浆总蛋白的 40%～60%。其合成率虽然受食物中蛋白质含量的影响，但主要受血浆中白蛋白水平调节，在肝细胞中没有储存，在所有细胞外液中都含有微量的白蛋白。关于白蛋白在肾小球中的滤过情况，一般认为在正常情况下其量甚微，约为血浆中白蛋白的 0.04%，按此计算每天从肾小球滤过液中排出的白蛋白即可达 3.6g，为终尿中蛋白质排出量的 30～40 倍，可见滤过液中多数白蛋白是可被肾小管重新吸收的。有实验证实白蛋白在近曲小管中吸收，在小管细胞中被溶酶体中的水解酶降解为小分子片段而进入血循环。白蛋白可以在不同组织中被细胞内吞而摄取，其氨基酸可被用为组织修补。

白蛋白的分子结构已于 1975 年阐明，为含 585 个氨基酸残基的单链多肽，分子量为 66458，分子中含 17 个二硫键，不含有糖的组分。在体液 pH7.4 的环境中，白蛋白为负离子，每分子可以带有 200 个以上负电荷。它是血浆中很主要的载体，许多水溶性差的物质可以通过与白蛋白的结合而被运输。这些物质包括胆红素、长链脂肪酸（每分子可以结合 4～6

个分子）、胆汁酸盐、前列腺素、类固醇激素、金属离子（如 Cu^{2+}、Ni^{2+}、Ca^{2+}）药物（如阿司匹林、青霉素等）。

具有活性的激素或药物当与白蛋白结合时，可以不表现其活性，而视为其储存形式，由于这种结合的可逆性和处于动态平衡，因此在调节这些激素和药物的代谢上，具有重要意义。

血浆白蛋白另一重要功能是纤维血浆的胶体渗透压，并具有相当的缓冲酸与碱的能力。

（三）临床意义

（1）血浆白蛋白浓度可以受饮食中蛋白质摄入量影响，在一定程度上可以作为个体营养状态的评价指标。

（2）在血浆白蛋白浓度明显下降的情况下，可以影响许多配体在血循环中的存在形式，包括内源性的代谢物（Ca^{2+}、脂肪酸）、激素和外源性的药物。在同样血浓度下，由于白蛋白的含量降低，其结合部分减少，而游离部分相对增加，这些游离状态的配体一方面更易作用于细胞受体而发挥其活性作用，一方面也更易被代谢分解，或由于其分子小而经肾排泄。

（3）血浆白蛋白的增高较少见，在严重失水时，对监测血浓缩有诊断意义。

（4）低白蛋白血症在不少疾病时常见，可有以下几方面的原因：

①由于白蛋白的合成降低：常见于急性或慢性肝疾病，但由于白蛋白的半寿期较长，因此，在部分急性肝病患者，血浆白蛋白的浓度降低可以表现不明显。

②由于营养不良或吸收不良。

③遗传性缺陷：无白蛋白血症是极少见的一种代谢性缺损，血浆白蛋白含量常低于 1 g/L。但可以没有症状（如水肿），可能部分由于血管中球蛋白含量代偿性升高。

④由于组织损伤（外科手术或创伤）或炎症（感染性疾病）引起的白蛋白分解代谢增加。

⑤白蛋白的异常丢失：由于肾病综合征、慢性肾小球肾炎、糖尿病、系统性红斑狼疮等而有白蛋白由尿中损失，有时每天可以由尿中排出蛋白达 5 g 以上，超过肝的代偿能力。在溃疡性结肠炎及其他肠管炎症或肿瘤时也可由肠管损失一定量的蛋白质。在烧伤及渗出性皮炎可从皮肤丧失大量蛋白质。

⑥白蛋白的分布异常：如门静脉高压引起的腹水中有大量蛋白质，是从血管内渗漏入腹腔。

（5）已发现有 20 多种白蛋白的遗传性变异。这些个体可以不表现病症，在电泳分析时血浆蛋白质的白蛋白区带可以出现 2 条或 1 条宽带，有人称之为双蛋白血症。当某些药物大量应用（如青霉素大剂量注射使血浓度增高时）而与白蛋白结合时，也可使白蛋白出现异常区带。

目前关于血浆或血清蛋白的测定，最常使用的方法是利用其与某些染料如溴甲酚绿（brom cresol green，BCG）或溴甲酚紫（brom cresol purple，BCP）特异性的结合能力而加以定量。在 pH4.2 的条件下，BCG 可与白蛋白定量地、特异地结合，而不受血浆中其他球蛋白的干扰。结合后的复合物在 628 nm 有特殊吸收峰，而可与游离的染料相区别，这一吸收峰一般不受血浆中可能存在的其他化合物（如胆红素、血红素等）的影响，测定时应控制染料的浓度、反应的 pH 和时间。这是很实用的方法。一般用血浆量为 20 μL，在白蛋白 10 ~ 60 g/L 浓度范围内呈良好线性关系、批内 C·V 值 <3%，正常成人参考值为 35 ~ 50 g/L，在直立姿势采血，由于血浓缩其值可略高 3 g/L。

（四）α1- 抗胰蛋白酶

α- 抗胰蛋白酶（α1-antitrypsin，α1AT 或 AAT），是具有蛋白酶抑制作用的一种急性时相反应蛋白，分子量为 5.5 万，P1 值 4.8，含有 10% ~ 12% 糖。在醋酸纤维薄膜或琼脂糖电泳中泳动于 α1 区带，是这一区带的主要组分。区带中的另 2 个主要组分；α1- 酸性糖蛋白含糖量特别高，α1- 脂蛋白含脂类特别高，因此蛋白质的染色都很浅。作为蛋白酶的抑制物，它不仅作用于胰蛋白酶，同时也作用于糜蛋白酶、尿激酶、肾素、胶原酶、弹性蛋白酶、纤溶酶和凝血酶等。AAT 占血清中抑制蛋白酶活力的 90% 左右。AAT 的抑制作用有明显的 pH 依赖性，最大活力处于中性和弱碱性，当 pH4.5 时活性基本丧失，这一特点具有重要的生理意义。

一般认为 AAT 的主要功能是对抗由多形核白细胞吞噬作用时释放的溶酶体蛋白水解酶。由于 AAT 的分子量较小，它可透过毛细血管进入组织液与蛋白水解酶结合而又回到血管内，AAT 结合的蛋白酶复合物并有可能转移到 α2- 巨球蛋白分子上，经血循环转运而在单核吞噬细胞系统中被降低、消失。

AAT 具有多种遗传分型，利用不同 pH 的缓冲剂和电泳支持物，迄今已分离鉴定有 33 种等位基因（allotypes），其中最多见的是 PiMM 型（为 M 型蛋白抑制物的纯合子体）占人群的 90% 以上，另外还有两种蛋白称为 Z 型和 S 型，可表现为以下遗传分型：PiZZ、PiSS、PiSZ、PiMZ、PiMS，S 型蛋白与 M 蛋白之间的氨基酸残基仅有一个差异。对蛋白酶的抑制作用主要限于血循环中 M 型蛋白的浓度。以 MM 型的蛋白酶抑制能力为 100% 相比，ZZ 型的相对活力仅为 15%、SS 为 60%、MZ 为 57%、MS 为 80%，其他则无活性。

临床意义：低血浆 AAT 可以发现于胎儿呼吸窘迫综合征。AAT 缺陷（ZZ 型、SS 型甚至 MS 表现型）常伴有早年（20 ~ 30 岁）出现的肺气肿，由于吸入尘埃和细菌引起肺部多形核白细胞的吞噬活跃，引起溶酶体弹性蛋白酶释放，当 M 型 AAT 蛋白缺乏时，蛋白水解酶过度地作用于肺泡壁的弹性纤维而导致肺气肿的发生。AAT 的缺陷，特别是 ZZ 表现型可引起肝细胞的损害而致肝硬化，机制未明。常用测定方法，一种是基于胰蛋白酶的抑制能力（trypsini nhibitory capacity），但目前已有免疫化学方法，供应 M 蛋白 AAT 的试剂盒来测定。正常参考值为新生儿 1 450 ~ 2 700 mg/L、成人 780 ~ 2 000 mg/L。如果排除急性时相反应的存在，正常人血浆浓度 <500 mg/L 提示可能存在变异的表现型，可进一步通过等电聚焦或淀粉胶电泳证实。

（五）α1- 酸性糖蛋白

α- 酸性糖蛋白（α1-acidgly coprotein，AAG，早期称之为乳清类粘蛋白）分子量近 4 万，含糖约 45%，pI 为 2.7～3.5，包括等分子的己糖、己糖胺和唾液酸。

AAG 是主要的急性时相反应蛋白，在急性炎症时增高，显然与免疫防御功能有关，但详细机制尚待阐明。早期工作认为肝是合成 α1- 糖蛋白的唯一器官，近年有证据认为某些肿瘤组织亦可以合成。分解代谢首先经过唾液酸的分子降解而后蛋白质部分很快在肝中消失。AAG 可以结合利多卡因和普萘洛尔（心得安），在急性心肌梗死时 AAG 作为一种急性时相反应蛋白可以升高，而干扰药物剂量的有效浓度。

临床意义：AAG 的测定目前主要作为急性时相反应的指标，在风湿病、恶性肿瘤及心肌梗死患者亦常增高，在营养不良、严重肝损害等情况下降低。测定方法：使用 AAG 的抗体制成免疫化学试剂盒，可设计成免疫扩散或浊度法检测。正常参考值为 500～1 500 mg/L，亦可采用过氯酸和磷钨酸分级沉淀 AAG 后，测定蛋白质或含糖量来计算之。

（六）甲胎蛋白

正常情况下甲胎蛋白（α-fetoprotein，αFP 或 AFP）主要在胎儿肝中合成，分子量 6.9 万，在胎儿 13 周 AFP 占血浆蛋白总量的 1/3。在妊娠 30 周达最高峰，以后逐渐下降，出生时血浆中浓度为高峰期的 1% 左右，约 40 mg/L，在周岁时接近成人水平（低于 30 μmg/L）。

（1）临床意义：在产妇羊水或母体血浆中 AFP 可用于胎儿产前监测。如在神经管缺损、脊柱裂、无脑儿等时，AFP 可由开放的神经管进入羊水而导致其在羊水中含量显著升高。胎儿在宫腔内死亡、畸胎瘤等先天缺陷亦可有羊水中 AFP 增高。AFP 可经羊水部分进入母体血循环。在 85% 脊柱裂及无脑儿的母体，血浆 AFP 在妊娠 16～18 周可见升高而有诊断价值，但必须与临床经验结合，以免出现假阳性的错误。

在成人，AFP 可以在大约 80% 的肝癌患者血清中升高，在生殖细胞肿瘤出现 AFP 阳性率为 50%。在其他肠胃管肿瘤如胰腺癌或肺癌及肝硬化等患者亦可出现不同程度的升高。

（2）测定方法：根据不同标本可选用不同方法。羊水可采用免疫扩散或火箭电泳法。一般放射免疫测定标本需先加以稀释。注意避免胎儿血（AFP 浓度比羊水高 200 倍）的污染。血浆标本可采用放射免疫或酶标免疫法测定。反向免疫电泳亦用于对肝病患者的筛选试验。在乙型肝炎流行区，AFP 的普查可用以早期筛选肝癌。血清正常参考值，健康成人 <30 μg/L（或 30 ng/mL），新生儿 <50 mg/L，妊娠母体 20 周 20～100 μg/L，羊水（20 周妊娠）5～25 mg/L。

（七）结合珠蛋白

结合珠蛋白（haptoglobin，Hp）在血浆中与游离的血红蛋白结合，是一种急性时相反应蛋白。在 CAM 电泳及琼脂糖凝胶电泳中位于 α2 区带。分子中有两对肽链（α 与 β 链）

形成 α2β2 四聚体。α 链有 α1 及 α2 两种。而 α1 又发现有 α1F 及 α1S 两种遗传变异体（F 表示电泳迁移率相对为 fast，S 表示 slow，两种变异体的多肽链只有一个氨基酸的残基组成不同），由于 α1F、α1S、α2 三种等位基因编码形成 αβ 聚合体，因此个体之间可有多种遗传表现型。不同个体，由遗传获得的特征基因型决定了血浆中 Hp 的性质，这就是所谓基因多形性（polymorphism）的表现。还有一些血浆蛋白质也表现有相似的遗传变异，如 β 脂蛋白、α1AT、IgG 等，Hp 在遗传研究上是颇为引起兴趣的课题。

Hp 的主要功能是能与红细胞中释出的自由形式存在的血红蛋白结合，每分子 Hp 可以结合两分子的 Hp。结合是不可逆的，一旦结合后，复合物在几分钟之内转运到肝，肝细胞上有特异受体，可十分有效地结合 Hp-Hb 复合物进入肝细胞而被降解，氨基酸和铁可被机体再利用。因此 Hp 可以防止 Hb 从肾丢失而为机体有效地保留铁。在一次急性血管内溶血时血循环中的 Hp 可以结合 3 g 以上的 Hb。Hp 在溶血后含量急剧降低，Hp 与 Hb 结合后不能重新被利用，但急性溶血后其在血浆中的浓度一般在一周内即可由再生而恢复。

临床意义：正常参考值范围较宽，因此一次测定的价值不大，连续观察可用于监测急性时相反应和溶血是否处于进行状态。

急性时相反应中血浆 Hp 增加，当烧伤和肾病综合征引起大量白蛋白丢失的情况下亦可增加，血管内溶血如溶血性贫血、输血反应、疟疾时 Hp 含量明显下降。此外，在严重肝病患者 Hp 的合成降低。在新生儿期只有成人的 10%～20%（50～480 mg/L），6 个月后肝成熟，血浆 Hp 即达成人水平（300～2 150 mg/L）。

（八）α2- 巨球蛋白

α2 巨球蛋白（α2-macroglobulin，α2MG 或 AMG）是血浆中分子量最大的蛋白质。分子量约为 65.2 万～80 万，含糖量约 8%，由 4 个亚单位组成。它与淋巴网状系统细胞的发育和功能有密切联系（虽然确切的机制尚未明确）。

α2MG 最突出的特性是能与多种分子和离子结合。特别是它能与不少蛋白水解酶结合而影响这些酶的活性。如与许多肽链内切酶（包括丝氨酸、巯基、羧基蛋白水解酶和一些金属蛋白水解酶）的结合。这些蛋白水解酶有纤维蛋白溶酶、胃蛋白酶、糜蛋白酶、胰蛋白酶及组织蛋白酶 D 等。研究表明，α2MG 与蛋白水解酶相互作用可使 α2MG 的分子构象发生变化，当酶处于复合物状态时，酶的活性部位没有失活，但不容易作用于大分子底物，若底物为分子量小的蛋白质，即使有其他抗蛋白酶的存在，也能被 α2MG- 蛋白酶复合物所催化而水解。这样，α2MG 起到有选择地保护某些蛋白酶活性的作用，这在免疫反应中可能具有重要意义。

α2MG 是由肝细胞与单核吞噬细胞系统中合成，半寿期约 5 天，但当与蛋白水解酶结合成为复合物后其清除率加速。

在低白蛋白血症时，α2MG 含量可增高，可能系一种代偿机制以保持血浆胶体渗透压。妊娠期及口服避孕药时血浓度增高。机制不明。可采用免疫化学法测定，正常成人参考值为 1 500～3 500 μg/L。

（九）铜蓝蛋白

铜蓝蛋白（ceruloplasmin，CER）是一种含铜的 α2 糖蛋白，分子量约为 12 万～16 万，不易纯化。目前所知为一个单链多肽，每分子含 6～7 个铜原子，由于含铜而呈蓝色，含糖约 10%，末端唾液酸与多肽链连接，具有遗传上的基因多形性。

CER 具有氧化酶的活性，对多酚及多胺类底物有催化其氧化的能力。最近研究认为 CER 可催化 Fe^{2+} 氧化为 Fe^{3+}。对于 CER 是否是铜的载体存在不同看法。血清中铜的含量虽有 95% 以非扩散状态处于 CER，而有 5% 呈可透析状态由肠管吸收而运输到肝的，在肝中渗入 CER 载体蛋白（apoprotein）后又经唾液酸结合，最后释入血循环。在血循环中 CER 可视为铜的没有毒性的代谢库。细胞可以利用 CER 分子中的铜来合成含铜的酶蛋白，例如单胺氧化酶、抗坏血酸氧化酶等。

近年来另一研究结果认为 CER 起着抗氧化剂的作用。在血循环中 CER 的抗氧化活力可以防止组织中脂质过氧化物和自由基的生成，特别在炎症时具有重要意义。

CER 也属于一种急性时相反应蛋白。

临床意义：血浆 CER 在感染、创伤和肿瘤时增加。其最特殊的作用在于协助 Wilson病的诊断，即患者血浆 CER 含量明显下降，而伴有血浆可透析的铜含量增加。大部分患者可有肝功能损害并伴有神经系统的症状，如不及时治疗，此病是进行性和致命的，因此宜及时诊断，并可用铜螯合剂-青霉胺治疗。血浆 CER 在营养不良、严重肝病及肾病综合征时亦往往下降。妇女妊娠期、口服避孕药时其含量有明显增加。

（十）转铁蛋白

转铁蛋白（transferrin，TRF，siderophilin）是血浆中主要的含铁蛋白质，负责运载由消化管吸收的铁和由红细胞降解释放的铁。以 $TRF-Fe^{3+}$ 的复合物形式进入骨髓中，供成熟红细胞的生成。

TRF 分子量约 7.7 万，为单链糖蛋白，含糖量约 6%。TRF 可逆地结合多价离子，包括铁、铜、锌、钴等。每一分子 TRF 可结合两个三价铁原子。TRF 主要由肝细胞合成，半寿期为 7 天。血浆中 TRF 的浓度受铁供应的调节，在缺铁状态时，血浆 TRF 浓度上升，经铁有效治疗后恢复到正常水平。

临床意义：血浆中 TRF 水平可用于贫血的诊断和对治疗的监测。在缺铁性的低血色素贫血中 TRF 的水平增高（由于其合成增加），但其铁的饱和度很低（正常值在30%～38%）。相反，如果贫血是由于红细胞对铁的利用障碍（如再生障碍性贫血），则血浆中 TRF 正常或低下，但铁的饱和度增高。在铁负荷过量时，TRF 水平正常，但饱和度可超过 50%，甚至达 90%。

TRF 在急性时相反应中往往降低。因此在炎症、恶性病变时常随着白蛋白、前白蛋白同时下降。在慢性肝疾病及营养不良时亦下降，因此可以作为营养状态的一项指标。

妊娠及口服避孕药或雌激素注射可使血浆 TRF 升高。

有免疫试剂盒供应抗体级标准品。用免疫扩散或浊度法检测。正常成人参考值为 2 200～4 000 mg/L。新生儿为 1 230～2 750 mg/L。临床评价时常同时测定血清铁含量及 TRF 的铁结合容量（TIBC），并可计算出的 TRF 铁饱和度（%）。TRF 亦可通过测定而间接计算估得，其计算方程式如下：

$$TRF（mg/L）=TIBC（\mu g/L）\times 0.70$$

（十一）血红素结合蛋白

血红素结合蛋白（hemopexin，Hpx）分子量 5.7 万，单链多肽，含糖量约 22%。正常血浆中含量为 500～1 000 μg/L，和游离血红素有特异结合能力。它可配合结合珠蛋白对血红蛋白进行处理。当广泛溶血时，血浆结合珠蛋白耗竭，循环中游离的血红蛋白可降解为珠蛋白和血红素两部分。血红素不溶于水，可与 Hpx 结合成复合物而运输到肝，分子中的铁可被机体重新利用，卟啉环降解为胆红素而由胆管排出。Hpx 并不能与血红蛋白结合，仅可与血红素可逆地结合，而在血循环中反复利用，这是机体有效地保存铁的又一种方式，而避免血红蛋白和血红素从肾排出体外。

（十二）β2- 微球蛋白

β2- 微球蛋白（β2-microglobulin，BMG）分子量为 11 800，存在于所有有核细胞的表面，特别是淋巴细胞和肿瘤细胞，并由此释放入血循环。它是细胞表面人类淋巴细胞抗原（HLA）的 β 链（轻链）部分（为一条单链多肽），分子内含一对二硫键，不含糖。半寿期约 107 min，可透过肾小球，但尿仅有滤过量的 1%，几乎完全可由肾小管回收。

临床意义：在肾功能衰竭、炎症及肿瘤时，血浆中浓度可升高。主要的临床应用在于监测肾小管功能。特别用于肾移植后，如有排斥反应影响肾小管功能时，可出现尿中 BMG 排出量增加。在急性白血病和淋巴瘤有神经系统浸润时，脑脊液中 BMG 可增高。因含量微少，常用放射免疫方法测定，正常血浆 BMG 参考值为 1.0～2.6 μg/L，尿中 0.03～0.37 mg/d。

（十三）C- 反应蛋白

在急性炎症病人血清中出现的可以结合肺炎球菌细胞壁 C- 多糖的蛋白质（1941 年发现），命名为 C- 反应蛋白（C-reactiveprotein，CRP）。最早采用半定量的沉淀试验，现在制备优质的抗血清，可以建立高灵敏度、高特异性、重复性好的定量测定方法。CRP 是第一个被认为是急性时相反应蛋白的，在急性创伤和感染时其血浓度急剧升高。CRP 由肝细胞所合成。

CRP 含 5 个多肽链亚单位，非共价地结合为盘形多聚体。分子量为 11.5 万～14 万。电泳分布在慢 γ 区带，有时可以延伸到 β 区带。其电泳迁移率易受一些因素影响，如钙离子及缓冲液的成分。

CRP 不仅结合多种细胞、真菌及原虫等体内的多糖物质，在钙离子存在下，还可以结合卵磷脂和核酸。结合后的复合体具有对补体系统的激活作用，作用于 C1q。CRP 可以引发对侵入细胞的免疫调理作用和吞噬作用，而表现炎症反应。

临床意义：作为急性时相反应的一个极灵敏的指标，血浆中 CRP 浓度在急性心肌梗死、创伤、感染、炎症、外科手术、肿瘤浸润时迅速显著地增高，可达正常水平的 2 000 倍。结合临床病史，有助于随访病程。特别在炎症过程中，随访风湿病、系统性红斑狼疮、白血病等。

采用何种免疫化学检测法，取决于各实验室条件和对灵敏度、特异性的要求。免疫扩散、放射免疫、浊度法，以及酶标免疫测定方法均有实用价值。正常值：800 ~ 8 000 μg/L（免疫扩散或浊度法）。

（十四）其他血浆蛋白质

血浆脂蛋白系统将于第四章详细介绍，免疫球蛋白及补体系统由临床免疫学详细介绍，凝血因子由临床血液学详细介绍，此处略去。此外，在血浆中还有一些蛋白质仅择其特点，简介如下：

（1）α1-抗糜蛋白酶、间 α 胰蛋白酶抑制物处于 α1、α2 区带间。前者分子量 6.8 万，为急性时相反应蛋白之一；后者分子量 16 万，可分裂为碎片，具有抑制蛋白酶的作用。

（2）一些来源于胎盘的血浆蛋白质除具有激素作用的人类绒毛膜促性腺激素（分子量约 4 万）及胎盘催乳素（lactogen）外，尚有妊娠相关血浆蛋白质（pregnancy-associated lasmaprotein，PAPP-A 分子量为 75 万，PAPP-B 分子量 100 万左右）。妊娠特异 β-球蛋白（SP）分子量约 9 万，妊娠期升高，可作为妊娠指标及监测胎儿胎盘功能。

（3）溶菌酶分子量约 1.5 万。正常存在于细胞内的溶酶体及外分泌液（如唾液）中，有天然杀菌作用。由颗粒白细胞及单核细胞中产生，而不存在于淋巴细胞。因此在结核和单核细胞白血病中增高，电泳中可出现于 γ 区带之后，此溶菌酶可从肾小球滤过，但多数被肾小管重吸收而在小管上皮细胞内分解。可用于肾小管功能的检查。正常血清参考值为 3.6 ~ 7.8 mg/L。

（4）癌胚抗原分子量近 20 万的糖蛋白。在结肠、肺、胰腺、胃及乳腺恶性肿瘤时血浆中浓度可升高。特异性不高，但可用于手术后随访监测手术是否清除彻底及复发，亦可用于监测化疗的进展情况。正常血浆浓度 <2.5 μg/L。

三、关于血浆蛋白质的正常参考值

上节中列举了一些血浆蛋白的正常参考范围，但必须指出这些数字是相对的。根据多个实验室选用的方法和蛋白质标准品有差异。

特别应提及，近年来许多评论家对"健康"与"疾病"个体正常值的界限提出了更有实用价值的新概念。除此之外，由于在蛋白质的测定中采用的标准品（基准物质）存在的问题更为复杂，使得各个实验室之间的参考值范围不易取得一致。卫生部检验中心和世界卫生组织曾推行供应和采用公认的血浆蛋白质标准品，但尚未能普遍实现。混合血清标准或各个商品化的标准品也很难统一。因此，各家文献中列出的参考值有较大的变异。此点在建立方法学与质量控制中应予妥善处理。关于不同年龄、性别与个体间的差异，作以下几点归纳，可供参考。

（一）年龄组的变异

1. Gitlin 等 1975 年发表了一个很详尽的新生儿和胎儿血浆蛋白成分的数值。以新生儿血浆蛋白浓度/成人血浆蛋白浓度相对比值来看，AFP、α2MG、α1AT 浓度在新生儿期显著高于成人。Alb、纤维蛋白原、IgG 与正常成人接近，其他各成分特别是 IgM、IgA 及 C3、C4 补体成分均偏低。

2. 对 8~95 岁的年龄组分布调查有以下几点特征：

（1）Alb 在 50 岁前保持稳定，50 岁以后有下降趋势。

（2）α1 酸性糖蛋白在男 30 岁、女 40 岁后有上升趋势。

（3）α1 脂蛋白、α1AT40 岁后有上升趋势。

（4）Hp 随年龄增加而增加。

（5）α2MG 在 40 岁前随年龄增加而下降，到老年时又略有上升。

（6）转铁蛋白在男性 40 岁后有随年龄增加而逐步下降的趋势，女性则在 30 岁左右达高峰，以后亦逐步下降。

（7）IgA 在出生前逐步上升，中年期达高峰。

（二）关于性别的差异

（1）男性成人略高于女性的有 Alb、α1- 酸性糖蛋白、IgA 等。

（2）女性略高于男性成人的有 α1 脂蛋白、铜蓝蛋白、α2MG。在妊娠期明显增高的有铜蓝蛋白、转铁蛋白等。

（三）个体不同时期的差异及个体间的差异

Statland 等 1976 年曾用同一方法测定个体 24 小时内及不同天内的血前浆蛋白水平的变异，并与人群间的变异相比较，获得的概念是个人不同时期的变异大大地小于人群间不同个体间的变异。因此提出用正常健康状态下本身的血浆蛋白质数值作为正常参考值更有效和合理。

四、疾病时血浆蛋白质变化的图谱特征

(一)关于急性时相反应蛋白

急性时相反应蛋白(acute phase reactants,APR)包括 AAT、AAG、Hp、CER、C4、C3、纤维蛋白原、C- 反应球蛋白等等。其血浆浓度在炎症、创伤、心肌梗死、感染、肿瘤等情况下显著上升。另外有 3 种蛋白质:前白蛋白、白蛋白及转铁蛋白则出现相应的低下。以上这类蛋白质统称为急性时相反应蛋白,这一现象可称为急性时相反应。这是机体防御机制的一个部分,其详尽机制尚未十分清楚。

当机体处于炎症或损伤状态时,由于组织坏死及组织更新的增加,血浆蛋白质相继出现一系列特征性变化,这些变化与炎症创伤的时间进程相关,可用于鉴别急性、亚急性与慢性病理状态。在一定程度上与病理损伤的性质和范围也有相关。

例如单纯的手术创伤,C- 反应蛋白及 α1 抗糜蛋白酶在 6～8 小时内即上升。继之在 12 h 内 α1AG 上升。在严重病例继之可见到 AAT、Hp、C4 及纤维蛋白原的增加,最后 C3 及 CER 增加,2～5 天内达到主峰,同时伴有 PA、Alb 及 TRF 的相应下降。如无并发感染,则免疫球蛋白可以没有特殊变化,α2MG 亦可无变化。因此结合后几项可以作为监测患者有否伴随失水及血容量变化的指标。

急性心肌梗死后的 APR 变化常与时间进程及损伤程度相关。一般也可分为 3 个时期:

(1)损伤早期 C- 反应蛋白、αAG、α1AT,α1AC、Hp 及纤维蛋白原均很快上升,3 周左右逐步恢复正常。

(2)PA、Alb、TRF、α- 脂蛋白、IgG5 天内明显下降,3 周左右逐步恢复。

(3)C3、CER 中等度增加,2 周达高峰,C4、α2MG、IgM 变化较小。

其中 C- 反应蛋白、α- 糖蛋白及结合珠蛋白 3 项与梗死区大小和血清酶的变化呈一定相关。以上现象目前的解释是:在损伤和炎症细胞释放某引起生物活性介质,有证据提示是一些小分子的蛋白质,如白细胞内源性介质(leukocytic eudogenous mediators,LEM)等参与,目前知道有白细胞介质(interleukin)IL-6,肿瘤坏死因子 α 及 β,干扰素以及血小板活化因子等。可导致肝细胞中上述蛋白质的合成增加,以及前白蛋白、白蛋白及转铁蛋白在肝细胞中的合成减少。

(二)风湿病

风湿病可表现急性或慢性炎症过程,包括多方面的变化。炎症主要累及结缔组织,但可伴有多系统的损害。患者血浆蛋白的异常改变主要包括急性炎症反应和由于抗原刺激引起的免疫系统增强的反应,其特征为:

(1)免疫球蛋白升高,特别是 IgA,并可有 IgG 及 IgM 的升高;

(2)炎症活动期可有 α1AG、Hp 及 C3 成分升高。

（三）肝疾病

肝是合成大多数血浆蛋白质的主要器官，肝的库普弗细胞可参与免疫细胞的生成调节，因此肝疾病中可以影响到很多血浆蛋白质的变化。在急性肝炎时，可以出现非典型的急性时相反应，如乙型肝炎活动期 AAT 增高，α1AG 大致正常，而 Hp 常偏低，IgM 起病时即可上升，PA、Alb 往往下降，特别 PA 是肝功能损害的敏感指标。肝硬化时可有以下特征：

（1）IgG 出现弥散性的增高，以及 IgA 的明显升高；

（2）α1AT 是肝细胞损害的一个敏感指标，升高显著；

（3）C- 反应蛋白、CER 及纤维蛋白原轻度升高；

（4）α1AG、Hp、C3 可由于肝细胞损害而偏低；

（5）PA、Alb、α1 脂蛋白及 TRF 明显降低；

（6）α2MG 则可出现明显地增高。

（四）选择性蛋白质的丢失

肾病患者或某些肠道疾病患者，常可导致血浆蛋白质丢失。其量常与蛋白质的分子量相关。小分子量的白蛋白丢失最为明显，而大分子量的蛋白则可有绝对含量的增加（由于肝细胞补偿性的合成增加）。其特征往往表现为：

（1）Alb 明显低下，同时 PA、α1AG、αAT 及 TRF 下降；

（2）α2MG、β- 脂蛋白及 Hp 多聚体的增加（Hp2-1、Hp2-2）；

（3）免疫球蛋白中 Igg 降低，而 IgM 可有增加。

至于严重肾病致肾小球失去分子筛作用，或严重肠道炎症导致非选择性的蛋白丢失，以及全血丧失均可表现为广泛的低血浆蛋白质血症。这类全低血浆蛋白质图谱也可以在充血性心力衰竭、肝功能衰竭、全血稀释及营养不良时见到。

（五）妊娠期及高雌激素血症

正常妊娠时表现为：

（1）PA、Alb、α1AG 及 IgG 略有降低；

（2）α1AT、CER、TRF 及纤维蛋白原有显著增高。α1- 脂蛋白可有中度增加。

（六）遗传性缺陷

血浆蛋白质的遗传性缺陷，包括个别蛋白质发生变异或其量的完全缺乏与基本缺乏。这一现象多数是由于编码的相应蛋白质基因发生遗传上的突变或缺失。举例如下：

（1）α1 抗胰蛋白酶缺乏病，患者血浆中 α1AT 可仅为正常的 10%，是一种常染色体的隐性遗传。杂合子患者血清中 αAT 含量也低于正常。由于 α1AT 占 α1 区带中蛋白质的大部分，这种异常在血清电泳中可以初步识别。进一步作免疫化学检查可以确诊。

（2）结合珠蛋白缺乏病。

（3）转铁蛋白缺乏病，为常染色体显性遗传。

（4）铜蓝蛋白缺乏病，为常染色体隐性遗传。

（5）补体成分缺失，此病少见。患者可完全缺乏某种补体成分，对感染的易感性增加。

（6）免疫球蛋白缺乏，可表现为反复感染，可有一种或多种免疫球蛋白的缺陷。如无 γ 球蛋白血症或低 γ 球蛋白血症，全部免疫球蛋白组分均可降低。

（7）无白蛋白血症，为极罕见的遗传病，完全缺乏时患者可以不发生严重症状，这是由于球蛋白代偿性的增加。

五、血浆蛋白质的检测及其临床应用

血浆蛋白质的检测及其临床应用可以概括为以下几方面：

（1）定量地用化学方法测定血浆总蛋白质以及白蛋白。

（2）通过电泳将血浆（或血清）蛋白质初步分离，可以半定量地检测主要蛋白质的组分及其图谱，如 Alb、α1、α2、β1、β2、γ 等区带，并以相对百分比表示之。

（3）特异的定量测定个别蛋白质，多采用免疫化学的技术，通过制备特异的抗血清（或抗体）测定抗原－抗体复合物。依据抗原抗体结合及其复合物的检测手段可有浊度亮度法、沉淀法、免疫扩散法、免疫电泳法等。如果含量很微的蛋白质则采用放射免疫测定法（RIA）及酶免疫测定法（EIA）。

此处仅从临床的需要，对方法学的临床应用及其进展作一简介。

（一）血清总蛋白质的测定

新鲜全血采取后经自然凝固，析出血清，除去含量约为 $2 \sim 4\,\mu g/L$ 的纤维蛋白原，剩下的即为血清蛋白质。健康成人在活动状态采血，其含量为 $63 \sim 83\,g/L$，平卧休息时为 $60 \sim 78\,g/L$。血浆总蛋白质含量的变化不外两大原因；一是血容量的改变（浓缩或稀释）；二是个别蛋白质组分的明显增加或减少。血浓缩时的高血浆蛋白血症，各个组分成比例的增加（病史中有失水史）。血稀释时的低血浆蛋白血症亦是相对的，各组分蛋白质仍保持正常的比例。

由于个别蛋白质的变化所致的低蛋白血症，最多见的原因是低血浆白蛋白。轻度的高蛋白血症可由于慢性感染性疾病引起的多克隆，弥散性的 γ 球蛋白增多症是由于多发性骨髓瘤或异常蛋白血症时单克隆免疫球蛋白增多。

应当指出，在进行化学定量测定血浆蛋白质时，我们作了如下假定：

（1）所有血浆蛋白是纯的多肽链（糖脂类和金属有机物等均不计在内），其含氮量平均为 16%；

（2）几百种血浆蛋白其理化性质虽不同，但与化学试剂作用产生的反应（如呈色、沉淀）是一致的。显然，这是过于理想化了的，事实上前一种情况是不存在的，后一种情况在不同蛋白质之间也有很大的差别，因此采用任何一种化学方法作血浆蛋白质的测定，严格来讲都是从实用出发的，是相对的定量。

至今，凯氏定氮法仍然是建立各个具体方法时采用的参考标准方法。

双缩脲比色法是目前首先推荐的蛋白质定量方法。方法操作简便，虽然双缩脲试剂有大同不异。其中酒石酸钾钠可以稳定在碱性溶液中的铜离子，含有碘化物作为抗氧化剂。双缩脲反应生成的复合物其吸收峰为 540 nm。可采用公认的标准牛血清白蛋白作为标准品，经精确称量，必要时用凯氏定氮法标定。各地质控中心提供的混合标准血清可作为第二参考，血清用量 100 μL，在 10~120 g/L 浓度范围内呈良好线性关系，批内 CV 值 <2%，其他常用的方法还有：

（1）基于蛋白分子中含有酪氨酸和色氨酸而使用的酚试剂比色法 由于各种蛋白质分子中上述两种氨基酸的组成比例不同，特别是白蛋白含色氨酸为 0.2%，而 γ-球蛋白中含量达 2%~3%，导致较大的差异。Lowry 的改良法在酚试剂中加入 Cu^{2+}，集中原法和双缩脲反应两者的作用，使呈色灵敏度提高。其中 75% 的呈色依赖于 Cu^{2+}。反应产物最佳吸收峰在 650~750 nm，方法灵敏度为双缩脲方法的 100 倍左右。有利于检测较微量的蛋白质。但试剂反应仍易受多种化合物的干扰。

（2）采用 280 nm 和 215/225 紫外吸收值，计算蛋白质含量 280 nm 是由于蛋白质分子中存在芳香族氨基酸所致。方法的特异性和准确性受蛋白分子中该种氨基酸的含量比例影响甚大。尿酸和肝红素在 280 nm 附近有干扰。紫外区 200~225 nm 是肽键的强吸收峰。在此区域其吸收值为 280 nm 的 10~30 倍，将血清稀释 1 000~2 000 倍可以消除干扰物质的影响。

（3）采用沉淀反应进行散射比浊法。用磺柳酸、三氯醋酸等配方，此方法甚为简便，不需特殊仪器，技术关键在于：①选择最佳试剂浓度及温度；②混匀技术；③选用的标准；④待测标本中的蛋白浓度。

（4）染料结合法 蛋白质可与某些染料特异结合，如氨基黑（amino black）与考马亮蓝（comassive brilliant blue）。这一性质除了可以用于电泳后的蛋白质区带染色，亦可用于总蛋白质的定量。缺点是多种蛋白质与染料的结合力不一致。考马亮蓝在与蛋白质结合后的吸收峰从 465 nm 移向 595 nm，这一性质可用分光光度法来定量检测。

关于用化学方法测定白蛋白，现多采用特异性的染料（BCG 或 BCP）结合法，已于第一节中介绍。

（二）血清蛋白质的电泳分析

醋酸纤维薄膜（ACM）和琼脂糖凝胶是目前最广泛采用的两类介质。巴比妥缓冲液 pH8.6，离子强度 0.05，标本用量 3~5 μL，标准电泳条件为 CAM 每厘米宽电流 0.75 mA，琼脂糖约为每厘米宽 10 mA，电泳时间 40~60 min，电泳前沿达 6 cm 左右。虽然目前已开展和应用不少个别蛋白质的测定方法，但血浆蛋白质电泳图谱至今仍然是了解血浆蛋白质全貌的有价值的方法，可用为初筛试验，以提供较全面的信息。正常血清电泳后可以很好地分为 5 条区带（Alb、α1、α2、β1、β2），新鲜标本可以分出 β 带（以 C3 成分为主）。由于各条区带中各个蛋白质组分的重叠、覆盖（如 CER 常被 α2MG 及 Hp 所掩盖），以及某些蛋白质染色带很浅（如脂蛋白和 α1 糖蛋白），可以用其他染色方法辅助。目前除了常使用的氨基黑和丽春红染料外，还采用灵敏度更高的考马亮蓝。

用血清蛋白质电泳测定各组分的含量，通常可采用各区带的浓度百分比（%）或绝对浓度（g/L）表示之。

在某些蛋白质异常增多的情况下，可出现异常区带。如高浓度的 αFP 可以在 Alb 与 α1 区带间出现一条清晰的新带（有人称之为肝癌型）；CRP 异常增高可出现特殊界限的 γ 区带；单核细胞白血病可出现由于溶菌酶异常增多的 γ 后区带等；单克隆免疫球蛋白异常症（M 蛋白血症）则在 α-γ 区带中出现一条很深的界限截然的 M 区带。

在大剂量使用青霉素或水杨酸等药物时，由于药物与白蛋白的结合，可导致这部分白蛋白电泳迁移率的加快而出现区带状的改变。

急性时相反应型常以 α1 及 α2 区带加深为特征；妊娠型以 α1 区带增高为特征，伴有 β 区带的增高；以 α2 区带增高为特征的图谱常见于风湿病等免疫反应性疾病。其他慢性炎症则同时有 α1、α2 及 γ-球蛋白的增加。在肝硬化及慢性肝炎伴肝硬化及慢性肝炎伴肝硬化可以出现 β、γ 区带融合弥散的宽 γ 带。慢性迁延型肝炎、慢性活动型肝炎及慢性反复感染可以出现多条 γ 区带的加深。

（三）免疫化学法测定个别蛋白质

散射比浊法和透射比浊法由于测定方法简便、快速而被广泛使用。许多试剂盒供应抗血清及标准蛋白质，即可建立此测定法。此技术可以测定抗原－抗体复合物（沉淀颗粒）形成的量（终点法），亦可采用测定复合物形成的速率（动力学方法，即通过散射浊度计测定抗原－抗体混合反应复合物颗粒形成的时间，即反应速率。一定条件下，反应速率与反应体系中抗原的含量直线相关，可以通过制备标准曲线而计算）。

现已有设计完善的带微电脑进行数据处理的散射浊度计和透射浊度计，以免疫化学系统（immuno-chemicalsystem，ICs）可供应。免疫扩散法不需昂贵设备，放射免疫法则需要液体闪烁计数器及应用放射性同位素。

关于免疫化学测定方法中的标准品和方法的标准化问题：含有准确含量的纯抗原蛋白不易买到。制备的抗血清由于其来源不同，其特异性和灵敏度效价有很大差异，一个纯蛋白制剂来制备高特异性的抗血清亦非轻易之举。因此抗血清的制备和方法的标准化是方法推广和使用的关键。据美国病理学会的研究报告，测 α1AT 用同一标本，使用 5 种不同的方法在 510 个实验室报告的结果从 1.6～2.34 g/L。同一研究中 C3 补体的测定采用了 8 种不同方法，测定结果为 149～282 mg/L。

世界卫生组织目前提供以下参考标准品：IgG、IgA、IgM、IgD、IgE、αFP、CEA、Alb、C3、CER 及 TRP。使用国际单位（IU），没有使用绝对的质量单位。美国疾病控制中心（CDC）供应的国家参考标准品人血清蛋白质含 13 种蛋白质，亦使用 WHO 的国际单位标明含量。

第五章　生物代谢

第一节　糖代谢

一、概述（Overview）

代谢的基本概念（Basis Concepts of Metabolism）：机体内的化学反应是在酶的催化下完成的。在细胞内这些反应不是相互独立的，而是相互联系的，一个反应的产物可能就是下一个反应的底物，这样构成一连串的反应，称之为代谢途径（pathway），由不同的代谢途径相互交叉构成一个有组织有目的的化学反应网络（network），称为代谢（metabolism）。体内的代谢途径主要分为两类：一类是由大分子（多糖、蛋白、脂类等）不断降解为小分子（如 CO_2，NH_3，H_2O）的过程称之为分解代谢（catabolism）；另一类是由小分子（如氨基酸等）生成大分子（如蛋白质）的过程称之为合成代谢（anabolism）。分解代谢主要分三个阶段进行：第一阶段是由复杂的大分子分解为物质基本组成单位的过程，即糖、脂肪和蛋白质降解生成葡萄糖、脂肪酸、甘油和氨基酸；第二阶段是由这些基本分子转变为代谢中间产物，即活泼的二碳化合物的过程，如上述葡萄糖、氨基酸和脂肪酸等降解为乙酰 CoA，这期间有少量能量的释放，生成 ATP；第三阶段是乙酰 CoA 氧化生成 CO_2 和 H_2O 的过程，这期间生成的 NADH，FADH2 通过氧化磷酸化过程，生成大量 ATP。合成代谢一般不是分解代谢简单的逆向反应，而是由不同酶催化的，通常需要消耗 ATP，还原供氢体多为 NADPH。很显然，分解代谢是一个发散的过程（divergent process），而合成代谢是一个集合过程（convergent process）。在正常的机体内，代谢受着严格的调控（regulation），处在动态平衡状态中，这种调节主要是通过各种代谢途径中关键的限速酶的活性变化来实现的。调控发生在两个水平上：一个是细胞内水平，主要由代谢底物、产物的多少来完成；第二个是整体水平，主要通过神经—内分泌系统来实现。

二、食物中糖的消化和吸收（Digestion and Absorption of Carbohydrates）

食物中的糖类主要是植物淀粉（Starch）和动物糖原（Glycogen）两类可消化吸收的多糖、少量蔗糖（Sucrose）、麦芽糖（Maltose）、异麦芽糖（Isomaltose）和乳糖（Lactose）等寡糖或单糖，这些糖首先在口腔被唾液中的淀粉酶（α-amylase）部分水解 α-1，4 糖苷键（α-1.4glycosidic bond），进而在小肠被胰液中的淀粉酶进一步水解生成麦芽糖，异麦芽糖和含 4 个糖基的临界糊精（α-dextrins），最终被小肠黏膜刷毛缘的麦芽糖酶（Maltase）、乳糖酶（Lactase）和蔗糖酶（Sucrase）水解为葡萄糖（Glucose）、果糖（Fructose）、半乳糖（Galatose），这些单糖可吸收入小肠细胞。此吸收过程是一个主动耗能的过程，由特定载体完成，同时伴有 Na^+ 转运，不受胰岛素的调控。除上述糖类以外，由于人体内无 β-糖苷酶，食物中含有的纤维素（cellulose）无法被人体分解利用，但是其具有刺激肠蠕动等作用，对于身体健康也是必不可少的。临床上，有些患者由于缺乏乳糖酶等双糖酶，可导致食物中糖类消化吸收障碍而使未消化吸收的糖类进入大肠，被大肠中细菌分解产生 CO_2、H_2 等，引起腹胀，腹泻等症状。

三、糖的主要生理功能（Functions of Carbohydrate）

糖是自然界最丰富的物质之一，人体每日摄入的糖比蛋白质、脂肪多，占到食物总量的百分之五十以上，糖是人体能量的主要来源之一，以葡萄糖为主供给机体各种组织能量，1 g 葡萄糖完全氧化分解可产生 2 840 J/mol 的能量，除了供给机体能量以外，糖也是组成人体组织结构的重要成分：与蛋白质结合形成糖蛋白（Glycoprotein）构成细胞表面受体、配体，在细胞间信息传递中起着重要作用；与脂类结合形成糖脂（Glyeolipid）是神经组织和细胞膜中的组成成分；还有血浆蛋白、抗体和某些酶及激素中也含有糖。糖的基本结构式是（CH_2O），故也称之为碳水化合物。

四、糖的分解代谢（Catabolism of Carbohydrate）

人体组织均能对糖进行分解代谢，主要的分解途径有四条：
（1）无氧条件下进行的糖酵解途径；
（2）有氧条件下进行的有氧氧化；
（3）生成磷酸戊糖的磷酸戊糖通路；
（4）生成葡萄糖醛酸的糖醛酸代谢。

（一）糖酵解途径（Glycolytic Pathway）

糖酵解途径是指细胞在胞浆中分解葡萄糖生成丙酮酸（Pyruvate）的过程，此过程中伴有少量 ATP 的生成。在缺氧条件下丙酮酸被还原为乳酸（lactate）称为糖酵解。有氧条件下丙酮酸可进一步氧化分解生成乙酰 CoA 进入三羧酸循环，生成 CO_2 和 H_2O。

（二）葡萄糖的转运（Transport of Glucose）

葡萄糖不能直接扩散进入细胞内，其通过两种方式转运入细胞：一种是在前一节提到的与 Na^+ 共转运方式，它是一个耗能逆浓度梯度转运，主要发生在小肠黏膜细胞、肾小管上皮细胞等部位；另一种方式是通过细胞膜上特定转运载体将葡萄糖转运入细胞内，它是一个不耗能顺浓度梯度的转运过程。目前已知转运载体有 5 种，其具有组织特异性如转运载体 -1（GLUT-1）主要存在于红细胞，而转运载体 -4（GLUT-4）主要存在于脂肪组织和肌肉组织。

（三）糖酵解过程

糖酵解分为两个阶段共 10 个反应，每个分子葡萄糖经第一阶段共 5 个反应，消耗 2 个分子 ATP 为耗能过程，第二阶段 5 个反应生成 4 个分子 ATP 为释能过程。

1. 第一阶段

（1）葡萄糖的磷酸化（phosphorylation of glucose）。

进入细胞内的葡萄糖首先在第 6 位碳上被磷酸化生成 6- 磷酸葡萄糖（glucose phophate，G-6-P），磷酸根由 ATP 供给，这一过程不仅活化了葡萄糖，有利于它进一步参与合成与分解代谢，同时还能使进入细胞的葡萄糖不再逸出细胞。催化此反应的酶是己糖激酶（hexokinase，HK）。己糖激酶催化的反应不可逆，反应需要消耗能量 ATP，Mg^{2+} 是反应的激活剂，它能催化葡萄糖、甘露糖、氨基葡萄糖、果糖进行不可逆的磷酸化反应，生成相应的 6- 磷酸酯，6- 磷酸葡萄糖是 HK 的反馈抑制物，此酶是糖氧化反应过程的限速酶（ratelimiting enzyme）或称关键酶（key enzyme）它有同工酶 I－IV 型，I、II、III 型主要存在于肝外组织，其对葡萄糖 K_m 值为 $10^{-5} \sim 10^{-6}M$。

IV 型主要存在于肝脏，特称葡萄糖激酶（glucokinase，GK），对葡萄糖的 K_m 值 $1 \sim 10^{-2}M$，正常血糖浓度为 5 mmol/L，当血糖浓度升高时，GK 活性增加，葡萄糖和胰岛素能诱导肝脏合成 GK，GK 能催化葡萄糖、甘露糖生成其 6- 磷酸酯，6- 磷酸葡萄糖对此酶无抑制作用。

（2）6- 磷酸葡萄糖的异构反应（isomerization of glucose-6-phosphate）。

这是由磷酸己糖异构酶（phosphohexoseisomerase）催化 6- 磷酸葡萄糖（醛糖 aldose sugar）转变为 6- 磷酸果糖（fructose-6-phosphate，F-6-P）的过程，此反应是可逆的。

（3）6- 磷酸果糖的磷酸化（phosphorylation of fructose-6-phosphate）。

此反应是 6 磷酸果糖第一位上的 C 进一步磷酸化生成 1.6- 二磷酸果糖，磷酸根由 ATP 供给，催化此反应的酶是磷酸果糖激酶 1（phospho fructo kinase 1，PFK1）。

PFK1 催化的反应是不可逆反应，它是糖的有氧氧化过程中最重要的限速酶，它也是变构酶，柠檬酸、ATP 等是变构抑制剂，ADP、AMP、Pi、1.6- 二磷酸果糖等是变构激活剂，胰岛素可诱导它的生成。

2. 糖的无氧酵解

在细胞液阶段的过程中，一个分子的葡萄糖或糖原中的一个葡萄糖单位，可氧化分解产生 2 个分子的丙酮酸，丙酮酸将进入线粒体继续氧化分解，此过程中产生的两对 $NADH^+H^+$，由递氢体 α- 磷酸甘油（肌肉和神经组织细胞）或苹果酸（心肌或肝脏细胞）传递进入线粒体，再经线粒体内氧化呼吸链的传递，最后氢与氧结合生成水，在氢的传递过程释放能量，其中一部分以 ATP 形式储存。

在整个细胞液阶段中的 10 或 11 步酶促反应中，在生理条件下有三步是不可逆的单向反应，催化这三步反应的酶活性较低，是整个糖的有氧氧化过程的关键酶，其活性大小，对糖的氧化分解速度起决定性作用，在此阶段经底物水平磷酸化产生四个分子 ATP。

总而言之，经过糖酵解途径，一个分子葡萄糖可氧化分解产生 2 个分子丙酮酸。在此过程中，经底物水平磷酸化可产生 4 个分子 ATP，如与第一阶段葡萄糖磷酸化和磷酸果糖的磷酸化消耗二分子 ATP 相互抵消，每分子葡萄糖降解至丙酮酸净产生 2 个分子 ATP，如从糖原开始，因开始阶段仅消耗 1 分子 ATP，所以每个葡萄糖单位可净生成 3 分子 ATP。

葡萄糖 +2Pi+2NAD$^+$+2ADP → 2 丙酮酸 +2ATP+2NADH+2H$^+$+2H$_2$O。

（四）丙酮酸在无氧条件下生成乳酸

氧供应不足时从糖酵解途径生成的丙酮酸转变为乳酸。缺氧时葡萄糖分解为乳酸称为糖酵解（glycolysis），因它和酵母菌生醇发酵非常相似。丙酮酸转变成乳酸由乳酸脱氢酶（lactatede hydro genase）催化丙酮酸乳酸脱氢酶乳酸在这个反应中丙酮酸起了氢接受体的作用。由 3- 磷酸甘油醛脱氢酶反应生成的 NADH$^+$H$^+$，缺氧时不能经电子传递链氧化。正是通过将丙酮酸还原成乳酸，使 NADH 转变成 NAD$^+$，糖酵解才能继续进行。

乳酸脱氢酶是由 M 和 H 二种亚基构成的四聚体，组成 5 种同工酶。这些同工酶在组织中分布不同，对丙酮酸的 KM 也有较大差异。H4 主要分布在心肌。它的酶动力学参数表明 H4 有利于催化乳酸氧化成丙酮酸。所以心肌进行有氧氧化而且能利用乳酸作为燃料。骨骼肌中为 M4 型。它对反应方面无倾向性，但肌细胞内底物的浓度有利于生成乳酸。

（五）糖酵解及其生理意义

糖酵解是生物界普遍存在的供能途径，但其释放的能量不多，而且在一般生理情况下，大多数组织有足够的氧以供有氧氧化之需，很少进行糖酵解，因此这一代谢途径供能意义不大，但少数组织，如视网膜、睾丸、肾髓质和红细胞等组织细胞，即使在有氧条件下，仍需从糖酵解获得能量。

在某些情况下，糖酵解有特殊的生理意义。例如剧烈运动时，能量需求增加，糖分解加速，此时即使呼吸和循环加快以增加氧的供应量，仍不能满足体内糖完全氧化所需要的能量，这时肌肉处于相对缺氧状态，必须通过糖酵解过程，以补充所需的能量。在剧烈运动后，可见血中乳酸浓度成倍地升高，这是糖酵解加强的结果。又如人们从平原地区进入高原的初期，由于缺氧，组织细胞也往往通过增强糖酵解获得能量。

在某些病理情况下，如严重贫血、大量失血、呼吸障碍、肿瘤组织等，组织细胞也需通过糖酵解来获取能量。倘若糖酵解过度，可因乳酸产生过多，而导致酸中毒。

（六）糖酵解的调节

正常生理条件下，人体内的各种代谢受到严格而精确的调节，以满足机体的需要，保持内环境的稳定。这种控制主要是通过调节酶的活性来实现的。在一个代谢过程中往往催化不可逆反应的酶限制代谢反应速度，这种酶称为限速酶。糖酵解途径中主要限速酶是己糖激酶（HK），磷酸果糖激酶 -1（PFK-1）和丙酮酸激酶（PK）。

1. 激素的调节

胰岛素能诱导体内葡萄糖激酶、磷酸果糖激酶、丙酮酸激酶的合成，因而促进这些酶的活性，一般来说，这种促进作用比对限速酶的变构或修饰调节慢，但作用比较持久。

2. 代谢物对限速酶的变构调节

上述三个限速酶中，起决定作用的是催化效率最低的酶 PFK-1。其分子是一个四聚体形式，不仅具有对反应底物 6- 磷酸果糖和 ATP 的结合部位，而且尚有几个与另位激活剂和抑制剂结合的部位，6- 磷酸果糖、1.6 二磷酸果糖、ADP 和 AMP 是其激活剂，而 ATP、柠檬酸等是其抑制剂，ATP 既可作为反应底物又可作为抑制剂，其原因在于：此酶一个是与作为底物的 ATP 结合位点，另一个是与作为抑制剂的 ATP 结合位点，两个位点对 ATP 的亲和力不同，与底物的位点亲和力高，抑制剂作用的位点亲和力低。对 ATP 有两种结合位点，这样，当细胞内 ATP 不足时，ATP 主要作为反应底物，保证酶促反应进行，而当细胞内 ATP 增多时，ATP 作为抑制剂，降低了酶对 6- 磷酸果糖的亲和力。

它在体内也是由 6- 磷酸果糖磷酸化而成，但磷酸化是在 C2 位而不是 C4 位，参与的酶也是另一个激酶，磷酸果糖激酶 -2（PFK-2）。

2，6- 二磷酸果糖可被二磷酸果糖磷酸酶 -2 去磷酸而生成 6- 磷酸果糖，失去其调节作用。2，6- 二磷酸果糖的作用在于增强磷酸果糖激酶 -1 对 6- 磷酸果糖的亲和力和取消 ATP 的抑制作用。

五、糖的有氧氧化

葡萄糖在有氧条件下，氧化分解生成二氧化碳和水的过程称为糖的有氧氧化（Aerobicoxidation）。有氧氧化是糖分解代谢的主要方式，大多数组织中的葡萄糖均进行有氧氧化分解供给机体能量。

（一）有氧氧化过程

糖的有氧氧化分两个阶段进行。第一阶段是由葡萄糖生成的丙酮酸，在细胞液中进行。第二阶段是上述过程中产生的 NADH+H+ 和丙酮酸在有氧状态下，进入线粒体中，丙酮酸氧化脱羧生成乙酰 CoA 进入三羧酸循环，进而氧化生成 CO_2 和 H_2O，同时 NADH+H+ 等可经呼吸链传递，伴随氧化磷酸化过程生成 H_2O 和 ATP，下面主要将讨论有氧氧化在线粒体中进行的第二阶段代谢。

1. 丙酮酸的氧化脱羧

催化氧化脱羧的酶是丙酮酸脱氢酶系（pyruvatedehy drogenase system），此多酶复合体包括丙酮酸脱羧酶，辅酶是 TPP，二氢硫辛酸乙酰转移酶，辅酶是二氢硫辛酸和辅酶 A，还有二氢硫辛酸脱氢酶，辅酶是 FAD 及存在于线粒体基质液中的 NAD$^+$，多酶复合体形成了紧密相连的连锁反应机构，提高了催化效率。

从丙酮酸到乙酰 CoA 是糖有氧氧化中关键的不可逆反应，催化这个反应的丙酮酸脱氢酶系受到很多因素的影响，反应中的产物，乙酰 CoA 和 NADH$^+$H$^+$ 可以分别抑制酶系中的二氢硫辛酸乙酰转移酶和二氢硫辛酸脱氢酶的活性，丙酮酸脱羧酶（pyruvate decarboxylase，PDC）活性受 ADP 和胰岛素的激活，受 ATP 的抑制。

丙酮酸脱氢反应的重要特征是丙酮酸氧化释放的自由能贮存在乙酰 CoA 中的高能硫酯键中，并生成 NADH$^+$H$^+$。

2. 三羧酸循环（tricarboxylic acid cycle）

乙酰 CoA 进入由一连串反应构成的循环体系，被氧化生成 H$_2$O 和 CO$_2$。由于这个循环反应开始于乙酰 CoA 与草酰乙酸（oxaloacetate）缩合生成的含有三个羧基的柠檬酸，因此称之为三羧酸循环或柠檬酸循环（citric acid cycle）。其详细过程如下：

（1）乙酰 CoA 进入三羧酸循环。

乙酰 CoA 具有硫酯键，乙酰基有足够能量与草酰乙酸的羧基进行醛醇型缩合。首先从 CH$_3$CO 基上除去一个 H$^+$，生成的阴离子对草酰乙酸的羰基碳进行亲核攻击，生成柠檬酰 CoA 中间体，然后高能硫酯键水解放出游离的柠檬酸，使反应不可逆地向右进行。该反应由柠檬酸合成酶（citrate synthetase）催化，是很强的放能反应。

由草酰乙酸和乙酰 CoA 合成柠檬酸是三羧酸循环的重要调节点，柠檬酸合成酶是一个变构酶，ATP 是柠檬酸合成酶的变构抑制剂，此外，α- 酮戊二酸、NADH 能变构抑制其活性，长链脂酰 CoA 也可抑制它的活性，AMP 可对抗 ATP 的抑制而起激活作用。

（2）异柠檬酸形成。

柠檬酸的叔醇基不易氧化，转变成异柠檬酸而使叔醇变成仲醇，就易于氧化，此反应由顺乌头酸酶催化，为一可逆反应。

（3）第一次氧化脱酸。

在异柠檬酸脱氢酸作用下，异柠檬酸的仲醇氧化成羰基，生成草酰琥珀酸（oxalosuccinate）的中间产物，后者在同一酶表面，快速脱羧生成 α- 酮戊二酸（α ketoglutarate）、NADH 和 CO$_2$，此反应为 β- 氧化脱羧，此酶需要 Mn^{2+} 作为激活剂。

此反应是不可逆的，是三羧酸循环中的限速步骤，ADP 是异柠檬酸脱氢酶的激活剂，而 ATP，NADH 是此酶的抑制剂。

（4）第二次氧化脱羧。

在 α- 酮戊二酸脱氢酶系作用下，α- 酮戊二酸氧化脱羧生成琥珀酰 CoA、NADH$^+$H$^+$ 和 CO$_2$，反应过程完全类似于丙酮酸脱氢酶系催化的氧化脱羧，属于 α 氧化脱羧，氧化产生的能量中一部分储存于琥珀酰 CoA 的高能硫酯键中。

α- 酮戊二酸脱氢酶系也由三个酶（α- 酮戊二酸脱羧酶、硫辛酸琥珀酰基转移酶、二氢硫辛酸脱氢酶）和五个辅酶（TPP、硫辛酸、HSCoA、NAD$^+$、FAD）组成。

此反应也是不可逆的。α-酮戊二酸脱氢酶复合体受 ATP、GTP、NAPH 和琥珀酰 CoA 抑制，但其不受磷酸化 / 去磷酸化的调控。

（5）底物磷酸化生成 ATP。

在琥珀酸硫激酶（succinatethiokinase）的作用下，琥珀酰 CoA 的硫酯键水解，释放的自由能用于合成 GTP，在细菌和高等生物可直接生成 ATP，在哺乳动物中，先生成 GTP，再生成 ATP，此时，琥珀酰 CoA 生成琥珀酸和辅酶 A。

（6）琥珀酸脱氢。

琥珀酸脱氢酶（succinatedehydrogenase）催化琥珀酸氧化成为延胡索酸。该酶结合在线粒体内膜上，而其他三羧酸循环的酶则都是存在线粒体基质中的，这酶含有铁硫中心和共价结合的 FAD，来自琥珀酸的电子通过 FAD 和铁硫中心，然后进入电子传递链到 O_2，丙二酸是琥珀酸的类似物，是琥珀酸脱氢酶强有力的竞争性抑制物，所以可以阻断三羧酸循环。

（7）延胡索酸的水化。

延胡索酸酶仅对延胡索酸的反式双键起作用，而对顺丁烯二酸（马来酸）则无催化作用，因而是高度立体特异性的。

（8）草酰乙酸再生。

在苹果酸脱氢酶（malicdehydrogenase）作用下，苹果酸仲醇基脱氢氧化成羰基，生成草酰乙酸（oxalocetate），NAD^+ 是脱氢酶的辅酶，接受氢成为 $NADH^+H^+$。

（二）糖有氧氧化的生理意义

（1）三羧酸循环是机体获取能量的主要方式。1 个分子葡萄糖经无氧酵解仅净生成 2 个分子 ATP，而有氧氧化可净生成 38 个 ATP，其中三羧酸循环生成 24 个 ATP，在一般生理条件下，许多组织细胞皆从糖的有氧氧化获得能量。糖的有氧氧化不但释能效率高，而且逐步释能，并逐步储存于 ATP 分子中，因此能的利用率也很高。

（2）三羧酸循环是糖，脂肪和蛋白质三种主要有机物在体内彻底氧化的共同代谢途径，三羧酸循环的起始物乙酰辅酶 A，不但是糖氧化分解产物，它也可来自脂肪的甘油、脂肪酸和来自蛋白质的某些氨基酸代谢，因此三羧酸循环实际上是三种主要有机物在体内氧化供能的共同通路，估计人体内 2/3 的有机物是通过三羧酸循环而被分解的。

（3）三羧酸循环是体内三种主要有机物互变的联结机构，因糖和甘油在体内代谢可生成 α-酮戊二酸及草酰乙酸等三羧酸循环的中间产物，这些中间产物可以转变成为某些氨基酸；而有些氨基酸又可通过不同途径变成 α-酮戊二酸和草酰乙酸，再经糖异生的途径生成糖或转变成甘油，因此三羧酸循环不仅是三种主要的有机物分解代谢的最终共同途径，而且也是它们互变的联络机构。

（三）糖有氧氧化的调节

如上所述糖有氧氧化分为两个阶段，第一阶段糖酵解途径的调节在糖酵解部分已探讨过，下面主要讨论第二阶段丙酸酸氧化脱羧生成乙酰 CoA 并进入三羧酸循环的一系列反应的调节。丙酮酸脱氢酶复合体、柠檬酸合成酶、异柠檬酸脱氢酶和 α-酮戊二酸脱氢酶复合体是这一过程的限速酶。

丙酮酸脱氢酶复合体受别位调控也受化学修饰调控，该酶复合体受它的催化产物 ATP、乙酰 CoA 和 NADH 有力的抑制，这种别位抑制可被长链脂肪酸所增强，当进入三羧酸循环的乙酰 CoA 减少，而 AMP、辅酶 A 和 NAD$^+$ 堆积，酶复合体就被别位激活，除上述别位调节，在脊椎动物还有第二层次的调节，即酶蛋白的化学修饰，PDH 含有两个亚基，其中一个亚基上特定的一个丝氨酸残基经磷酸化后，酶活性就受抑制，脱磷酸化活性就恢复，磷酸化-脱磷酸化作用是由特异的磷酸激酶和磷酸蛋白磷酸酶分别催化的，它们实际上也是丙酮酸酶复合体的组成，即前已述及的调节蛋白，激酶受 ATP 别位激活，当 ATP 高时，PDH 就磷酸化而被激活，当 ATP 浓度下降，激酶活性也降低，而磷酸酶除去 PDH 上磷酸，PDH 又被激活了。

对三羧酸循环中柠檬酸合成酶、异柠檬酸脱氢酶和 α-酮戊二酸脱氢酶的调节，主要通过产物的反馈抑制来实现的，而三羧酸循环是机体产能的主要方式。因此 ATP/ADP 与 NADH/NAD$^+$ 两者的比值是其主要调节物。ATP/ADP 比值升高，抑制柠檬酸合成酶和异柠檬酶脱氢酶活性，反之 ATP/ADP 比值下降可激活上述两个酶。NADH/NAD$^+$ 比值升高抑制柠檬酸合成酶和 α-酮戊二酸脱氢酶活性，除上述 ATP/ADP 与 NADH/NAD$^+$ 之外其他一些代谢产物对酶的活性也有影响，如柠檬酸抑制柠檬酸合成酶活性，而琥珀酰 CoA 抑制 α-酮戊二酸脱氢酶活性。总之，组织中代谢产物决定循环反应的速度，以便调节机体 ATP 和 NADH 浓度，保证机体能量供给。

（四）有氧氧化和糖酵解的相互调节

Pasteur 在研究酵母发酵时，发现在供氧充足的条件下，细胞内糖酵解作用受到抑制。葡萄糖消耗和乳酸生成减少，这种有氧氧化对糖酵解的抑制作用称为巴士德效应（Pasteureffect）。

产生巴士德效应主要是由于在供氧充足的条件下，细胞内 ATP/ADP 比值升高，抑制了 PK 和 PFK，使 6-磷酸果糖和 6-磷酸葡萄糖含量增加，后者反馈抑制己糖激权衡利弊（HK），使葡萄糖利用减少，呈现有氧氧化对糖酵解的抑制作用。

Crabtree 效应与巴士德效应相反，在癌细胞发现给予葡萄糖时不论供氧充足与否都呈现很强的酵解反应，而糖的有氧氧化受抑制，称为 Crabtree 效应或反巴士德效应。这种现象较普遍地存在于癌细胞中，此外也存在于一些正常组织细胞如视网膜、睾丸、颗粒白细胞等。

一般认为，具 Crabtree 效应的细胞，其酵解酶系（如 PK、PFK、HK$^+$）活性强，而线粒体内氧化酶系如细胞色素氧化酶活性则较低，它们在争夺 ADF、Pi 及 ADH⁺H⁺ 方面线粒体必然处于劣势，因而缺乏进行氧化磷酸化的底物，即使在供氧充足的情况下，其有氧氧化生成 ATP 的能力仍低于正常细胞，呈现 Crabtree 效应。

（五）磷酸戊糖途径

磷酸戊糖途径（pentosephosphate pathway）又称己糖单磷酸旁路（hexose monophosphate shut HMS）或磷酸葡萄糖旁路（phosphogluconate shut）。此途径由 6- 磷酸葡萄糖开始生成具有重要生理功能的 NADPH 和 5- 磷酸核糖。全过程中无 ATP 生成，因此此过程不是机体产能的方式。其主要发生在肝脏、脂肪组织、哺乳期的乳腺、肾上腺皮质、性腺、骨髓和红细胞等。

1. 反应过程

磷酸戊糖途径在细胞液中进行，全过程分为不可逆的氧化阶段和可逆的非氧化阶段。在氧化阶段，3 个分子 6- 磷酸葡萄糖在 6- 磷酸葡萄糖脱氢酶和 6- 磷酸葡萄糖酸脱氢酶等催化下经氧化脱羧生成 6 个分子 $NADPH^+H^+$，3 个分子 CO_2 和 3 个分子 5- 磷酸核酮糖；在非氧化阶段，5- 磷酸核酮糖在转酮基酶（TPP 为辅酶）和转硫基酶催化下使部分碳链进行相互转换，经三碳、四碳、七碳和磷酸酯等，最终生成 2 分子 6- 磷酸果糖和 1 分子 3- 磷酸甘油，它们可转变为 6- 磷酸葡萄糖继续进行磷酸戊糖途径，也可以进入糖有氧氧化或糖酵解途径。此反应途径中的限速酶是 6- 磷酸葡萄糖脱氢酶，此酶活性受 NADPH 浓度影响，NADPH 浓度升高抑制酶的活性，因此磷酸戊糖途径主要受体内 NADPH 的需求量调节。

2. 生理意义

（1）5- 磷酸核糖的生成，此途径是葡萄糖在体内生成 5- 磷酸核糖的唯一途径，故命名为磷酸戊糖通路，体内需要的 5- 磷酸核糖可通过磷酸戊糖通路的氧化阶段不可逆反应过程生成，也可经非氧化阶段的可逆反应过程生成，而在人体内主要由氧化阶段生成，5- 磷酸核糖是合成核苷酸辅酶及核酸的主要原料，故损伤后修复、再生的组织（如梗死的心肌、部分切除后的肝脏），此代谢途径都比较活跃。

（2）$NADPH^+H^+$ 与 NADH 不同，它携带的氢不是通过呼吸链氧化磷酸化生成 ATP，而是作为供氢体参与许多代谢反应，具有多种不同的生理意义。

①作为供氢体，参与体内多种生物合成反应，例如脂肪酸、胆固醇和类固醇激素的生物合成，都需要大量的 $NADPH^+H^+$，因此磷酸戊糖通路在合成脂肪及固醇类化合物的肝、肾上腺、性腺等组织中特别旺盛。

②$NADPH^+H^+$ 是谷胱甘肽还原酶的辅酶，对维持还原型谷胱甘肽（GSH）的正常含量，有很重要的作用，GSH 能保护某些蛋白质中的巯基，如红细胞膜和血红蛋白上的 SH 基，因此缺乏 6- 磷酸葡萄糖脱氢酶的人，因 $NADPH^+H^+$ 缺乏，GSH 含量过低，红细胞易于破坏而发生溶血性贫血。

（3）NADPH+H⁺参与肝脏生物转化反应，肝细胞内质网含有以 NADPH+H⁺ 为供氢体的加单氧酶体系，参与激素、药物、毒物的生物转化过程。

（4）NADPH+H⁺参与体内嗜中性粒细胞和巨噬细胞产生离子态氧的反应，因而有杀菌作用。

（六）糖醛酸代谢

糖醛酸代谢（uronicacid metabolism）主要在肝脏和红细胞中进行，它由尿嘧啶核苷二磷酸葡萄糖（UDPG）上联糖原合成途径，经过一系列反应后生成磷酸戊糖而进入磷酸戊糖通路，从而构成糖分解代谢的另一条通路。

1-磷酸葡萄糖和尿嘧啶核苷三磷酸（UTP）在尿二磷葡萄糖焦磷酸化酶（UDPG 焦磷酸化酶）催化下生成尿二磷葡萄糖（UDPG），UDPG 经尿二磷葡萄糖脱氢酶的作用进一步氧化脱氢生成尿二磷葡萄糖醛酸，脱氢酶的辅酶是 NAD⁺，尿二磷葡萄糖醛酸（UDPGA）脱去尿二磷生成葡萄糖醛酸（glucuronic acid）。葡萄糖醛酸在一系列酶作用下，经 NADPH+H⁺ 供氢和 NAD⁺ 受氢的二次还原和氧化的过程，生成 5-磷酸木酮糖进入磷酸戊糖通路。

糖醛酸代谢的主要生理功能在于代谢过程中生成了尿二磷葡萄糖醛酸，它是体内重要的解毒物质之一，同时又是合成黏多糖的原料。此代谢过程要消耗 NADPH+H⁺（同时生成 NADH+H⁺），而磷酸戊糖通路又生成 NADPH+H⁺，因此两者关系密切，当磷酸戊糖通路发生障碍时，必然会影响糖醛酸代谢的顺利进行。

六、血糖及血糖含量调节

血液中的糖主要是葡萄糖，称为血糖（bloodsugar），血糖的含量是反映体内糖代谢状况的一项重要指标。正常情况下，血糖含量有一定的波动范围，正常人空腹静脉血含葡萄糖 $3.89 \sim 6.11$ mmol/L，当血糖的浓度高于 $8.89 \sim 10.00$ mmol/L，超过肾小管重吸收的能力，就可出现糖尿现象，通常将 $8.89 \sim 10.00$ mmol/L，血糖浓度称为肾糖阈（renal threshold of glucose），即尿中出现糖时血糖的最低界限。

在进食后，由于大量葡萄糖吸收入血，血糖升高，但一般在 2 h 后又可恢复到正常范围，在轻度饥饿初期，血糖可以稍低于正常，但在短期内，即使不进食物，血糖也可恢复并维持在正常水平，为什么血糖含量能经常地维持在一定范围内？这是血糖有许多来源和去路，这些来源和去路在神经和激素的调节下，使血糖处于动态平衡状态。

血糖含量维持一定水平，对于保证人体各组织器官特别是脑组织的正常机能活动极为重要，脑组织主要依靠糖有氧氧化供能，所以脑组织在血糖低于正常值的 1/3～1/2 时，即可引起机能障碍，在动物甚至引起死亡。

（一）血糖的来源和去路

血糖的每一来源和去路都是糖代谢反应的一条途径，血糖的根本来源是食物中的糖类，在不进食而血糖趋于降低时，则肝糖原分解作用加强，当长期饥饿时，则肝脏糖异生作用增强，因而血糖仍能继续维持在正常水平。

血糖的主要去路是在组织器官中氧化供能，也可合成糖原贮存或转变成脂肪及某些氨基酸等，血糖从尿中排出不是一种正常的去路，只是在血糖浓度超过肾糖阈时，一部分糖从尿中排出，称为糖尿（glucosuria）。

（二）激素对血糖的调节作用

多种激素参与对血糖浓度的调节，使血糖浓度降低的激素有胰岛素，使血糖升高的激素主要有肾上腺素、胰高血糖素、肾上腺皮质激素、生长素等，它们对血糖的调节主要是通过对糖代谢各主要途径的影响来实现的。

（三）神经调节

用电刺激交感神经系的视丘下部腹内侧核（ventromedial hypothalamic nucleus，VMH）或内脏神经，能使肝糖原减少，血糖升高，同时磷酸化酶磷酸酶活性迅速降低，磷酸化酶 a 的含量增加和葡萄糖 -6- 磷酸酶的活性升高。上升效果在电刺激后仅 30 s 即可达到最高值，比注射肾上腺素或胰高血糖素的效果快，而且 cAMP 的含量不变，磷酸化酶激酶的活性也不变，说明电刺激的直接应答反应与肾上腺素或胰高血糖素的作用不同。

用电刺激副交感神经系的视丘下部外侧核（lateral hypothalamic nucleus，LH）或迷走神经时，肝糖原合成酶 I 活性增加，而磷酸烯醇式丙酮酸羧激酶活性却降低，从而肝糖原合成增加，摘除胰岛的动物，仍可得到类似结果，以上事实证明神经对血糖浓度可通过对糖原合成和分解代谢的调节而产生影响。

（四）糖代谢障碍

1. 高血糖及糖尿症（hyperglycemia and glucosuria）

空腹血糖浓度高于 7.22 ~ 7.78 mmol/L 称为高血糖，超过肾糖阈时出现糖尿。在生理情况下也会出现高血糖和糖尿，如情绪激动时交感神经兴奋，使肾上腺素分泌增加，肝糖原分解，血糖浓度上升而出现糖尿，称为情感性糖尿（emotional glucosuria），一次食入大量的糖，血糖急剧增高，出现糖尿称为饮食性糖尿（alimentary glucosuria）。临床上静脉点滴葡萄糖速度过快，每小时每公斤体重超过 0.4 ~ 0.5 g 时，也会引起糖尿。

持续性高血糖和糖尿，特别是空腹血糖和糖耐量曲线高于正常范围，主要见于糖尿病（diabetes mellitus）。

某些慢性肾炎、肾病综合征等引起肾脏对糖的重吸收障碍而出现糖尿，但血糖及糖耐量曲线均正常。

2. 低血糖（hypoglycemia）

空腹血糖浓度低于 3.33～3.89 mmol/L 时称为低血糖。

低血糖影响脑的正常功能，因为脑细胞中含糖原极少，脑细胞所需要的能量主要来自葡萄糖的氧化，当血糖含量降低时，就会影响脑细胞的机能活性，因而出现头晕、倦怠无力、心悸、手颤、出冷汗、严重时出现昏迷，称为低血糖休克，如不及时给病人静脉注入葡萄糖液，就会死亡。

出现低血糖的病因有：

① 胰性（胰岛 β 细胞机能亢进、胰岛 α‑细胞机能低下等）；

② 肝性（肝癌、糖原病等）；

③ 内分泌异常（垂体机能低下，肾上腺皮质机能低下等）；

④ 肿瘤（胃癌）等；

⑤ 饥饿或不能进食者等。

3. 糖耐量试验（glucose tolerance test，GTT）

临床上常用糖耐量试验来诊断病人有无糖代谢异常，常用口服的糖耐量试验，被试者清晨空腹静脉采血测定血糖浓度，然后一次服用 100 g 葡萄糖，服糖后的 0.5、1、2 h（必要时可在 3 h）各测血糖一次，以测定血糖的时间为横坐标（空腹时为 0 时），血糖浓度为纵坐标，绘制糖耐量曲线，正常人服糖后 0.5～1 h 达到高峰，然后逐渐降低，一般在 2 h 左右恢复正常值，糖尿病患者空腹血糖高于正常值，服糖后血糖浓度急剧升高，2 h 后仍可高于正常。

第二节　脂类代谢

脂类是机体内的一类有机大分子物质，它包括范围很广，其化学结构有很大差异，生理功能各不相同，其共同理化性质是不溶于水而溶于有机溶剂。

一、脂类的分类及其功能

脂类分为两大类，即脂肪（fat）和类脂（lipids）

① 脂肪：即甘油三酯或称之为脂酰甘油（triacylglycerol），它是由 1 分子甘油与 3 个分子脂肪酸通过酯键相结合而成。人体内脂肪酸种类很多，生成甘油三酯时可有不同的排列组合，因此，甘油三酯具有多种形式。贮存能量和供给能量是脂肪最重要的生理功能。1 g 脂肪在体内完全氧化时可释放出 38 kJ（9.3 kcal），比 1 g 糖原或蛋白质所放出的能量多两倍以上。脂肪组织是体内专门用于贮存脂肪的组织，当机体需要时，脂肪组织中贮存在脂肪可动员出来分解供给机体能量。此外，脂肪组织还可起到保持体温，保护内脏器官

的作用。

② 类脂：包括磷脂（phospholipids），糖脂（glycolipid）和胆固醇及其酯（cholesterol and cholesterol ester）三大类。磷脂是含有磷酸的脂类，包括由甘油构成的甘油磷脂（phosphoglycerides）和由鞘氨醇构成的鞘磷脂（sphingomyelin）。糖脂是含有糖基的脂类。这三大类类脂是生物膜的主要组成成分，构成疏水性的"屏障"（barrier）。分隔细胞水溶性成分和细胞器，维持细胞正常结构与功能。此外，胆固醇还是脂肪酸盐和维生素D_3以及类固醇激素合成的原料，对于调节机体脂类物质的吸收，尤其是脂溶性维生素（A，D，E，K）的吸收以及钙磷代谢等均起着重要作用。

二、脂类的消化和吸收

正常人一般每日每人从食物中消化 60～50 g 的脂类，其中甘油三酯占到 90% 以上，除此以外还有少量的磷脂、胆固醇及其酯和一些游离脂肪酸（free fattyacids）。食物中的脂类在成人口腔和胃中不能被消化，这是由于口腔中没有消化脂类的酶，胃中虽有少量脂肪酶，但此酶只有在中性 pH 酸碱度时才有活性，因此在正常胃液中此酶几乎没有活性（但是婴儿时期，胃酸浓度低，胃中 pH 酸碱度接近中性，脂肪尤其是乳脂可被部分消化）。脂类的消化及吸收主要在小肠中进行，首先在小肠上段，通过小肠蠕动，由胆汁中的胆汁酸盐使食物脂类乳化，使不溶于水的脂类分散成水包油的小胶体颗粒，提高溶解度增加了酶与脂类的接触面积，有利于脂类的消化及吸收。在形成的水油界面上，分泌入小肠的胰液中包含的酶类，开始对食物中的脂类进行消化，这些酶包括胰脂肪酶（pancreatic lipase），辅脂酶（colipase），胆固醇酯酶（pancreatic cholesteryl ester hydrolase or cholesterol esterase）和磷脂酶 A2（phospholipase A2）。

食物中的脂肪乳化后，被胰脂肪酶催化，水解甘油三酯的 1 和 3 位上的脂肪酸，生成 2 — 甘油一酯和脂肪酸。此反应需要辅脂酶协助，将脂肪酶吸附在水界面上，有利于胰脂酶发挥作用。

食物中的磷脂被磷脂酶 A2 催化，在第 2 位上水解生成溶血磷脂和脂肪酸，胰腺分泌的是磷脂酶 A2 原，是一种无活性的酶原形成，在肠道被胰蛋白酶水解释放一个 6 肽后成为有活性的磷脂酶 A2 催化上述反应。

食物中的脂类经上述胰液中酶类消化后，生成甘油一酯、脂肪酸、胆固醇及溶血磷脂等，这些产物极性明显增强，与胆汁乳化成混合微团（mixed micelles）。这种微团体积很小（直径 20 nm），极性较强，可被肠黏膜细胞吸收。

脂类的吸收主要在十二指肠下段和盲肠。甘油及中短链脂肪酸（≤ 10C）无须混合微团协助，直接吸收入小肠黏膜细胞后，进而通过门静脉进入血液。长链脂肪酸及其他脂类消化产物随微团吸收入小肠黏膜细胞。长链脂肪酸在脂酰 CoA 合成酶（fattyacyl CoA synthetase）催化下，生成脂酰 CoA，此反应消耗 ATP。

脂酰 CoA 可在转酰基酶（acyltransferase）作用下，将甘油一酯、溶血磷脂和胆固醇酯化生成相应的甘油三酯、磷脂和胆固醇酯。体内具有多种转酰基酶，它们识别不同长度的脂肪酸催化特定酯化反应。

这些反应可看成脂类的改造过程，即将食物中动、植物的脂类转变为人体的脂类。

在小肠黏膜细胞中，生成的甘油三酯、磷脂、胆固醇酯及少量胆固醇，与细胞内合成的载脂蛋白（apolipprotein）构成乳糜微粒（chylomicrons），通过淋巴最终进入血液，被其他细胞所利用。可见，食物中的脂类的吸收与糖的吸收不同，大部分脂类通过淋巴直接进入体循环，而不通过肝脏。因此食物中脂类主要被肝外组织利用，肝脏利用外源的脂类是很少的。

三、血脂及其代谢

血浆中含有的脂类统称为血脂，包括甘油三酯、磷脂、胆固醇及其酯和非酯化脂肪（nonesterified fatty acid），亦称游离脂肪酸（free fatty acid，FFA）。血脂在脂类的运输和代谢上起着重要作用。血脂只占体重的 0.04%，其含量受到饮食、营养、疾病等因素的影响，因而是临床上了解患者脂类代谢情况的一个重要窗口。它们是以脂蛋白的形式存在并运输的，脂蛋白由脂类与载脂蛋白结合而形成。脂蛋白具有微团结构，非极性的甘油三酯、胆固醇酯等位于核心，外周为亲水性的载脂蛋白和胆固醇磷脂等的极性基因，这样使脂蛋白具有较强水溶性，可在血液中运输。

（一）血浆脂蛋白的分类

血液中的脂蛋白不是单一的分子形式，其脂类和蛋白质的组成有很大的差异，因此血液中的脂蛋白存在多种形式。根据它们各自的特性采用不同的分类方法，可将它们进行多种分类，一般采用电泳法和超速离心法进行血浆脂蛋白的分类。

1. 电泳分类法

本法据不同脂蛋白所带表面电荷不同，在一定外加电场作用下，电泳迁移率不同，可将血浆脂蛋白分为四类。如以硝酸纤维素薄膜为支持物，电泳结果是：α-脂蛋白泳动最快，相当于 α1-球蛋白的位置；前 β 脂蛋白次之，相当于 α2-球蛋白位置；β-脂蛋白泳动在前 -β 之后，相当于 β-球蛋白的位置；乳糜微粒停留在点样的位置上。

2. 超速离心法

本法依据不同脂蛋白中蛋白质脂类成分所占比例不同，因而分子密度不同（甘油三酯含量多者密度低，蛋白质含量多的分子密度高），在一定离心力作用下，分子沉降速度或漂浮率不同，将脂蛋白分为四类，即乳糜微粒（chylomicrons）、极低密度脂蛋白（very low densitylipoprotein，VLDL）、低密度脂蛋白（lowdensity lipoprotein，LDL）和高密度脂蛋白（high density lipoprotein，HDL）；分别相当于电泳分离中的乳糜微粒、前 β 脂蛋白、β 脂蛋白和 α 脂蛋白。除上述几类脂蛋白以外，还有一种中间密度脂蛋白（intermediate density lipoprotein，IDL）其密度位于 VLDL 与 LDL 之间，这是 VLDL 代谢的中间产物。HDL 在代谢过程中分子中蛋白与脂类成分有变化，可将 HDL 再分为 HDL1、HDL2 与 HDL3。HDL1 是在高胆固醇膳食时才出现，HDL2 为成熟的 HDL，HDL3 为新生的 HDL，其分子中蛋白成分多。

血浆中的游离中短链脂肪酸可与血浆白蛋白结合而被运输，称之为脂酸白蛋白。由于脂类染色时脂肪酸不着色，所以不易观察，实际上它的位置与白蛋白相当。

（二）血浆脂蛋白的组成

1. 脂蛋白中脂类的组成特点：

除脂酸白蛋白外，各类脂蛋白均含有甘油三酯、磷脂、胆固醇及其酯。但组成比例有很大差异，其中甘油三酯在乳糜微粒中含量为最高，达其化学组成的 90% 左右。磷脂含量以 HDL 为最高，达 40% 以上。胆固醇及其酯以 LDL 中最多，几乎占其含量 50%。VLDL 中以甘油三酯含量为最多，达 60%。

2. 载脂蛋白

脂蛋白中与脂类结合的蛋白质称为载脂蛋白，载脂蛋白在肝脏和小肠黏膜细胞中合成。目前已发现了十几种载脂蛋白，结构与功能研究比较清楚的有 apoA、apoB、apoC、apoD 与 apoE 五类。每一类脂蛋白又可分为不同的亚类，如 apoB 分为 B100 和 B48；apoC 分为 CⅠ、CⅡ、CⅢ等。载脂蛋白在分子结构上具有一定特点，往往含有较多的双性 α-螺旋结构，表现出两面性，分子的一侧极性较高可与水溶剂及磷脂或胆固醇极性区结合，构成脂蛋白的亲水面，分子的另一侧极性较低可与非极性的脂类结合，构成脂蛋白的疏水核心区。

载脂蛋白的主要功能是稳定血浆脂蛋白结构，作为脂类的运输载体。除此以外有些脂蛋白还可作为酶的激活剂：如 apoAI 激活卵磷脂胆固醇脂酰转移酶（lecithin cholesteroltrans ferase，LCAT）、apoC Ⅱ 可激活脂蛋白脂肪酶（lipoproteinlipase，LPL）。有些脂蛋白也可作为细胞膜受体的配体：如 apo B-48，apoE 参与肝细胞对 CM 的识别，apoB-100 可被各种组织细胞表面 LDL 受体所识别等。

（三）脂蛋白的代谢

1. 乳糜微粒（CM）

乳糜微粒是在小肠黏膜细胞中生成的，食物中的脂类在细胞滑面内质网上经再酯化后与粗面内质网上合成的载脂蛋白构成新生的（nascent）乳糜微粒（包括甘油三酯、胆固醇酯和磷脂以及 poB48），经高尔基复合体分泌到细胞外，进入淋巴循环最终进入血液。

新生乳糜微粒入血后，接受来自 HDL 的 apoC 和 apoE，同时失去部分 apoA，被修饰成为成熟的乳糜微粒。成熟分子上的 apoC Ⅱ可激活脂蛋白脂肪酶（LPL）催化乳糜微粒中甘油三酯水解为甘油和脂肪。此酶存在于脂肪组织、心和肌肉组织的毛细血管内皮细胞外表面上。脂肪酸可被上述组织摄取而利用，甘油可进入肝脏用于糖异生。通过 LPL 的作用，乳糜微粒中的甘油三酯大部分被水解利用，同时 apoA、apoC、胆固醇和磷脂转移到 HDL 上，CM 逐渐变小，成为以含胆固醇酯为主的乳糜微粒残余颗粒（remnant）。肝细胞膜上的 apoE 受体可识别 CM 残余颗粒，将其吞噬入肝细胞，与细胞溶酶体融合，载脂蛋白被水解为氨基酸，胆固醇酯分解为胆固醇和脂肪酸，进而可被肝脏利用或分解，完成最终代谢。

2. 极低密度脂蛋白（VLDL）

VLDL 主要在肝脏内生成，VLDL 主要成分是肝细胞利用糖和脂肪酸（来自脂肪动员或乳糜微粒残余颗粒）自身合成的甘油三酯，与肝细胞合成的载脂蛋白 apoB100、apoAI 和 apoE 等加上少量磷脂和胆固醇及其酯。小肠黏膜细胞也能生成少量 VLDL。

VLDL 分泌入血后，也接受来自 HDL 的 apoC 和 apoE：apoC II 激活 LPL，催化甘油三酯水解，产物被肝外组织利用。同时 VLDL 与 HDL 之间进行物质交换，一方面是将 apoC 和 apoE 等在两者之间转移，另一方面是在胆固醇酯转移蛋白（cholesteryl ester transfer protein）协助下，将 VLDL 的磷脂、胆固醇等转移至 HDL，将 HDL 的胆固醇酯转至 VLDL，这样 VLDL 转变为中间密度脂蛋白（IDL）。IDL 有两条去路：一是可通过肝细胞膜上的 apoE 受体而被吞噬利用，另外还可进一步入被水解生成 LDL。

3. 低密度脂蛋白（LDL）

LDL 在血中可被肝及肝外组织细胞表面存在的 apoB100 受体识别，通过此受体介导，吞入细胞内，与溶酶体融合，胆固醇酯水解为胆固醇及脂肪酸。这种胆固醇除可参与细胞生物膜的生成之外，还对细胞内胆固醇的代谢具有重要的调节作用：

（1）通过抑制 HMG CoA 还原酶（HMG Coa reductase）活性，减少细胞内胆固醇的合成；

（2）激活脂酰 CoA 胆固醇酯酰转移酶（acyl CoA：cholesterol acyltransferase，ACAT）使胆固醇生成胆固醇酯而贮存；

（3）抑制 LDL 受体蛋白基因的转录，减少 LDL 受体蛋白的合成，降低细胞对 LDL 的摄取。

除上述有受体介导的 LDL 代谢途径外，体内内皮网状系统的吞噬细胞也可摄取 LDL（多为经过化学修饰的 LDL），此途径生成的胆固醇不具有上述调节作用。因此过量的摄取 LDL 可导致吞噬细胞空泡化。

从以上可以看出，LDL 代谢的功能是将肝脏合成的内源性胆固醇运到肝外组织，保证组织细胞对胆固醇的需求。

4. 高密度脂蛋白（HDL）

HDL 在肝脏和小肠中生成。HDL 中的载脂蛋白含量很多，包括 apoA、apoC、apoD 和 apoE 等，脂类以磷脂为主。

HDL 分泌入血后，新生的 HDL 为 HDL3，一方面可作为载脂蛋白供体将 apoC 和 apoE 等转移到新生的 CM 和 VLDL 上，同时在 CM 和 VLDL 代谢过程中再将载脂蛋白运回到 HDL 上，不断与 CM 和 VLDL 进行载脂蛋白的变换。另一方面 HDL 可摄取血中肝外细胞释放的游离胆固醇，经卵磷脂胆固醇酯酰转移酶（LCAT）催化，生成胆固醇酯。此酶在肝脏中合成，分泌入血后发挥活性，可被 HDL 中 apoAI 激活，生成的胆固醇酯一部分可转移到 VLDL。通过上述过程，HDL 密度降低转变为 HDL2。HDL2 最终被肝脏摄取而降解。

（四）高脂蛋白血症

血浆脂蛋白代谢紊乱可以表现为高脂蛋白血症和低脂蛋白血症，后者较为少见，现只介绍高脂蛋白血症。

高脂蛋白血症（hyperlipoproteinemia）亦称高脂血症（hyperlipidemia），因实际上两者均系血中脂蛋白合成与清除紊乱所致。这类病症可以是遗传性的，也可能是其他原因引起的，表现为血浆脂蛋白异常、血脂增高等。

第三节　生物氧化

体内大部分物质都可进行氧化反应，在生物体内进行的氧化反应与体外氧化反应有许多共同之处：它们都遵循氧化反应的一般规律，常见的氧化方式有脱电子、脱氢和加氧等类型；最终氧化分解产物是 CO_2 和 H_2O，同时释放能量。但是生物氧化反应又有其特点：① 体外氧化反应主要以热能形式释放能量；而生物氧化主要以生成 ATP 方式释放能量，为生物体所利用。② 其最大区别在于：体外氧化往往在高温，强酸，强碱或强氧化剂的催化下进行；而生物氧化是在恒温（37℃）和中性 pH 环境下进行，催化氧化反应的催化剂是酶。

一、生物氧化酶类

体内催化氧化反应的酶有许多种，按照其催化氧化反应方式不同可分为三大类。

（一）脱氢氧化酶类

这一类中依据其反应受氢体或氧化产物不同，又可以分为三种。

1. 氧化酶类（oxidases）

氧化酶直接作用于底物，以氧作为受氢体或受电子体，生成产物是水。氧化酶均为结合蛋白质，辅基常含有 Cu^{2+}，如细胞色素氧化酶、酚氧化酶、抗坏血酸氧化酶等。

2. 需氧脱氢酶类（aerobic dehydrogenases）

需氧脱氢酶以 FAD 或 FMN 为辅基，以氧为直接受氢体，产物为 H_2O_2 或超氧离子（O_2^-），某些色素如甲烯蓝（methylene blue，MB）、铁氰化钾（$[K_3Fe(CN)_6]$）、二氯酚靛酚可以作为这类酶的人工受氢体。如氨基酸氧化酶（辅基 FAD）、L- 氨基酸氧化酶（辅基 FMN）、黄嘌呤氧化酶（辅基 FAD）、醛脱氢酶（辅基 FAD）、单胺氧化酶（辅基 FAD）、二胺氧化酶等。

3. 不需氧脱氢酶类（anaerobic dehydrogenases）

这是人体内主要的脱氢酶类，其直接受氢体不是 O_2，而只能是某些辅酶（NAD^+、$NADP^+$）或辅基（FAD、FMN），辅酶或辅基还原后又将氢原子传递至线粒体氧化呼吸链，最后将电子传给氧生成水，在此过程中释放出来的能量使 ADP 磷酸化生成 ATP，如 3 磷酸甘油醛脱氢酶、琥珀酸脱氢酶、细胞色素体系等。

4. 加氧酶类（oxygenases）

顾名思义，加氧酶催化加氧反应。根据向底物分子中加入氧原子的数目，又可分为加单氧酶（monooxygenase）和加双氧酶（dioxygenase）。

（1）加单氧酶：又称为多功能氧化酶、混合功能氧化酶（mixed function oxidase）、羟化酶（hydroxylase）。加单氧酶催化 O_2 分子中的一个原子加到底物分子上使之羟化，另一个氧原子被 $NADPH^+H^+$ 提供的氢还原生成水，在此氧化过程中无高能磷酸化合物生成。

加单氧酶实际上是含有黄素酶及细胞色素的酶体系，常常是由细胞色素 P450、NADPH 细胞色素 P450 还原酶、NADPH 和磷脂组成的复合物。细胞色素 P450 是一种以血色素为辅基的 b 族细胞色素，其中的 Fe^{3+} 可被 $Na_2S_2O_3$ 等还原为 Fe^{2+}，还原型的细胞色素 P450 与 CO 结合后在 $450\,nm$ 有最大吸收峰，故名细胞色素 P450，它的作用类似于细胞色素 aa3，能与氧直接反应，将电子传递给氧，因此也是一种终末氧化酶。

加单氧酶主要分布在肝、肾组织微粒体中，少数加单氧酶也存在于线粒体中，加单氧酶主要参与类固醇激素（性激素、肾上腺皮质激素）、胆汁酸盐、胆色素、活性维生素 D 的生成和某些药物、毒物的生物转化过程。加单氧酶可受底物诱导，而且细胞色素 P450 基质特异性低，一种基质提高了加单氧酶的活性便可同时加快几种物质的代谢速度，这与体内的药物代谢关系十分密切，例如以苯巴比妥作诱导物，可以提高机体代谢胆红素、睾酮、氢化可的松、香豆素、洋地黄毒苷的速度，临床用药时应予考虑。

（2）加双氧酶：此酶催化 O_2 分子中的两个原子分别加到底物分子中构成双键的两个碳原子上。

5. 过氧化氢酶和过氧化物酶

前已叙及需氧脱氢酶和超氧化物歧化酶催化的反应中有 H_2O_2 生成。过氧化氢具有一定的生理作用，粒细胞和吞噬细胞中的 H_2O_2 可杀死吞噬的细菌，甲状腺上皮细胞和粒细胞中的 H_2O_2 可使 I 氧化生成 I_2，进而使蛋白质碘化，这与甲状腺素的生成和消灭细菌有关。但是 H_2O_2 也可使巯基酶和蛋白质氧化失活，还能氧化生物膜磷脂分子中的多不饱和脂肪酸，损伤生物膜结构、影响生物膜的功能，此外 H_2O_2 还能破坏核酸和黏多糖。人体某些组织如肝、肾、中性粒细胞及小肠黏膜上皮细胞中的过氧化物酶体内含有过氧化氢酶（触酶）和过氧化物酶，可利用或消除细胞内的 H_2O_2 和过氧化物，防止其含量过高而起保护作用。

（1）过氧化氢酶（Catalase）此酶催化两个 H_2O_2 分子的氧化还原反应，生成 H_2O 并释放出 O_2。

过氧化氢酶的催化效率极高，每个酶分子在 0 ℃每分钟可催化 264 万个过氧化氢分子分解，因此人体一般不会发生 H_2O_2 的蓄积中毒。

（2）过氧化物酶（Peroxidase）此酶催化 H_2O_2 或过氧化物直接氧化酚类或胺类物质。

$R+H_2O_2 \longrightarrow RO+H_2O$ 或 $RH_2+H_2O_2 \longrightarrow R+2H_2O$

某些组织的细胞中还有一种含硒（Se）的谷胱甘肽过氧化物酶（glutathione peroxidase），可催化下述反应：

$H_2O_2+2G\text{-}SH \longrightarrow 2H_2O+GSSG$

$ROOH+2G\text{-}SH \longrightarrow ROH+GSSG+H_2O$

生成的 GSSG 又可在谷胱甘肽还原酶催化下由 $NADPH^+H^+$ 供氢还原生成 G-SH。

临床工作中判定粪便、消化液中是否有隐血时，就是利用血细胞中的过氧化物酶活性将愈创木酯或联苯胺氧化成蓝色化合物。

二、生物氧化的基本概念

机体内进行的脱氢，加氧等氧化反应总称为生物氧化，按照生理意义不同可分为两大类，一类主要是将代谢物或药物和毒物等通过氧化反应进行生物转化，这类反应不伴有 ATP 的生成；另一类是糖、脂肪和蛋白质等营养物质通过氧化反应进行分解，生成 H_2O 和 CO_2，同时伴有 ATP 生物能的生成，这类反应进行过程中细胞要摄取 O_2，释放 CO_2 故又形象地称之为细胞呼吸（cellularrespiration）。

代谢物在体内的氧化可以分为三个阶段，首行是糖、脂肪和蛋白质经过分解代谢生成乙酰辅酶 A 中的乙酰基；接着乙酰辅酶 A 进入三羧酸循环脱氢，生成 CO_2 并使 NAD^+ 和 FAD 还原成 $NADH^+H^+$、FADH2；第三阶段是 $NADH^+H^+$ 和 FADH2 中的氢经呼吸链将电子传递给氧生成水，氧化过程中释放出来的能量用于 ATP 合成。从广义来讲，上述三个阶段均为生物氧化，狭义地说只有第三个阶段才算是生物氧化，这是体内能量生成的主要阶段，有关的前两个阶段已在代谢各章中讲述，即代谢物脱下的氢是如何交给氧生成水的，细胞通过什么方式将氧化过程中释放的能量转变成 ATP 分子中的高能键的。

第四节　物质代谢调节

物质代谢是生命现象的基本特征，是生命活动的物质基础。人体物质代谢是由许多连续的和相关的代谢途径所组成，而代谢途径（如糖的氧化，脂肪酸的合成等）又是由一系列的酶促化学反应组成。在正常情况下，各种代谢途径几乎全部按照生理的需求，有节奏、有规律地进行，同时，为适应体内外环境的变化，及时地调整反应速度，保持整体的动态平衡。可见，体内物质代谢是在严密的调控下进行的。

代谢调节机制普遍存在于生物界，是生物在长期进化过程中逐步形成的一种适应能力。进化程度越高的生物，其代谢调节的机制越复杂。单细胞的微生物受细胞内代谢物浓度变化的影响，改变其各种相关酶的活性和酶的含量，从而调节代谢的速度，这是细胞水平的代谢调节，是生物体在进化上较为原始的调节方式。较复杂得多细胞生物，出现了内分泌细胞。高等动物则出现了专门的内分泌器官，这些器官所分泌的激素可以对其他细胞发挥代谢调节作用。激素可以改变某些酶的催化活性或含量，也可以改变细胞内代谢物的浓度，从而影响代谢反应的速度，这称为激素水平的调节。高等动物不仅有完整的内分泌系统，而且还有功能复杂的神经系统。在中枢神经的控制下，或者通过神经递质对效应器直接发生影响，或者通过改变某些激素的分泌，来调节某些细胞的功能状态，并通过各种激素的互相协调而对整体代谢进行综合调节，这种调节即称整体水平的调节。以上所述的细胞水平的代谢调节、激素水平的调节和整体水平的调节，在高等动物和人体内全都存在，

一、细胞水平的代谢调节

从物质代谢过程中可知，酶在细胞内是分隔着分布的。代谢上有关的酶，常常组成一个酶体系，分布在细胞的某一组分中，例如，糖酵解酶系和糖原合成、分解酶系存在于胞液中；三羧酸循环酶系和脂肪酸 β－氧化酶系定位于线粒体；核酸合成的酶系则绝大部分集中在细胞核内。这样的酶的隔离分布为代谢调节创造了有利条件，使某些调节因素可以较为专一地影响某一细胞组分中的酶的活性，而不致影响其他组分中的酶的活性，从而保证了整体反应的有序性。一些代谢物或离子在各细胞组分间的穿梭移动也可以改变细胞中某些组分的代谢速度。例如，在胞液中生成的脂酰辅酶 A 主要用于合成脂肪；但在肉毒碱的作用下，经肉毒碱脂酰转移酶的催化，脂酰辅酶 A 可进入线粒体，参与 β－氧化的过程。又如，Ca^{2+} 从肌细胞线粒体中出来，可以促进胞液中的糖原分解，而 Ca^{2+} 进入线粒体则有利于糖原合成。

物质代谢实质上是一系列的酶促反应，代谢速度的改变并不是由于代谢途径中全部酶活性的改变，而常常只取决于某些甚至某一个关键酶活性的变化。此酶通常是整条通路中催化最慢一个反应的酶，称为限速酶。它的活性改变不但可以影响整个酶体系催化反应的总速度，甚至还可以改变代谢反应的方向。如，细胞中 ATP/AMP 的比值增加，可以抑制磷酸果糖激酶（和丙酮酸激酶）的活性，这不但减慢了糖酵解的速度，还可以通过激活果糖 -1，6- 二磷酸酶而使糖代谢方向倾向于糖异生。因此，改变某些关键酶的活性是体内代谢调节的一种重要方式。

人体代谢的细胞水平调节，从速度方面来说有两种方式，一种是快速调节，一般在数秒或数分钟内即可发生。这种调节是通过激活或抑制体内原有的酶分子来调节酶促反应速

度的，是在温度、pH、作用物和辅酶等因素不变的情况下，通过改变酶分子的构象或对酶分子进行化学修饰来实现酶促反应速度的迅速改变的。另一种是迟缓调节，一般经数小时后才能实现。这种方式主要是通过改变酶分子的合成或降解速度来调节细胞内酶分子的含量。

二、酶分子结构的调节

（一）变构调节

1. 变构调节的概念

某些物质能与酶分子上的非催化部位特异地结合，引起酶蛋白的分子构象发生改变，从而改变酶的活性，这种现象称为酶的变构调节或称别位调节（allosteric regulation）。受这种调节作用的酶称为别构酶或变构酶（allosteric enzyme），能使酶发生变构效应的物质称为变构效应剂（allosteric effector）；如变构后引起酶活性的增强，则此效应剂称为激活变构剂（allosteric activator）或正效应物；反之则称为抑制变构剂（allostericinhibitor）或负效应物。变构调节在生物界普遍存在，它是人体内快速调节酶活性的一种重要方式。

2. 变构调节的生理意义

变构效应在酶的快速调节中占有特别重要的地位。在前面已经提及，代谢速度的改变，常常是由于影响了整条代谢通路中催化第一步反应的酶或整条代谢反应中限速酶的活性而引起的。这些酶对底物不遵守米曼氏动力学原则。它们往往受到一些代谢物的抑制或激活，这些抑制或激活作用大多是通过变构效应来实现的。因而，这些酶的活力可以极灵敏地受到代谢产物浓度的调节，这对机体的自身代谢调控具有重要的意义。例如，变构酶对于人体能量代谢的调节具有重要意义。在休息状态下，机体能量消耗降低，ATP在细胞内积聚，而ATP是磷酸果糖激酶的抑制变构剂，所以导致F-6-P和G-6-P的积聚，G-6-P又是己糖激酶的抑制变构剂，从而减少葡萄糖的氧化分解。同时，ATP也是丙酮酸激酶和柠檬酸合成酶的抑制变构剂，更加强了对葡萄糖氧化分解的抑制，从而减少了ATP的进一步生成。反之，当体内ATP减少而ADP或AMP增加时，AMP则可抑制果糖1,6-二磷酸酶，降低糖异生，同时激活磷酸果糖激酶和柠檬酸合成酶等酶，加速糖的分解氧化，利于体内ATP的生成。这样，通过变构调节，使体内ATP的生成不致过多或过少，保证了机体的能源被有效利用。

3. 变构调节的机理

目前已知，能受变构调节的酶，常常是由两个以上亚基组成的聚合体。有的亚基与作用物结合，起催化作用，称为催化亚基；有的亚基与变构剂结合，发挥调节作用，称调节亚基。但也可在同一亚基上既存在催化部位又存在调节部位。变构剂与调节亚基（或部位）间是非共价键的结合，结合后改变酶的构象（如变为疏松或紧密），从而使酶活性被抑制或激活。变构酶与米-曼氏酶不同，其动力学不符合米曼氏方程式：酶促反应速度和作用物浓度的关系曲线不呈矩形而常常呈 S 形，S 形曲线与氧合血红蛋白的解离曲线相似。

当变构剂与调节亚基（或部位）结合后，变物剂对酶分子的构象发生什么样的影响。下面以果 -1，6- 二磷酸酶为例阐述这一过程。果糖 -1，6- 二磷酸酶是由四个结构相同的亚基所组成，每个亚基的分子量约为 310.000 Da。每个亚基上既有催化部位也有调节部位。在催化部位上能结合一分子 FDP，在调节部位上能结合一分子变构剂。此酶有两种存在形式，即紧密型（T 型、高活性）与松弛型（R 型、低活性）。AMP 是此酶的抑制变构剂。当酶处于 T 型时，因其调节部位转至聚合体内部而难以与 AMP 结合，故对 AMP 不敏感而表现出较高的活性。在第一个 AMP 分子与调节部位结合后，T 型逐步转变成 R 型，各亚基构象相继发生改变，调节部位相继暴露，与 AMP 的亲和力逐步增加，酶的活性逐渐减弱，这就是果糖 -1，6- 二磷酸酶由紧密型变成松弛型的变构过程。抑制变构剂促进高活性型至低活性型的转变，激活变构剂则促进低活性型至高活性型的转变。这一变构过程是可逆的。3- 磷酸甘油醛和脂肪酸－载体蛋白可使活性型转变为高活性型。

变构效应剂可以是酶的底物，也可以是酶系的终产物，还有的是与它们结构不同的其他化合物，一般说，都是小分子物质。一种酶可有多种变构效应剂存在。

果糖 -1，6- 二磷酸酶的变构过程是 T 型与 R 型的可逆转变。有些酶的变构效应还可表现为酶分子的聚合或解聚，如乙酰 CoA 羧化酶，它是脂肪酸合成过程中的关键酶。它是由四种不同亚基构成的原聚体，每个亚基有不同的功能，分别是：生物素载体蛋白，它能结合辅基生物素；生物素羧化酶，它能催化生物素发生羧化反应；羧基转移酶，它能将生物素上的羧基转移给乙酰 CoA 形成丙二酰 CoA；和调节亚基，它能与柠檬酸或异柠檬酸结合，使原聚体聚合为多聚体。Kieinschmidt 等已在电子显微镜下看到了由柠檬酸和异柠檬酸使原聚体聚合形成的纤维状的多聚体。只有多聚体酶才有催化活性。ATP Mg^{2+} 可使多聚体解聚为原聚体而使酶失活。长链脂酰 CoA 可拮抗柠檬酸的促聚合作用，因此，它们都是该酶的变构抑制剂。

（二）酶分子化学修饰调节

1. 酶分子化学修饰的概念

酶分子肽链上的某些基团可在另一种酶的催化下发生可逆的共价修饰，从而引起酶活性的改变，这个过程称为酶的酶促化学修饰（chemical modification）。如磷酸化和脱磷酸，乙酰化和去乙酰化，腺苷化和去腺苷化，甲基化和去甲基化以及 -SH 基和 -S-S- 基互变等，其中磷酸化和脱磷酸作用在物质代谢调节中最为常见。

细胞内存在着多种蛋白激酶（Protein Kinase），它们可以将 ATP 分子中的 γ - 磷酸基团转移至特定的蛋白分子底物上，使后者磷酸化（phosphorylation）。磷酸化反应可以发生在丝氨酸、苏氨酸或酪氨酸残基上。催化丝氨酸或苏氨酸残基磷酸化的酶统称为蛋白丝氨酸 / 苏氨酸激酶（Protein Serine/Threonine Kinase）。催化酪氨酸残基磷酸化的酶统称为蛋白酪氨酸激酶（Protein Tyrosine Kinase）。与此相对应的，细胞内亦存在着多种蛋白丝氨酸／苏氨酸磷酸酶（Protein Serine/Threonine Phosphotase）和蛋白酪氨酸磷酸酶（Protein Tyrosine Phosphotase），它们可将相应的磷酸基团移去。酶的化学修饰如变构调节一样，也是机体物质代谢中快速调节的一种重要方式。

2. 酶促化学修饰的机理

肌肉糖原磷酸化酶的酶促化学修饰是研究得比较清楚的一个例子。该酶有两种形式，即无活性的磷酸化酶 b 和有活性的磷酸化酶 a。磷酸化酶 b 是二聚体，分子量约为 85.000 Da。它在酶的催化下，使每个亚基分别接受 ATP 供给的一个磷酸基团，转变为磷酸化酶 a，后者具有高活性。两分子磷酸化酶 a 二聚体可以再聚合成活性较低的（低于高活性的二聚体）磷酸化酶 a 四聚体。

3. 酶促化学修饰的特点

（1）绝大多数酶促化学修饰的酶都具有无活性（或低活性）与有活性（或高活性）两种形式。它们之间的互变反应，正逆两向都有共价变化，由不同的酶进行催化，而催化这互变反应的酶又受机体调节物质（如激素）的控制。

（2）存在瀑布式效应。由于酶促化学修饰是酶所催化的反应，故有瀑布式（逐级放大）效应。少量的调节因素就可通过加速这种酶促反应，使大量的另一种酶发生化学修饰。因此，这类反应的催化效率常较变构调节为高。

（3）磷酸化与脱磷酸是常见的酶促化学修饰反应。一分子亚基发生磷酸化常需消耗一分子 ATP，这与合成酶蛋白所消耗的 ATP 相比，显然是少得多；同时酶促化学修饰又有放大效应，因此，这种调节方式更为经济有效。

（4）此种调节同变构调节一样，可以按着生理的需要来进行。在前述的肌肉糖原磷酸化酶的化学修饰过程中，若细胞要减弱或停止糖原分解，则磷酸化酶 a 在磷酸化酶 a 磷酸酶的催化下即水解脱去磷酸基而转变成无活性的磷酸化酶 b，从而减弱或停止了糖原的分解。

此外，酶促化学修饰与变构调节只是两种主要的调节方式。对某一种酶来说，它可以同时受这两种方式的调节。如，糖原磷酸化酶受化学修饰的同时也是一种变构酶，其二聚体的每个亚基都有催化部位和调节部位。它可由 AMP 激活，并受 ATP 抑制，这属于变构调节。细胞中同一种酶受双重调节的意义可能在于，变构调节是细胞的一种基本调节机制，它对于维持代谢物和能量平衡具有重要作用，但当效应剂浓度过低，不足以与全部酶分子的调节部位结合时，就不能动员所有的酶发挥作用，故难以应急。当在应激等情况下，若有少量肾上腺素释放，即可通过 cAMP，启动一系列的瀑布式的酶促化学修饰反应，快速转变磷酸化酶 b 成为有活性的磷酸化酶 a，加速糖原的分解，迅速有效地满足机体的急需。

（三）酶含量调节

除通过改变酶分子的结构来调节细胞内原有酶的活性外，生物体还可通过改变酶的合成或降解速度以控制酶的绝对含量来调节代谢。要升高或降低某种酶的浓度，除调节酶蛋白合成的诱导和阻遏过程外，还必须同时控制酶降解的速度，现分述如下：

1. 酶蛋白合成的诱导和阻遏

酶的底物或产物、激素以及药物等都可以影响酶的合成。一般将加强酶合成的化合物称为诱导剂（inducer），减少酶合成的化合物称为阻遏剂（repressor）。诱导剂和阻遏剂可在转录水平或翻译水平影响蛋白质的合成，但以影响转录过程较为常见。这种调节作用要通过一系列蛋白质生物合成的环节，故调节效应出现较迟缓。但一旦酶被诱导合成，即使除去诱导剂，酶仍能保持活性，直至酶蛋白降解完毕。因此，这种调节的效应持续时间较长。

（1）底物对酶合成的诱导作用。

受酶催化的底物常常可以诱导该酶的合成，此现象在生物界普遍存在。高等动物体内，因有激素的调节作用，底物诱导作用不如微生物体内重要，但是，某些代谢途径中的关键酶也受底物的诱导调节。例如，若鼠的饲料中酪蛋白含量从 8% 增至 70%，则鼠肝中的精氨酸酶的活性可增加 20 倍。在食物消化吸收后，血中多种氨基酸的浓度增加，氨基酸浓度的增加又可以诱导氨基酸分解酶体系中的关键酶，如苏氨酸脱水酶和酪氨酸转氨酶等酶的合成。这种诱导作用对于维持体内游离氨基酸浓度的相对恒定有一定的生理意义。

（2）产物对酶合成的阻遏。

代谢反应的终产物不但可通过变构调节直接抑制酶体系中的关键酶或起催化起始反应作用的酶，有时还可阻遏这些酶的合成。例如，在胆固醇的生物合成中，β-羟-β-甲基戊二酰辅酶 A（HMgCoA）还原酶是关键酶，它受胆固醇的反馈阻遏。但这种反馈阻遏只在肝脏和骨髓中发生，肠黏膜中胆固醇的合成似乎不受这种反馈调节的影响。因此摄食大量胆固醇，浆胆固醇仍有升高的危险。此外，如 δ-氨基-γ-酮戊酸（ALA）合成酶，它是血红素合成酶系中的起始反应酶，它受血红素的反馈阻遏。

（3）激素对酶合成的诱导作用。

激素是高等动物体内影响酶合成的最重要的调节因素。糖皮质激素能诱导一些氨基酸分解代谢中起催化起始反应作用的酶和糖异生途径关键酶的合成，而胰岛素则能诱导糖酵解和脂肪酸合成途径中的关键酶的合成。

（4）药物对酶合成的诱导作用。

很多药物和毒物可促进肝细胞微粒体中单加氧酶（或称混合功能氧化酶）或其他一些药物代谢酶的诱导合成，从而促进药物本身或其他药物的氧化失活，这对防止药物或毒物的中毒和累积有着重要的意义。其作用的本质，也属于底物对酶合成的诱导作用。另一方面，它也会因此而导致出现耐药现象。如，长期服用苯巴比妥的病人，会因苯巴比妥诱导生成过多的单加氧酶而使苯巴比妥药效降低。氨甲蝶呤治疗肿瘤时，也可因诱导叶酸还原酶的合成而使原来剂量的氨甲蝶呤不足而出现药物失效现象。

（四）酶分子降解的调节

细胞内酶的含量也可通过改变酶分子的降解速度来调节。饥饿情况下，精氨酸酶的活性增加，主要是由于酶蛋白降解的速度减慢所致。饥饿也可使乙酰辅酶 A 羧化酶浓度降低，这除了与酶蛋白合成减少有关外，还与酶分子的降解速度加强有关。苯巴比妥等药物可使细胞色素 b5 和 NADPH- 细胞色素 P450 还原酶降解减少，这也是这类药物使单加氧酶活性增强的一个原因。

酶蛋白受细胞内溶酶体中蛋白水解酶的催化而降解，因此，凡能改变蛋白水解酶活性或蛋白水解酶在溶酶体内分布的因素，都可间接地影响酶蛋白的降解速度。有关情况尚了解不多。总之，通过酶降解以调节酶含量的重要性不如酶的诱导和阻遏作用。

第五节　激素对物质代谢的调节

细胞的物质代谢反应不仅受到局部环境的影响，即各种代谢底物、产物的正、负反馈调节，而且还受来自于机体其他组织器官的各种化学信号的控制，激素就属于这类化学信号。激素是一类由特殊的细胞合成并分泌的化学物质，它随血液循环于全身，作用于特定的组织或细胞（称为靶组织或靶细胞，target cell），指导细胞物质代谢沿着一定的方向进行。同一激素可以使某些代谢反应加强，而使另一些代谢反应减弱，从而适应整体的需要。对于每一个细胞来说，激素是外源性调控信号，而对于机体整体而言，它仍然属于内环境的一部分。通过激素来控制物质代谢是高等动物体内代谢调节的一种重要方式。

激素的作用必须通过其受体来实现。受体是一类可以与相应的配体（ligand）特异地结合的物质，常为糖蛋白或脂蛋白。激素作为一类配体，与受体的结合具有高度的特异性和亲和性。只有那些具有相应受体的细胞才可以成为该激素的靶细胞。

在糖、脂类和氨基酸代谢过程中，具有重要调节作用的激素—胰岛素、肾上腺素和胰高血糖素等（具体作用见代谢各章）均为水溶性物质，因此不能进入细胞内。但这类激素的受体均存在于细胞膜表面，那么它们是如何通过与细胞膜表面受体结合，将位于胞外的化学信号传递至胞内，又是如何引起细胞内各种代谢过程的改变的呢。这里以肾上腺素为例做一简要说明。

一、cAMP 是激素在细胞内的信使

50 年代初期，Sutherland 在实验中发现，肝细胞组织切片若加入肾上腺素，可以加速肝糖原分解为葡萄糖；测定磷酸化酶（分解肝糖原的酶），发现其活性增加。因此他认为，磷酸化酶是肝糖原分解的限速酶，肾上腺素能激活此酶。但是，若用纯化的磷酸化酶与肾上腺素一起温育，后者对酶则没有激活作用。由此提示，肾上腺素激活磷酸化酶是一

间接过程，需要肝细胞中其他物质的协助。进一步对肝匀浆做试验，若其中加入 ATP、Mg^{2+} 及肾上腺素，则磷酸化酶又可被激活。若只取肝匀浆离心后的上清液，则不能观察到肾上腺素的这种激活作用；只有再加入沉淀中的细胞膜，激活效应才又恢复。这一实验表明，肾上腺素对磷酸化酶的激活至少需要两种以上的因素。后来的实验证实，肾上腺素首先作用于细胞膜，使膜上的腺苷酸环化酶活化，后者使细胞内 ATP 在 Mg^{2+} 的存在下转变为 cAMP，而 cAMP 可再使胞浆中的磷酸化酶 b 转变为磷酸化酶 a。由于肾上腺素并不进入细胞，其作用是通过细胞内 cAMP 传递的，因此将 cAMP 称为细胞内信使（Intracellular Messenger）。

cAMP 广泛存在于生物界，但其在正常细胞中的含量甚微，仅为 0.1 μmol/L，在激素作用下，可升高约 100 倍。细胞中 cAMP 的浓度除了与催化 cAMP 生成的腺苷酸环化酶有关外，还受到催化 cAMP 分解的磷酸二酯酶的控制。

有许多药物能抑制磷酸二酯酶的活性，如甲基黄嘌呤（包括茶碱、氨茶碱和咖啡因等）。二丁基 cAMP 不易被磷酸二酯酶水解，同时又能抑制此酶活性，故有提高 cAMP 水平的作用。

激素中多数激素可使 cAMP 的生成加速，少数激素则可以降低细胞内 cAMP 的浓度。大部分肽类激素，包括胰高血糖素、甲状旁腺素、降钙素、抗利尿激素和催产素等以及儿茶酚胺类激素均可通过相应的受体激活靶细胞膜上的腺苷酸环化酶，从而使胞内 cAMP 的浓度增加。

激素与其专一性细胞膜受体结合后，是如何激活腺苷酸环化酶的呢？近来有人认为，GTP 和 GTP 调节蛋白即 G 蛋白，起着介导激素对腺苷酸环化酶激活的作用。当激素与受体结合后，G- 蛋白与 TP 结合，生成 GTP-G 蛋白复合物，后者能活化腺苷酸环化酶。

二、cAMP 依赖性蛋白激酶是 cAMP 的靶分子

cAMP 作为变构剂作用于 cAMP 依赖性蛋白激酶（cAMP-dependent Protein Kinase A 激酶）。这种蛋白激酶由两个亚基组成，一个亚基是催化亚基，具有催化蛋白质磷酸化的作用；另一个亚基是调节亚基，是催化亚基的抑制物。当调节亚基与催化亚基结合时，酶呈无活性状态。cAMP 的效应是与调节亚基结合，使后者发生变构而脱离催化亚基，从而使催化亚基进入激活状态。

活化形式的催化亚基在 ATP 的作用下，使细胞中的相应底物磷酸化，从而改变这些蛋白质的功能：有些被激活，有些则被抑制。例如，糖原分解过程中的磷酸化酶可在 A 激酶的作用下被磷酸化而激活，而糖原合成酶则在 A 激酶的作用下被磷酸化而失去活性。总的效应是糖原分解加强和糖原合成的抑制，使血糖浓度升高。

总之，很多多肽和儿茶酚胺类激素的作用是通过下列过程来实现的，即激素与膜受体结合→腺苷酸环化酶活性↑→cAMP 水平↑→A 激酶被激活→蛋白质发生磷酸化→生理

效应发生。

20 世纪 80 年代中期，对腺苷酸环化酶活化机制的研究导致了另外一种重要的调节蛋白栝蛋白的发现。G 蛋白在膜受体和腺苷酸环化酶间具有中介作用。它的发现使我们更为深入地认识了激素的作用机理。

三、物质代谢的整体调节

机体内各种组织器官和各种细胞在功能上都不会独立于整体之外，而是处于一个严密的整体系统中。一个组织可以为其他组织提供底物，也可以代谢来自其他组织的物质。这些器官之间的相互联系是依靠神经—内分泌系统的调节来实现的。神经系统可以释放经递质来影响组织中的代谢，又能影响内分泌腺的活动，改变激素分泌的状态，从而实现机体整体的代谢协调和平衡。在早期饥饿时，血糖浓度有下降趋势，这时肾上腺素和糖皮质激素的调节占优势，促进肝糖原分解和肝脏糖异生功能，在短期内维持血糖浓度的恒定，以供给脑组织和红细胞等重要组织对葡萄糖的需求。若饥饿时间继续延长，则肝糖原被消耗殆尽，这时糖皮质激素也参与发挥调节作用，促进肝外组织蛋白分解为氨基酸，便于肝脏利用氨基酸、乳酸和甘油等物质生成葡萄糖，这在一定程度上维持了血糖浓度的恒定；这时，脂动员也加强，分解为甘油和脂肪酸，肝脏将脂肪酸分解生成酮体，酮体在此时是脑组织和肌肉等器官重要的能量来源。在饱食情况下，胰岛素发挥重要作用，它促进肝脏合成糖原和将糖转变为脂肪，抑制糖异生；胰岛素还促进肌肉和脂肪组织的细胞膜对葡萄糖的通透性，使血糖容易进入细胞，并被氧化利用。

第六节　红细胞的代谢

一、血红素的生物合成

成熟红细胞中，血红蛋白（hemoglolin，Hb）占红细胞内蛋白质总量的 95%，它是血液运输 O_2 的最重要物质，和 CO_2 的运输亦有一定关系。血红蛋白是由 4 个亚基组成的四聚体，每一亚基由一分子珠蛋白（globin）与一分子血红素（heme）缔合而成。由于珠蛋白的生物合成与一般蛋白质相同，因此本节重点介绍血红素的生物合成。

血红素也是其他一些蛋白质，如肌红蛋白（myoglobin），过氧化氢酶（catalase），过氧化物酶（peroxidase）等的辅基。因而，一般细胞均可合成血红素，且合成通路相同。在人红细胞中，血红素的合成从早动红细胞开始，直到网织红细胞阶段仍可合成。而成熟红细胞不再有血红素的合成。

血红素的合成通路（过程）：血红素合成的基本原料是甘氨酸、琥珀酰辅酶 A 及

Fe^{2+}。合成的起始和终末过程均在线粒体，而中间阶段在胞液中进行。合成过程分为如下四个步骤：

（1）δ-氨基-γ-酮戊酸（δ-aminplevulinicacid，ALA）的生成：在线粒体中，首先由甘氨酸和琥珀酰辅酶A在ALA合成酶（ALa synthetase）的催化下缩合生成ALA。ALA合成酶由两个亚基组成，每个亚基分子量为60 000。其辅酶为磷酸吡哆醛。此酶为血红素合成的限速酶，受血红素的反馈抑制。

（2）卟胆原的生成：线粒体生成的ALA进入胞液中，在ALA脱水酶（ALa dehydrase）的催化下，二分子ALA脱水缩合成一分子卟胆原（prophobilinogen，PBG）。ALA脱水酶由八个亚基组成，分子量为26万。为含巯基酶。

（3）尿卟啉原和粪卟啉原的生成：在胞液中，四分子PBG脱氨缩合生成一分子尿卟啉原Ⅲ（uroporphyrinogen Ⅲ，UPG Ⅲ）。此反应过程需两种酶即尿卟啉原合酶（uroporphyrinogen synthetase）又称卟胆原脱氨酶（PBGdeaminase）和尿卟啉原Ⅲ同合酶（uroporphyrinogen Ⅲ cosynthase）。首先，PBG在尿卟啉原合酶作用下，脱氨缩合生成线状四吡咯。再由尿卟啉原Ⅲ同合酶催化，环化生成尿卟啉原Ⅲ。无尿卟啉原Ⅲ同合酶时，线状四吡咯可自然环化成尿卟啉原Ⅰ（UPG-Ⅰ），两种尿卟啉原的区别在于：UPG Ⅰ第7位结合的是乙酸基，第8位为丙酸基；而UPg Ⅲ则与之相反，第7位是丙酸基，第8位是乙酸基。正常情况下UPG-Ⅲ与UPG-Ⅰ为10 000:1。

尿卟啉原Ⅲ进一步经尿卟啉原Ⅲ脱羧酶催化，使其四个乙酸基（A）脱羧变为甲基（M），从而生成粪卟啉原Ⅲ（coproporphyrinogenⅢ，CPG Ⅲ）。

（4）血红素的生成：胞液中生成的粪卟啉原Ⅲ再进入线粒体中，在粪卟啉原氧化脱羧酶作用下，使2、4位的丙酸基（P）脱羧脱氢生成乙烯基（V），生成原卟啉原Ⅸ。再经原卟啉原Ⅸ氧化酶催化脱氢，使连接4个吡咯环的甲烯基氧化成甲炔基，生成原卟啉Ⅸ。最后在亚铁螯合酶（ferrochelatase）催化下和Fe^{2+}结合生成血红素。

血红素生成后从线粒体转入胞液，与珠蛋白结合而成为血红蛋白。正常成人每天合成6 gHb，相当于合成210 mg血红素。

二、血红素合成的调节

血红素的合成受多种因素的调节，其中主要是调节ALA的生成。

（一）ALA合成酶

血红素合成酶系中，ALA合成酶是限速酶，其量最少。血红素对此酶有反馈抑制作用。目前认为，血红素在体内可与阻遏蛋白结合，形成有活性的阻遏蛋白，从而抑制ALA合成酶的合成。此外，血红素还具有直接的负反馈调节ALA合成酶活性的作用。实验表明，血红素浓度为5×10^{-6} mol/L时便可抑制ALA合成酶的合成，浓度为$10^{-5} \sim 10^{-4}$ mol/L时则可抑制酶的活性。正常情况下血红素生成后很快与珠蛋白结合，但当血红素合成过多时，则过多的血红素被氧化为高铁血红素（hematin），后者是 ALA 合成酶的强烈抑制剂，而且还能阻遏 ALA 合成酶的合成。

雄性激素——睾丸酮在肝脏 5β - 还原酶作用下可生成 5β - 氢睾丸酮，后者可诱导 ALA 合成酶的产生，从而促进血红素的生成。某些化合物也可诱导 ALA 合成酶，如巴比妥、灰黄霉素等药物，能诱导 ALA 合成酶的合成。

（二）ALA 脱水酶与亚铁螯合酶

ALA 脱水酶和亚铁螯合酶对重金属敏感，如铅中毒可抑制这些酶而使血红素合成减少。

（三）造血生长因子

目前已发现多种造血生长因子，如多系（multi）一集落刺激因子，中性粒细胞—巨噬细胞集落刺激因子（GM-CSF）、白细胞介素 3（IL-3），及促红细胞生成素等。其中促红细胞生成素（erythropoiefin，EPO）在红细胞生长，分化中发挥关键作用。人 EPO 基因位于 7 号染色体长臂 21 区，由 4 个内含子和 5 个外显子组成。所编码的多肽由 193 个氨基酸残基组成。在分泌过程中经水解去除信号肽，成为 166 个氨基酸的成熟肽。分子量为 18 398。EPO 为一种糖蛋白，由多肽和糖基两部分组成，总分子量为 34 000。糖基在 EPO 合成后分泌及生物活性方面均有重要作用。成人血清 EPO 主要由肾脏合成，胎儿和新生儿主要由肝脏合成。当循环血液中红细胞容积减低或机体缺氧时，肾分泌 EPO 增加。EPO 可促进原始红细胞的增殖和分化、加速有核红细胞的成熟，并促进 ALA 合成酶生成，从而促进血红素的生成。

此外铁对血红素的合成有促进作用。而血红素又对珠蛋白的合成有促进作用。

血红素合成代谢异常而引起卟啉化合物或其前身体的堆积，称为卟啉症（porphyria）。先天性红细胞生成性卟啉症（congenitalery thropoietic porphyria）是由于先天性缺乏尿卟啉原Ⅲ同合酶，而使线状四吡咯向尿卟啉原Ⅲ的转变受阻，致使尿卟啉原Ⅰ生成增多。病人尿中有大量尿卟啉Ⅰ和粪卟啉Ⅰ出现。

三、成熟红细胞的代谢特点

成熟红细胞不仅无细胞核，而且也无线粒体、核蛋白体等细胞器，不能进行核酸和蛋白质的生物合成，也不能进行有氧氧化，不能利用脂肪酸。血糖是其唯一的能源。红细胞摄取葡萄糖属于易化扩散，不依赖胰岛素。成熟红细胞保留的代谢通路主要是葡萄糖的酵解和磷酸戊糖通路以及 2,3—二磷酸甘油酸支路。通过这些代谢提供能量和还原力（NADH，NADPH）以及一些重要的代谢物，对维持成熟红细胞在循环中约 120 的生命过程及正常生理功能均有重要作用。

（一）糖酵解

循环血液中的红细胞每天消耗约 30g 葡萄糖，其中 90%~95% 经糖酵解被利用。一分子葡萄糖经酵解可产生 2 分子 ATP。红细胞中生成的 ATP 主要用于维持红细胞膜上的离子泵（钠泵、钙泵），以保持红细胞的离子平衡；维持细胞膜可塑性；谷胱甘肽合成及核苷酸的补救合成等。缺乏 ATP 则红细胞膜内外离子平衡失调，红细胞内 Na^+ 进入多于 K^+ 排出、Ca^{2+} 进入增多，红细胞因吸入过多水分而膨大成球状甚至破裂。同时由于 ATP 缺乏，可使红细胞膜可塑性下降，硬度增高，易被脾脏破坏，造成溶血。

红细胞无氧酵解中生成的 $NADH^+H^+$ 是高铁血红蛋白还原酶的辅助因子，此酶催化高铁血红蛋白还原为有载氧功能的血红蛋白。

（二）2，3-二磷酸甘油酸（2，3-BPG）支路

在糖无氧酵解通路中，1，3-二磷酸甘油酸（1，3-BPG）有 15%~50% 在二磷酸甘油酸变位酶催化下生成 2，3-BPG，后者再经 2，3-BPG 磷酸酶催化生成 3 磷酸甘油酸。经此 2，3-BPG 的侧支循环称 2，3-BPG 支路。

四、肝脏的生物化学

肝脏在人体生命活动中占有十分重要的作用。在消化、吸收、排泄、生物转化以及各类物质的代谢中均起着重要的作用，被誉为"物质代谢中枢"。

肝脏具有肝动脉和门静脉的双重血液供应，具有丰富的血窦，肝细胞膜通透性大，利于进行物质交换。从消化道吸收的营养物质经门静脉进入肝脏被改造利用，有害物质则可进行转化和解毒。肝脏可通过肝动脉获得充足的氧以保证肝内各种生化反应的正常进行。肝脏还通过胆道系统与肠道沟通，将肝脏分泌的胆汁排泄入肠道。

肝细胞亚微结构与其生理机能相适应。肝细胞内有大量的线粒体、内质网、微粒体及溶酶体等，适应肝脏活跃的生物氧化、蛋白质合成、生物转化等多种功能。

（一）肝脏的化学组成特点

正常人肝脏重约 1~1.5kg，其中水分占 70%。除水外，蛋白质含量居首位。已知肝脏内的酶有数百种以上，而且有些酶是其他组织中所没有或含量极少的。例如合成酮体和尿素的酶系；催化芳香族氨基酸及含硫氨基酸代谢的酶类主要存在于肝脏中。

肝脏成分常随营养及疾病的情况而改变。例如，饥饿多日后，肝中蛋白质及糖原含量下降，磷脂及甘油三酯的含量升高。肝内脂类含量增加时，水分含量下降。如患脂肪肝时，水分可降至 50%~5%。

（二）肝脏在物质代谢中的作用

1. 肝脏在糖代谢中的作用

肝脏是调节血糖浓度的主要器官。当饭后血糖浓度升高时，肝脏利用血糖合成糖原（肝糖原约占肝重的 5%）。过多的糖则可在肝脏转变为脂肪以及加速磷酸戊糖循环等，从而降低血糖，维持血糖浓度的恒定。相反，当血糖浓度降低时，肝糖原分解及糖异生作用加强，生成葡萄糖送入血中，调节血糖浓度，使之不致过低。因此，严重肝病时，易出现空腹血糖降低，主要由于肝糖原贮存减少以及糖异生作用障碍的缘故。临床上，可通过耐量试验（主要是半乳糖耐量试验）及测定血中乳酸含量来观察肝脏糖原生成及糖异生是否正常。

肝脏和脂肪组织是人体内糖转变成脂肪的两个主要场所。肝脏内糖氧化分解主要不是供给肝脏能量，而是由糖转变为脂肪的重要途径。所合成脂肪不在肝内贮存，而是与肝细胞内磷脂、胆固醇及蛋白质等形成脂蛋白，并以脂蛋白形式送入血中，送到其他组织中利用或贮存。

肝脏也是糖异生的主要器官，可将甘油、乳糖及生糖氨基酸等转化为葡萄糖或糖原。在剧烈运动及饥饿时尤为显著，肝脏还能将果糖及半乳糖转化为葡萄糖，亦可作为血糖的补充来源。

糖在肝脏内的生理功能主要是保证肝细胞内核酸和蛋白质代谢，促进肝细胞的再生及肝功能的恢复。

（1）通过磷酸戊糖循环生成磷酸戊糖，用于 RNA 的合成；

（2）加强糖原生成作用，从而减弱糖异生作用，避免氨基酸的过多消耗，保证有足够的氨基酸用于合成蛋白质或其他含氮生理活性物质。

肝细胞中葡萄糖经磷酸戊糖通路，还为脂肪酸及胆固醇合成提供所必需的 NADPH。通过糖醛酸代谢生成 UDP 葡萄糖醛酸，参与肝脏生物转化作用。

2. 肝脏在脂类代谢中的作用

肝脏在脂类的消化、吸收、分解、合成及运输等代谢过程中均起重要作用。

肝脏能分泌胆汁，其中的胆汁酸盐是胆固醇在肝脏的转化产物，能乳化脂类、可促进脂类的消化和吸收。

肝脏是氧化分解脂肪酸的主要场所，也是人体内生成酮体的主要场所。肝脏中活跃的 β-氧化过程，释放出较多能量，以供肝脏自身需要。生成的酮体不能在肝脏氧化利用，而经血液运输到其他组织（心、肾、骨骼肌等）氧化利用，作为这些组织的良好的供能原料。

肝脏也是合成脂肪酸和脂肪的主要场所，还是人体中合成胆固醇最旺盛的器官。肝脏合成的胆固醇占全身合成胆固醇总量的 80% 以上，是血浆胆固醇的主要来源。此外，肝脏还合成并分泌卵磷脂胆固醇酰基转移酶（LCAT），促使胆固醇酯化。当肝脏严重损伤时，不仅胆固醇合成减少，血浆胆固醇酯的降低往往出现更早和更明显。

肝脏还是合成磷脂的重要器官。肝内磷脂的合成与甘油三酯的合成及转运有密切关系。

磷脂合成障碍将会导致甘油三酯在肝内堆积，形成脂肪肝（fatty liver）。其原因一方面由于磷脂合成障碍，导致前 β 脂蛋白合成障碍，使肝内脂肪不能顺利运出；另一方面是肝内脂肪合成增加。卵磷脂与脂肪生物合成有密切关系。卵磷脂合成过程的中间产物——甘油二酯有两条去路：即合成磷脂和合成脂肪，当磷脂合成障碍时，甘油二酯生成甘油三酯明显增多。

3. 肝脏在蛋白质代谢中的作用

肝内蛋白质的代谢极为活跃，肝蛋白质的半寿期为 10 天，而肌肉蛋白质半寿期则为 180 天，可见肝内蛋白质的更新速度较快。肝脏除合成自身所需蛋白质外，还合成多种分泌蛋白质。如血浆蛋白中，除 γ-珠蛋白外，白蛋白、凝血酶原、纤维蛋白原及血浆脂蛋白所含的多种载脂蛋白（ApoA，Apo B，C，E）等均在肝脏合成。故肝功能严重损害时，常出现水肿及血液凝固机能障碍。

肝脏合成白蛋白的能力很强。成人肝脏每日约合成 12g 白蛋白，占肝脏合成蛋白质总量的四分之一。白蛋白在肝内合成与其他分泌蛋白相似，首先以前身物形式合成，即前白蛋白原（preproalbumin），经剪切信号肽后转变为白蛋白原（proalturnin）。再进一步修饰加工，成为成熟的白蛋白（alturnin）。分子量 69 000，由 550 个氨基酸残基组成。血浆白蛋白的半寿期为 10 天，由于血浆中含量多而分子量小，在维持血浆胶体渗透压中起着重要作用。

肝脏在血浆蛋白质分解代谢中亦起重要作用。肝细胞表面有特异性受体可识别某些血浆蛋白质（如铜兰蛋白、α1 抗胰蛋白酶等），经胞饮作用吞入肝细胞，被溶酶体水解酶降解。而蛋白所含氨基酸可在肝脏进行转氨基、脱氨基及脱羧基等反应进一步分解。肝脏中有关氨基酸分解代谢的酶含量丰富，体内大部分氨基酸，除支链氨基酸在肌肉中分解外，其余氨基酸特别是芳香族氨基酸主要在肝脏分解。故严重肝病时，血浆中支链氨基酸与芳香族氨基酸的比值下降。

在蛋白质代谢中，肝脏还具有一个极为重要的功能：即将氨基酸代谢产生的有毒的氨通过鸟氨酸循环的特殊酶系合成尿素以解氨毒。鸟氨酸循环不仅解除氨的毒性，而且由于尿素合成中消耗了产生呼吸性 H^+ 的 CO_2，故在维持机体酸碱平衡中具有重要作用。

肝脏也是胺类物质解毒的重要器官，肠道细菌作用于氨基酸产生的芳香胺类等有毒物质，被吸收入血，主要在肝细胞中进行转化以减少其毒性。当肝功不全或门体侧支循环形成时，这些芳香胺可不经处理进入神经组织，进行 β-羟化生成苯乙醇胺和 β-羟酪胺。它们的结构类似于儿茶酚胺类神经递质，并能抑制后者的功能，属于"假神经递质"，与肝性脑病的发生有一定关系。

4. 肝脏在维生素代谢中的作用

肝脏在维生素的贮存、吸收、运输、改造和利用等方面具有重要作用。肝脏是体内含维生素较多的器官。某些维生素，如维生素 A、D、K、B_2、PP、B_6、B_{12} 等在体内主要贮存于肝脏，其中，肝脏中维生素 A 的含量占体内总量的 95%。因此，维生素 A 缺乏形成夜盲症时，动物肝脏有较好疗效。

肝脏所分泌的胆汁酸盐可协助脂溶性维生素的吸收。所以肝胆系统疾患，可伴有维生素的吸收障碍。例如严重肝病时，维生素 B_1 的磷酸化作用受影响，从而引起有关代谢的紊乱，由于维生素 K 及 A 的吸收、储存与代谢障碍而表现出血倾向及夜盲症。

肝脏直接参与多种维生素的代谢转化。如将 β－胡萝卜素转变为维生素 A，将维生素 D_3 转变为 25－（OH）D_3。多种维生素在肝脏中，参与合成辅酶。例如将尼克酰胺（维生素 PP）合成 NAD^+ 及 $NADP^+$；泛酸合成辅酶 A；维生素 B_6 合成磷酸吡哆醛；维生素 B_2 合成 FAD，以及维生素 B_1 合成 TPP 等，对机体内的物质代谢起着重要作用。

5.肝脏在激素代谢中的作用

许多激素在发挥其调节作用后，主要在肝脏内被分解转化，从而降低或失去其活性。此过程称激素的灭活（inactivation）。灭活过程对于激素的作用具调节作用。

肝细胞膜有某些水溶性激素（如胰岛素、去甲肾上腺素）的受体。此类激素与受体结合而发挥调节作用，同时自身则通过肝细胞内吞作用进入细胞内。而游离态的脂溶性激素则通过扩散作用进入肝细胞。

一些激素（如雌激素、醛固酮）可在肝内与葡萄糖醛酸或活性硫酸等结合而灭活。垂体后叶分泌的抗利尿激素亦可在肝内被水解而"灭活"。因此肝病时由于对激素"灭活"功能降低，使体内雌激素、醛固酮、抗利尿激素等水平升高，则可出现男性乳房发育、肝掌、蜘蛛痣及水钠潴溜等现象。

许多蛋白质及多肽类激素也主要在肝脏内"灭活"。如胰岛素和甲状腺素的灭活。甲状腺素灭活包括脱碘、移去氨基等，其产物与葡萄糖醛酸结合。胰岛素灭活时，则包括胰岛素分子二硫键断裂，形成 A、B 链，再在胰岛素酶作用下水解。严重肝病时，此激素的灭活减弱，于是血中胰岛素含量增高。

（三）肝脏的生物转化作用

生物转化的定义。

机体将一些内源性或外源性非营养物质进行化学转变，增加其极性（或水溶性），使其易随胆汁或尿液排出，这种体内变化过程称为生物转化（biotransformation）。

日常生活中，许多非营养性物质由体内外进入肝脏。这些非营养物质据其来源可分为：

（1）内源性物质：系体内代谢中产生的各种生物活性物质如激素、神经递质等及有毒的代谢产物如氨、胆红素等。

（2）外源性物质：系由外界进入体内的各种异物，如药品、食品添加剂、色素及其他化学物质等。这些非营养物质既不能作为构成组织细胞的原料，又不能供应能量，机体只能将它们直接排出体外，或先将它们进行代谢转变，一方面增加其极性或水溶性，使其易随尿或胆汁排出，另一方面也会改变其毒性或药物的作用。

一般情况下，非营养物质经生物转化后，其生物活性或毒性均降低甚至消失，所以曾将此种作用称为生理解毒（physiological detoxification）。但有些物质经肝脏生物转化后其毒性反而增强，许多致癌物质通过代谢转化才显示出致癌作用，如 3，4- 苯并芘的致癌。因而不能将肝脏的生物转化作用一概称为"解毒作用"。

肝脏是生物转化作用的主要器官，在肝细胞微粒体、胞液、线粒体等部位均存在有关生物转化的酶类。其他组织如肾、胃肠道、肺、皮肤及胎盘等也可进行一定的生物转化，但以肝脏最为重要，其生物转化功能最强。

（四）生物转化反应类型

肝脏内的生物转化反应主要可分为氧化（oxidation）、还原（reduction）、水解（hydrolysis）与结合（conjugation）等四种反应类型。

1. 氧化反应

（1）微粒体氧化酶系。

微粒体氧化酶系在生物转化的氧化反应中占有重要的地位。它是需细胞色素 P450 的氧化酶系，能直接激活分子氧，使一个氧原子加到作用物分子上，故称加单氧酶系（monooxygenase）。由于在反应中一个氧原子掺入到底物中，而一个氧原子使 NADPH 氧化而生成水，即一种氧分子发挥了两种功能，故又称混合功能氧化酶（mixedfunction oxidase）。亦可称为羟化酶。加单氧酶系的特异性较差，可催化多种有机物质进行不同类型的氧化反应。

（2）加单氧酶系的组成。

加单氧酶系由 NADPH，NADPH 细胞色素 P450 还原酶及细胞色素 P450 组成。NADPH- 细胞色素 P450 还原酶以 FAD 和 FMN 为辅基。二者比例为 1:1。细胞色素 P450 是以铁卟啉原 IX 为辅基的 b 族细胞色素，含有与氧和作用物结合的部位。

（3）加单氧酶系反应过程。

加单氧酶系催化总反应式如下：

$$NADPH^+H^++O_2+RH \rightarrow NADP^++H_2O+ROH$$

反应中作用物氧化生成羟化物。细胞色素 P450 含单个血红素辅基，只能接受一个电子，而 NADPH 是 2 个电子供体，NADPH-P450 还原酶则既是 2 个电子受体又是 1 个电子的供体。正好沟通此电子传递链。

2. 还原反应

肝微粒体中存在着由 NADPH 及还原型细胞色素 P450 供氢的还原酶，主要有硝基还原酶类和偶氮还原酶类，均为黄素蛋白酶类。还原的产物为胺。如硝基苯在硝基还原酶催化下加氢还原生成苯胺，偶氮苯在偶氮还原酶催化下还原生成苯胺。此外，催眠药三氯乙醛也可在肝脏被还原生成三氯乙醇而失去催眠作用。

3. 水解反应

肝细胞中有各种水解酶。如酯酶、酰胺酶及糖苷酶等，分别水解各种酯键、酰胺键及糖苷键。分布广泛，人肝脏中水解酶类可催化乙酰苯胺、普鲁卡因、利多卡因及简单的脂肪族酯类的水解。

4.结合反应

结合反应是体内最重要的生物转化方式。凡含有羟基、羧基或氨基等功能基的非营养物质，在肝内与某种极性较强的物质结合，增加水溶性、同时也掩盖了作用物上原有的功能基团，一般具有解毒功能。某些非营养物质可直接进行结合反应，有些则先经氧化、还原、水解反应后再进行结合反应。结合反应可在肝细胞的微粒体、胞液和线粒体内进行。根据参加反应的结合剂不同可分为多种反应类型。

葡萄糖醛酸结合是最为重要和普遍的结合方式。尿苷二磷酸葡萄糖醛酸（UDPGA）为葡萄糖醛酸的活性供体，由糖醛酸循环产生。肝细胞微粒体中有 UDP 葡萄糖醛酸转移酶，能将葡萄糖醛酸基转移到毒物或其他活性物质的羟基、氨基及羧基上，形成葡萄糖醛酸苷。结合后其毒性降低，且易排出体外。胆红素、类固醇激素、吗啡、苯巴比妥类药物等均可在肝脏与葡萄糖醛酸结合而进行生物转化。临床上，用葡萄糖醛酸类制剂（如肝泰乐）治疗肝病，其原理即增强肝脏的生物转化功能。

（五）影响生物转化的因素

生物转化作用受年龄、性别、肝脏疾病及药物等体内外各种因素的影响。例如新生儿生物转化酶发育不全，对药物及毒物的转化能力不足，易发生药物及毒素中毒等。老年人因器官退化，对氨基比林、保泰松等的药物转化能力降低，用药后药效较强，副作用较大。此外，某些药物或毒物可诱导转化酶的合成，使肝脏的生物转化能力增强，称为药物代谢酶的诱导。例如，长期服用苯巴比妥，可诱导肝微粒体加单氧酶系的合成，从而使机体对苯巴比妥类催眠药产生耐药性。同时，由于加单氧酶特异性较差，可利用诱导作用增强药物代谢和解毒，如用苯巴比妥治疗地高辛中毒。苯巴比妥还可诱导肝微粒体 UDP－葡萄糖醛酸转移酶的合成，故临床上用来治疗新生儿黄疸。另一方面由于多种物质在体内转化代谢常由同一酶系催化，同时服用多种药物时，可出现竞争同一酶系而相互抑制其生物转化作用。临床用药时应加以注意，如保泰松可抑制双香豆素的代谢，同时服用时双香豆素的抗凝作用加强，易发生出血现象。

肝实质性病变时，微粒体中加单氧酶系和 UDP-葡萄糖醛酸转移酶活性显著降低，加上肝血流量的减少，病人对许多药物及毒物的摄取、转化发生障碍，易积蓄中毒，故在肝病患者用药要特别慎重。

第七节　胆色素代谢

胆色素（bilepigment）是含铁卟啉化合物在体内分解代谢的产物，包括胆红素（bilirubin）胆绿素（biliverdin）、胆素原（bilinogen）和胆素（bilin）等化合物。其中，除胆素原族化合物无色外，其余均有一定颜色，故统称胆色素。胆红素是胆汁中的主要色素，胆色素代谢以胆红素代谢为主心。肝脏在胆色素代谢中起着重要作用。

一、胆红素的生成及转运

（一）胆红素的来源

体内含卟啉的化合物有血红蛋白、肌红蛋白、过氧化物酶、过氧化氢酶及细胞色素等。成人每日约产生 250mg 胆红素，胆红素来源主要有：① 80% 左右胆红素来源于衰老红细胞中血红蛋白的分解。②小部分来自造血过程中红细胞的过早破坏。③非血红蛋白血红素的分解。

（二）胆红素的生成

体内红细胞不断更新，衰老的红细胞由于细胞膜的变化被网状内皮细胞识别并吞噬，在肝、脾及骨髓等网状内皮细胞中，血红蛋白被分解为珠蛋白和血红素。血红素在微粒体中血红素加氧酶（beme oxygenase）催化下，血红素原卟啉 IX 环上的 α 次甲基桥（ =CH- ）的碳原子两侧断裂，使原卟啉 IX 环打开，并释出 CO 和 Fe^{3+} 和胆绿素 IX（biliverdin）。Fe^{3+} 可被重新利用，CO 可排出体外。线性四吡咯的胆绿素进一步在胞液中胆绿素还原酶（辅酶为 NADPH）的催化下，迅速被还原为胆红素。

血红素加氧酶是胆红素生成的限速酶，需要 O_2 和 NADPH 参加，受底物血红素的诱导。而同时血红素又可作为酶的辅基起活化分子氧的作用。

用 X 射线衍射分析胆红素的分子结构表明，胆红素分子内形成氢键而呈特定的卷曲结构分子中Ⅲ、Ⅳ两个吡咯环之间是单键连接。因此，Ⅲ环与Ⅳ环能自由旋转。在一定的空间位置，Ⅲ环上的丙酸基的羧基可与Ⅳ环，Ⅰ环上亚氨基的氢和Ⅰ环上的羰基形成氢键；Ⅳ环上的丙酸基的羧基也与Ⅱ环、Ⅲ环上亚氨基的氢和Ⅱ环上的羰基形成氢键。这 6 个氢键的形成使整个分子卷曲成稳定的构象。把极性基团封闭在分子内部，使胆红素显示亲脂、疏水的特性。

（三）胆红素在血液中的运输

在生理 pH 条件下胆红素是难溶于水的脂溶性物质，在网状内皮细胞中生成的胆红素能自由透过细胞膜进入血液，在血液中主要与血浆白蛋白或 α1 球蛋白（以白蛋白为主）

结合成复合物进行运输。这种结合增加了胆红素在血浆中的溶解度，便于运输；同时又限制胆红素自由透过各种生物膜，使其不致对组织细胞产生毒性作用，每个白蛋白分子上有一个高亲和力结合部位和一个低亲和力结合部位。每分子白蛋白可结合两分子胆红素。在正常人每 100 mL 血浆的血浆白蛋白能与 20～25 mg 胆红素结合，而正常人血浆胆红素浓度仅为 0.1～1.0 mg/dL，所以正常情况下，血浆中的白蛋白足以结合全部胆红素。但某些有机阴离子如磺胺类、脂肪酸、胆汁酸、水杨酸等可与胆红素竞争与白蛋白结合，从而使胆红素游离出来，增加其透入细胞的可能性。过多的游离胆红素可与脑部基底核的脂类结合，并干扰脑的正常功能，称胆红素脑病或核黄疸。因此，在新生儿高胆红素血症时，对多种有机阴离子药物必需慎用。

二、胆红素在肝脏中的代谢

（一）肝细胞对胆红素的摄取

血中胆红素以"胆红素—白蛋白"的形式运输到肝脏，很快被肝细胞摄取。肝细胞摄细胞摄取血中胆红素的能力很强。实验证明，注射具有放射性的胆红素后，大约只需 18 分钟就可从血浆中清除 50%。肝脏能迅速从血浆中摄取胆红素，是由于肝细胞内两种载体蛋白质 Y 蛋白和 Z 蛋白所起的重要作用。这两种载体蛋白（以 Y 蛋白为主）能特异性结合包括胆红素在内的有机阴离子。当血液入肝，在狄氏（Disse）间隙中肝细胞上的特殊载体蛋白结合胆红素，使其从白蛋白分子上脱离，并被转运到肝细胞内。随即与细胞液中 Y 和 Z 蛋白结合，主是与 Y 蛋白结合，当 Y 蛋白结合饱和时，Z 蛋白的结合才增多。这种结合使胆红素不能返流入血，从而使胆红素不断向肝细胞内透入。胆红素被载体蛋白结合后，即以"胆红素 -Y 蛋白"（胆红素 -Z 蛋白）形式送至内质网。这是一个耗能的过程，而且是可逆的。如果肝细胞处理胆红素的能力下降，或者生成胆红素过多，超过了肝细胞处理胆红素的能力，则已进入肝细胞的胆红素还可返流入血，使血中胆红素水平增高。

Y 蛋白是一种碱性蛋白，由分子量为 22 000 和 27 000 的两个亚基组成，约占肝细胞胞液蛋白质总量的 5%。它也是一种诱导蛋白，苯巴比妥可诱导 Y 蛋白的合成。甲状腺素、溴酚磺酸钠（BSP）和靛青绿（ICG）等可竞争结合 Y 蛋白，影响胆红素的转运。Y 蛋白能与上述多种物质结合，故又称"配体结合蛋白"（ligadin）。由于新生儿在出生 7 周后 Y 蛋白才达到正常成人水平，故易产生生理性的新生儿非溶血性黄疸，临床上可用苯巴比妥治疗。

Z 蛋白是一种酸性蛋白，分子量为 12 000，与胆红素亲和力小于 Y 蛋白。当胆红素浓度较低时，胆红素优先与 Y 蛋白结合。在胆红素浓度高时，则 Z 蛋白与胆红素的结合量增加。

（二）肝细胞对胆红素的转化作用

肝细胞内质网中有胆红素 - 尿苷二磷酸葡萄糖醛酸转移酶（bilirutin-UDp glucuronyl

transferase，BR-UDPGA-T），它可催化胆红素与葡萄糖醛酸以酯键结合，生成胆红素葡萄糖醛酸酯。由于胆红素分子中有两个丙酸基的羧基均可与葡萄糖醛酸 C1 上的羟基结合、故可形成两种结合物，即胆红素葡萄糖醛酸－酯和胆红素葡萄糖醛酸二酯。在人胆汁中的结合胆红素主要胆红素葡萄糖醛酸二酯（占 70～80%），其次为胆红素葡萄糖醛酸－（占 20～30%），也有小部分与硫酸根、甲基、乙酰基、甘氨酸等结合。

胆红素经上述转化后称为结合胆红素，结合胆红素较未结合胆红素脂溶性弱而水溶性增强，与血浆白蛋白亲和力减小，故易从胆道排出，也易透过肾小球从尿排出。但不易通过细胞膜和血脑屏障，因此不易造成组织中毒，是胆红素解毒的重要方式。

（三）肝脏对胆红素的排泄作用

胆红素在内质网经结合转化后，在细胞浆内经过高尔基复合体、溶酶体等作用，运输并排入毛细胆管随胆汁排出。毛细胆管内结合胆红素的浓度远高于细胞内浓度，故胆红素由肝内排出是一个逆浓度梯度的耗能过程，也是肝脏处理胆红素的一个薄弱环节，容易受损。排泄过程如发生障碍，则结合胆红素可返流入血，使血中结合胆红素水平增高。

糖皮质激素不仅能诱导葡萄糖醛酸转移酶的生成，促进胆红素与葡萄糖醛酸结合，而且对结合胆红素的排出也有促进作用。因此，可用此类激素治疗高胆红素血症。

三、胆红素在肠道中的转变

结合胆红素随胆汁排入肠道后，自回肠下段至结肠，在肠道细菌作用下，由 β－葡萄糖醛酸酶催化水解脱去葡萄糖醛酸，生成未结合胆红素，后者再逐步还原成为无色的胆素原族化合物，即中胆素原（Meso-Bilirutinogen）、粪胆素原（Stercobilinogen）及尿胆素原（Urobilinogen）。粪胆素原在肠道下段或随粪便排出后经空气氧化，可氧化为棕黄色的粪胆素，它是正常粪便中的主要色素。正常人每日从粪便排出的胆素原约 40～80mg。当胆道完全梗阻时，因结合胆红素不能排入肠道，不能形成粪胆素原及粪胆素，粪便则呈灰白色。临床上称之为白陶土样便。

生理情况下，肠道中约有 10%～0% 的胆素原可被重吸收入血，经门静脉进入肝脏。其中大部分（约 90%）由肝脏摄取并以原形经胆汁分泌排入肠腔。此过程称为胆色素的肠肝循环（Enterohepatic Circulation of Bile Pigments）。在此过程中，少量（10%）胆素原可进入体循环，可通过肾小球滤出，由尿排出，即为尿胆素原。正常成人每天从尿排出的尿胆素原约 0.5～4.0 mg，尿胆素原在空气中被氧化成尿胆素，是尿液中的主要色素，尿胆素原、尿胆素及尿胆红素临床上称为尿三胆。

四、血清胆红素与黄疸

正常血清中存在的胆红素按其性质和结构不同可分为两大类型。凡未经肝细胞结合转化的胆红素，即其侧链上的丙酸基的羧基为自由羧基者，为未结合胆红素；凡经过肝细胞转化，与葡萄糖醛酸或其他物质结合者，均称为结合胆红素。

血清中的未结合胆红素与结合胆红素，由于其结构和性质不同，它们对重氮试剂的反应（范登堡试验 Van den Bergh test）不同，未结合胆红素由于分子内氢键的形成，第 10 位碳桥被埋在分子的中心，这个部位是线性四吡咯结构的胆红素转变为二吡咯并与重氮试剂结合的关键部分。不破坏分子内氢键则胆红素不能与重氮试剂反应。必须先加入酒精或尿素破坏氢键后才能与重氮试剂反应生成紫红色偶氮化合物，称为范登堡试验的间接反应。所以未结合胆红素又称"间接反应胆红素"或"间应胆红素"。而结合胆红素不存在分子内氢键，能迅速直接与重氮试剂反应形成紫红色偶氮化合物，故又称"直接反应胆红素"或"直应胆红素"。

除上述两种胆红素外，现发现还存在着"第三种胆红素"，称为 δ-胆红素。它的实质是与血清蛋白紧密结合的结合胆红素。正常血清中它的含量占总胆红素的 20～30%。它的出现可能与肝脏功能成熟有关。当肝病初期，它与血清中其他两种胆红素一起升高，但肝功能好转时它的下降较其他两种为缓慢，从而使其所占比例升高，有时可高达 60%。

正常人血浆中胆红素的总量不超过 1 mg/dL，其中未结合型约占 4/5，其余为结合胆红素。凡能引起胆红素的生成过多，或使肝细胞对胆红素处理能力下降的因素，均可使血中胆红素浓度增高，称高胆红素血症（hyperbilirubinemia）。胆红素是金黄色色素，当血清中浓度高时，则可扩散入组织，组织被染黄，称为黄疸（jaundice）。特别是巩膜或皮肤，因含有较多弹性蛋白，后者与胆红素有较强亲和力，故易被染黄。黏膜中含有能与胆红素结合的血浆白蛋白，因此也能被染黄。黄疸程度与血清胆红素的浓度密切相关。一般血清中胆红素浓度超过 2 mg/dL 时，肉眼可见组织黄染；当血清胆红素达 7～8 mg/dL 以上时，黄疸即较明显。有时血清胆红素浓度虽超过正常，但仍在 2 mg/dL 以内，肉眼尚观察不到巩膜或皮肤黄染，称为隐性黄疸。应注意黄疸系一种常见体征，并非疾病名称。凡能引起胆红素代谢障碍的各种因素均可形成黄疸。根据其成因大致可分三类：

① 因红细胞大量破坏，网状内皮系统产生的胆红素过多，超过肝细胞的处理能力，因而引起血中未结合胆红素浓度异常增高者，称为溶血性黄疸或肝前性黄疸；

② 因肝细胞功能障碍，对胆红素的摄取结合及排泄能力下降所引起的高胆红素血症，称为肝细胞性或肝原性黄疸；

③ 因胆红素排泄的通道受阻，使胆小管或毛细胆管压力增高而破裂，胆汁中胆红素返流入血而引起的黄疸，称梗阻性黄疸或肝后性黄疸。

第六章　细胞免疫

第一节　免疫学在生物学和医学中发展

一、免疫学与医学

免疫学的发展及其向医学各学科的渗透，产生了许多免疫学分支学科和交叉学科，如免疫理学、免疫遗传学、免疫药理学、免疫毒理学、神经免疫学、肿瘤免疫学、移植免疫学、生殖免疫学、临床免疫学等。这些分支学科的研究极大地促进了现代生物学和医学的发展。免疫学的发展必将在恶性肿瘤的防治、器官移植、传染病的防治、免疫性疾病的防治、生殖的控制，以及延缓衰老等方面推动医学的进步。

二、免疫学与生物学

免疫系统对自己与非己的识别，以及对自己成分的免疫耐受和对非已成分的免疫应答，都涉及细胞间的信息传递、细胞内信号传导和能量转换等生命过程的基本特性。

免疫系统的功能受遗传控制。目前对机体各种生理功能的遗传控制还知之甚少。免疫遗传学的研究第一次揭开了机体生理功能系统的遗传控制机制。这对在基因水平研究机体的生理功能具有重要意义。

免疫细胞在发育成熟的过程中都伴随有膜表面标志的变化。在发育的任何阶段发生恶性变的免疫细胞，都具有其固有的、特定的膜标志。这些不同分化阶段的恶性肿瘤细胞是研究细胞恶性变机制的理想模型，对研究恶性肿瘤发生学具有重要意义。

MHC 基因复合体的结构和功能研究、免疫球蛋白基因表达的等位排斥现象的研究、免疫球蛋白以及其他免疫分子基因的研究、对 DNA 结合蛋白调节细胞因子表达的研究等都大大地丰富了分子生物学的研究内容，促进了对真核细胞基因结构和表达调控的认识。免疫学技术的发展，为生命科学的研究提供了有力的手段。单抗的应用给生物科学的发展带来了突破性的变革；免疫组化技术与分子杂交技术的结合，使得对基因及其表达的研究可达到定量、定性、定位的程度。显然，免疫学在生物学的发展中具有重要作用。

三、免疫学与生物技术的发展

回顾免疫学的发展历史，可以清楚地看到，免疫学每一步重要进展都推动着生物技术的发展。上世纪末至 21 世纪初，免疫学在抗感染方面的巨大成功，促进了生物制品产业的发展。人工主动免疫和被动免疫的应用，有力地控制了多种传染病的传播。在过去 30 年中，免疫学的巨大进展在更深的层次和更广阔的范围内，推动了生物高技术产业的发展。用细胞工程产生的单克隆抗体，用基因工程产生的细胞因子为临床医学提供了一大类具有免疫调节作用的新型药物。这些新型药物主要着重于调节机体的免疫功能，则副作用较少，因而在多种疾病的治疗上具有传统药物所不可替代的作用。目前以免疫细胞因子和单克隆抗体为主要产品的生物高技术产业，已成为具有巨大市场潜力的新兴产业部。

四、免疫系统的组织结构

随着现代免疫学的发展，已证明在高等动物和人体内存在一组复杂的免疫系统。它的生理功能主要是识别区分"自己"与"非己"成分，并能破坏和排斥"非己"成分，而对"自己"成分则能开成免疫耐受，不发生排斥反应，以维持机体的自身免疫稳定。

免疫系统是由免疫器官、免疫细胞和免疫分子组成。免疫器官根据它们的作用，可分为中枢免疫器官和周围免疫器官。禽类的法氏囊（腔上囊）、哺乳类动物和人的胸腺和骨髓属于中枢免疫器官。骨髓是干细胞和 B 细胞发育分化的场所，法氏囊是禽类 B 细胞发育分化的器官。胸腺是 T 细胞发育分化的器官。脾和全身淋巴结是周围免疫器官，它们是成熟 T 和 B 细胞定居的部位，也是发生免疫应答的场所。此外，黏膜免疫系统和皮肤免疫系统也是重要的局部免疫组织。

免疫细胞的广义的概念可包括造血干细胞、淋巴细胞系、单核吞噬细胞系、粒细胞系、红细胞以及肥大细胞和血小板等。

免疫分子可包括免疫细胞膜分子，如抗原识别受体分子、分化抗原分子、主要组织相容性分子以及一些其他受体分子等。也包括由免疫细胞和非免疫细胞合面和分泌的分子，如免疫球蛋白分子、补体分子以及细胞因子等。

五、免疫球蛋白分子

抗体分子（antibody，Ab）是由浆细胞合成和分泌的，而每一种浆细胞克隆可以产生一种特异的抗体分子，所以血清中的抗体是多种抗体分子的混合物，它们的化学结构是不均一的，而且含量很少，不易纯化，是抗体分子结构分析的困难。

多发性骨髓瘤是由浆细胞无限增殖形成的细胞克隆，由于所有瘤细胞的遗传特性相同，因此它们合成和分泌的蛋白质分子在化学结构上是均一的。这种蛋白分子存在于血液中的称为骨髓瘤蛋白（meyloma protein，M）或 M 蛋白，亦可在尿液中发现称为本周蛋白（BenceJones，BJ）由于这种蛋白分子含量很高，极易纯化，故为 Ig 分子结构的展使得对 Ig 分子结构、理化性质、抗原性、生物学活性以及其基因结构等方面的研究者有了重大突破。

（一）抗体的发现及其特性

抗体的发现：在免疫学发展的早期人们应用细菌或其外毒素给动物注射，经一定时期后用体外实验证明在其血清中存在一种能特异中和外毒素毒性的组分称之为抗毒素，或能使细菌发生特异性凝集的组分称之为凝集素。其后将血清中这种具有特异性反应的组分称为抗体（antibody，Ab），而将能刺激机体产生抗体的物质称之为抗原（antigen，Ag）。由此建立了抗原与抗体的概念。

1890 年德国学者 Behuing 和日本学者北里用白喉杆菌外毒的组分称为抗毒素，这是在血清中发现的第一种抗体。这种含有抗体的血清称之为免疫血清。

（二）抗体的理化性质

1.抗体是球蛋白

早在 40 年代初期 Tiselius 和 Kabat 就证实了抗体活性与血清丙种球蛋白组分相关。他们用肺炎球菌多糖免疫家兔，可获得高效价免疫血清。然后加入相应抗原吸收以除去抗体，将去除抗体的血清进行电泳图谱分析，发现丙种球蛋白（γ-G）组分明显减少，从而证明了抗体活性是存在于丙种球蛋白内。

其后，经对不同免疫血清的电泳分析，超速离心分析和分子量测定等方法，发现大部分抗体活性存在于 γ 球蛋白内，但有小部分抗体活性可存在于 β 球蛋白内。它们的离心常数分别为 7S 和平共处 9S，分子量分别为 16 万和万。因此它们分别被命名为 7S γ 球蛋白分子（16 万）19S，β2 巨球蛋白分子（β2M，90 万）和 β2A 球蛋白分子，所以从早期对抗体性质的研究证明抗体不是由均质性球蛋白组成，而是由异性球蛋白组成。

2. 免疫球蛋白

为了准确描述抗体蛋白的性质，在 60 年代初提出将具有抗体活性的球蛋白称为免疫球蛋分子（immunoglobulin，Lg）。γ 球蛋白则必称为 IgG，β2M 称为 IgM，而 β2A 称为 IgA。其后又相继发现二类 Ig 分子，分别称为 IgE 和 IgD。故在血清中现已发现有五类免疫球蛋白分子，它们的结构与功能是各不相同的。

（三）抗体的生物学活性

（1）抗体与抗原的特异性结合刺激抗体产生的物质称为抗原，抗体分子与其相应的抗原发生结合称为特异性结合。例如，白喉抗毒素只能中和白喉杆菌外毒素，而不能中各破伤风外毒素，反之亦然。

（2）抗体与补体的结合在一定条件下，抗体分子可以与存在于血清中的补体分子相结合，并使之活化，产生多种生物学效应，称之为抗体的补体结合现象，揭示了抗体分子与补体分子间的相互作用。

（3）抗体的调理作用抗体的第三种功能是可增强吞噬细胞的吞噬作用。在体外的实验中，如将免疫血清中加入中性粒细胞的悬液中，可增强对相应细胞的吞噬作用，称这种现象为抗体的调理作用。自此揭示了抗体分子与免疫细胞间的相互作用。为了说明抗体分子这些生物学功能，必须进一步了解抗体分子的结构与功能的关系。

（四）免疫球蛋白分子的结构与功能

1. 免疫球蛋白分子的基本结构

Porter 等对血清 IgG 抗体的研究证明，Ig 分子的基本结构是由四肽链组成的。即由二条相同的分子量较小的肽链称为轻链和二条相同的分子量较大的肽链称为重链组成的。轻链与重链是由二硫键连接形成一个四肽链分子称为 Ig 分子的单体，是构成免疫球蛋白分子的基本结构。Ig 单体中四条肽链两端游离的氨基或羧基的方向是一致的，分别命名为氨基端（N 端）和羧基端（C 端）。

由于骨髓瘤蛋白(M 蛋白)是均一性球蛋白分子,并证明本周蛋白(BJ)是 Ig 分子的 L 链,很容易从患者血液和尿液中分离纯化这种蛋白,并可对来自不同患者的标本进行比较分析,从而为 Ig 分子氨基酸序列分析提供了良好的材料。

① 轻链（lightchain，L），轻链大约由 214 个氨基酸残基组成，通常不含碳水化合物，分子量约为 24 kD。每条轻链含有两个由链内二硫键内二硫所组成的环肽。L 链共有两型：kappa（ κ ）与 lambda（ λ ），同一个天然 Ig 分子上 L 链的型总是相同的。正常人血清中的 κ : λ 约为 2:1。

② 重链（heavychain，H 链），重链大小约为轻链的 2 倍，含 450～550 个氨基酸残基，分子量约为 55 或 75 kD。每条 H 链含有 4～5 个链内二硫键所组成的环肽。不同的 H 链由于氨基酸组成的排列顺序、二硫键的数目和位置、含的种类和数量不同，其抗原性也不相同，根据 H 链抗原性的差异可将其分为 5 类： μ 链、 γ 链、 α 链、 δ 链和 ε 链，不同 H 链与 L 链（ κ 或 λ 链）组成完整 Ig 的分子分别称之为 IgM、IgG、IgA、IgD 和 IgE。 γ 、 α 和 δ 链上含有 4 个肽， μ 和 ε 链含有 5 个环肽。

2. 可变区和恒定区

通过对不同骨髓蛋白或本周蛋白 H 链或 L 链的氨基酸序列比较分析,发现其氨基端(N-末端)氨基酸序列变化很大,称此区为可变区（V），而羧基末端（C- 末端）则相对稳定，变化很小，称此区为恒定区。

（1）可变区（variableregion，V 区），位于 L 链靠近 N 端的 1/2（约含 108 ~ 111 个氨基酸残基）和 H 链靠近 N 端的 1/5 或 1/4（约含 118 个氨基酸残基）。每个 V 区中均有一个由链内二硫键连接形成的肽环，每个肽环约含 67～75 个氨基酸残基。V 区氨基酸的组成和排列随抗体结合抗原的特异性不同有较大的变异。由于 V 区中氨基酸的种类为排列顺序千变万化，故可形成许多种具有不同结合抗原特异性的抗体。

L 链和 H 链的 V 区分别称为 VL 和 VH。在 VL 和 VH 中某些局部区域的氨基酸组成和排列顺序具有更高的变化程度，这些区域称为高变区（hypervariable region，HVR）。在 V 区中非 HVR 部位的氨基酸组面和排列相对比较保守，称为骨架区（fuamework region）。VL 中的高变区有三个，通常分别位于第 24～34、50～65、95～102 位氨基酸。VL 和 VH 的这三个 HVR 分别称为 HVR1、HVR2 和 HVR3。经 X 线结晶衍射的研究分析证明，高变区确实为抗体与抗原结合的位置，因而称为决定簇互补区（complementarity-determining region，CDR）。VL 和 VH 的 HVR1、HVR2 和 HVR3 又可分别称为 CDR1、CDR2 和 CDR3，一般的 CDR3 具有更高的高变程度。高变区也是 Ig 分子独特型决定簇（idiotypic determinants）主要存在的部位。在大多数情况下 H 链在与抗原结合中起更重要的作用。

（2）恒定区（constantregion，C 区），位于 L 链靠近 C 端的 1/2（约含 105 个氨基酸残基）和 H 链靠近 C 端的 3/4 区域或 4/5 区域（约从 119 位氨基酸至 C 末端）。H 链每个功能区约含 110 多个氨基酸残基，含有一个由二锍键连接的 50～60 个氨基酸残基组成的肽环。这个区域氨基酸的组成和排列在同一种属动物 Ig 同型 L 链和同一类 H 链中都比较恒定，如人抗白喉外毒素 IgG 与人抗破伤风外毒素的抗毒素 IgG，它们的 V 区不相同，只能与相应的抗原发生特异性的结合，但其 C 区的结构是相同的，即具有相同的抗原性，应用马抗人 IgG 第二体（或称抗抗体）均能与这两种抗不同外毒素的抗体（IgG）发生结合反应。这是制备第二抗体，应用荧光、酶、同位毒等标记抗体的重要基础。

3. 功能区

Ig 分子的 H 链与 L 链可通过链内二硫键折叠成若干球形功能区，每一功能区（domain）约由 110 个氨基酸组成。在功能区中氨基酸序列有高度同源性。

（1）L 链功能区：分为 L 链可变区（VL）和 L 链恒定区（CL）两功能区。

（2）H 链功能区：IgG、IgA 和 IgD 的 H 链各有一个可变区（VH）和三个恒定区（CH1、CH2 和 CH3）共四个功能区。IgM 和 IgE 的 H 链各有一个可变区（VH）和四个恒定区（CH1、CH2、CH3 和 CH4）共五个功能区。如要表示某一类免疫蛋白 H 链恒定区，可在 C（表示恒定区）后加上相应重链名称（希腊字母）和恒定区的位置（阿拉伯数字），例如 IgG 重链 CH1、CH2 和 CH3 可分别用 Cγ1、Cγ2 和 Cγ3 来表示。

IgL 链和 H 链中 V 区或 C 区每个功能区各形成一个免疫球蛋白折叠（immunoglobulin fold，Ig fold），每个 Ig 折叠含有两个大致平行、由二硫连接的 β 片层结构（betapleated sheets），每个 β 片层结构由 3 至 5 股反平行的多肽链组成。可变区中的高变区在 Ig 折叠的一侧形成高变区环（hypervariable loops），是与抗原结合的位置。

（3）功能区的作用。

① VL 和 VH 是与抗原结合的部位，其中 HVR（CDR）是 V 区中与抗原决定簇（或表位）互补结合的部位。VH 和 VL 通过非共价相互作用，组成一个 FV 区。单位 Ig 分子具有 2 个抗原结合位点（antigen-bindingsite），二聚体分泌型 IgA 具有 4 个抗原结合位点，五聚

体 IgM 可有 10 个抗原结合位点。

②CL 和 CH 上具有部分同种异型的遗传标记。

③CH2：IgGCH 具有补体 Clq 结合点，能活化补体的经典活化途径。母体 IgG 借助 CH2 部分可通过胎盘主动传递到胎体内。

④CH3：IgGCH3 具有结合单核细胞、巨噬细胞、粒细胞、B 细胞和 NK 细胞 Fc 段受体的功能。IgMCH3（或 CH3 因部分 CH4）具有补体结合位点。IgE 的 Cε2 和 Cε3 功能区与结合肥大细胞和嗜碱性粒细胞 FCεRI 有关。

（4）铰链区（hingeregion）铰链区不是一个独立的功能区，但它与其客观存在功能区有关。铰链区位于 CH1 和 CH2 之间。不同 H 链铰链区含氨基酸数目不等，α1、α2、γ1、γ2 和 γ4 链的铰链区较短，只有 10 多个氨基酸残基；γ3 和 δ 链的铰链区较长，约含 60 多个氨基酸残基，其中 γ3 铰链区含有 14 个半胱氨酸残基。铰链区包括 H 链间二硫键，该区富含脯氨酸，不形成 α-螺旋，易发生伸展及一定程度的转动，当 VL、VH 与抗原结合时此氏发生扭曲，使抗体分子上两个抗原结合点更好地与两个抗原决定簇发生互补。由于 CH2 和 CH3 构型变化，显示出活化补体、结合组织细胞等生物学活性。铰链区对木瓜蛋白酶、胃蛋白酶敏感，当用这些蛋白酶水解免疫球蛋白分子时常此区发生裂解。IgM 和 IgE 缺乏铰链区。

4.J 链和分泌成分

（1）J 链（joining chain） 存在于二聚体分泌型 IgA 和五聚体 IgM 中。J 链分子量约为 15kD，由于 124 个氨基酸组成的酸性糖蛋白，含有 8 个半胱氨酸残基，通过二硫键连接到 μ 链或 α 链的羧基端的半胱氨酸。J 链可能在 Ig 二聚体、五聚体或多聚体的组成以及在体内转运中的具有一定的作用。

（2）分泌成分（secretorycomponent，SC）又称分泌片（secretory piece），是分泌型 IgA 上的一个辅助成分，分子量约为 75kD，糖蛋白，由上皮细胞合成，以共价形式结合到 Ig 分子，并一起被分泌到黏膜表面。SC 的存在对于抵抗外分泌液中蛋白水解酶的降解具有重要作用。

5.单体、双体和五聚体

（1）单体：由一对 L 链和一对 H 链组成的基本结构，如 IgG、IgD、IgE 血清型 IgA。

（2）双体：由 J 链连接的两个单体，如分泌型 IgA（secretory IgA，SIgA）二聚体（或多聚体）IgA 结合抗原的亲和力（avidity）要比单体 IgA 高。

（3）五聚体：由 J 链和二硫键连接五个单体，如 IgM。μ 链 Cys414（Cμ3）和 Cys575（C 端的尾部）对于 IgM 的多聚化极为重要。在 J 链存在下，通过两个邻近单体 IgMμ 链 Cys 之间以及 J 链与邻 μ 链 Cys575 之间形成二硫键组成五聚体。由黏膜下浆细胞所合成和分泌的 IgM 五聚体，与黏膜上皮细胞表面 pIgR（poly-Ig receptor，pIgR）结合，穿过黏膜上皮细胞到黏膜表面成为分泌型 IgM（secretory IgM）。

6. 酶解片段

本瓜蛋白酶的水解片段 Porter 等最早用木瓜蛋白酶（papain）水解兔 IgG，从而区划获知了 Ig 四肽链的基本结构和功能。

① 裂解部位：IgG 铰链区 H 链链间二硫键近 N 端侧切断。

② 裂解片段：共裂解为三个片段：

两个 Fab 段（抗原结合段，fragment of antigen binding）。每个 Fab 段由一条完整的 L 链和一条约为 1/2 的 H 链组成，Fab 段分子量为 54 kD。一个完整的 Fab 段可与抗原结合，表现为单价，但不能形成凝集或沉淀反应。Fab 中约 1/2H 链部分称为 Fd 段，约含 225 个氨基酸残基，包括 VH、CH1 和部分铰链区。

一个 Fc 段（可结晶段，fragment crystallizable），由连接 H 链二硫键和近羧基端两条约 1/2 的 H 链所组成，分子量约 50 kD。Ig 在异种间免疫所具有的抗原性主要存在于 Fc 段。

（五）免疫球蛋白分子的功能

Ig 是体液免疫应答中发挥免疫功能最主要的免疫分子，免疫球蛋白所具有的功能是由其分子中不同功能区的特点所决定的。

1. 特异性结合抗原

Ig 最显著的生物学特点是能够特异性地与相应的抗原结合，如细菌、病毒、寄生虫、某些药物或侵入机体的其他异物。Ig 的这种特异性结合抗原特性是由其 V 区（尤其是 V 区中的高变区）的空间构成所决定的。Ig 的抗原结合点由 L 链和 H 链超变区组成，与相应抗原上的表位互补，借助静电力、氢键以及范德华力等次级键相结合，这种结合是可逆的，并受到 pH、温度和电解浓度的影响。在某些情况下，由于不同抗原分子上有相同的抗原决定簇，或有相似的抗原决定簇，一种抗体可与两种以上的抗原发生反应，此称为交叉反应（cross reaction）。

抗体分子可有单体、双体和五聚体，因此结合抗原决定簇的数目（结合价）也不相同。Fab 段为单价，不能产生凝集反应和沉淀反应。F（ab'）2 和单体 Ig（如 IgG、IgD、IgE）为双价。双体分泌型 IgA 有 4 价。五聚体 IgM 理论上应为 10 价，但实际上由于立体构型的空间位阻，一般只有 5 个结合点可结合抗原。

B 细胞表面 Ig（SmIg）是特异性识别抗原的受体，成熟 B 细胞主要表达 SmIgM 和 SmIgD，同一 B 细胞克隆表达不同类 SmIg 其识别抗原的特异性是相同的。

2. 活化补体

（1）IgM、IgG1、IgG2 和 IgG3 可通过经典途径活化补体。

当抗体与相应抗原结合后，IgG 的 CH2 和 IgM 的 CH3 暴露出结合 C lq 的补体结合点，开始活化补体。由于 Clq6 个亚单位中一般需要 2 个 C 端的球与补体结合点结合后才能依次活化 Clr 和 Cls，因此 IgG 活化补体需要一定的浓度，以保证两个相邻的 IgG 单体同时与 1 个 Clq 分子的两个亚单位结合。当 Clq 一个 C 端球部结合 IgG 时亲和力则很低，

K_d 为 10^{-4} mol/L，当 Clq 两个或两个以上球部结合两个或多个 IgG 分时，亲和力增高 K_d 为 10^{-8} mol/L。IgG 与 Clq 结合点位于 CH2 功能区中最后一个 β 折叠股 318～322 位氨基酸残基（Glu-x-Lys-x-Lys）。IgM 倍以上。人类天然的抗 A 和抗 B 血型抗体为 IgM，血型不符合引起的输血反应发生快而且严重。

（2）凝聚的 IgA、IgG4 和 IgE 等可通过替代途径活化补体。

3.结合 Fc 受体

不同细胞表面具有不同 Ig 的 Fc 受体，分别用 Fc γ R、Fc ε R、Fc α R 等来表示。当 Ig 与相应抗原结合后，由于构型的改变，其 Fc 段可与具有相应受体的细胞结合。IgE 抗体由于其 Fc 段结构特点，可在游离情况下与有相应受体的细胞（如嗜碱性粒细胞、肥大细胞）结合，称为亲细胞抗体（cytophilic antibody）。抗体与 Fc 受体结合可发挥不同的生物学作用。

（1）介导。

I 型变态反应变应原刺激机体产生的 IgE 可与嗜碱性粒细胞、肥大细胞表面 IgE 高亲力受体细胞脱颗粒，释放组胺，合成由细胞 Fc ε RI 结合。当相同的变应原再次进入机体时，可与已固定在细胞膜上的 IgE 结合，刺激细胞脱颗粒，释放组受合成由细胞脂质来源的介质如白三烯、前列腺素、血小板活化因子等的影响，引起 I 型变态反应。

（2）调理吞噬作用。

调理作用（opsonization）是指抗体、补体 C3b、C4b 等调理素（opsonin）促进吞噬细菌等颗粒性抗原。由于补体对热不稳定，因此又称为热不稳定调理素（heat-labilc opsonin）。抗体又称热稳定调理素（heat-stableopsonin）。补体与抗体同时发挥调理吞噬作用，称为联合调理作用。中性粒细胞、单核细胞和巨噬细胞具有高亲和力或低亲和力的 Fc γ RI（CD64）和 Fc γ R Ⅱ（CD32），IgG 尤其是人 IgG1 和 IgG3 亚类对于调理吞噬起主要作用。嗜酸性粒细胞具有亲和力 Fc γ R Ⅱ，IgE 与相应抗原结合后可促进嗜酸性粒细胞的吞噬作用。抗体的调理机制一般认为是：

① 抗体在抗原颗粒和吞噬细胞之间"搭桥"，从而加强了吞噬细胞的吞噬作用；

② 抗体与相应颗粒性抗原结合后，改变抗原表面电荷，降低吞噬细胞与抗原之间的静电斥力；

③ 抗体可中和某些细菌表面的抗吞噬物质如肺炎双球菌的荚膜，使吞噬细胞易于吞噬；

④ 吞噬细胞 FcR 结合抗原抗体复合物，吞噬细胞可被活化。

（3）发挥抗体依赖的细胞介导的细胞毒作用。

当 IgG 抗体与带有相应抗原的靶细胞结合后，可与有 Fc γ R 的中性粒细胞、单核细胞、巨噬细胞、NK 细胞等效应细胞结合，发挥抗体依赖的细胞介导的细胞毒作用（antibody dependent cell-mediated cytotoxicity，ADCC）。目前已知。NK 细胞发挥 ADCC 效应主要是通过其膜表面低亲和力 Fc γ R Ⅲ（CD16）所介导的，IgG 不仅起到连接靶细胞和效应细胞的作用，同时还刺激 NK 细胞合成和分泌肿瘤坏死因子和 γ 干扰素等细胞因子，并释放颗粒，溶解靶细胞。嗜酸性粒细胞发挥 ADCC 作用是通过其 Fcε R Ⅱ 和 Fcα R 介导的，嗜酸性粒细胞可脱颗粒释放碱性蛋白等，在杀伤寄生虫如蠕虫中发挥重要作用。

此外，人 IgGFc 段能非特异地与葡萄球菌 A 蛋白（staphylococcus protein A，SPA）结合，应用 SPA 可纯化 IgG 等抗体，或代替第二抗体用于标记技术。

4. 通过胎盘

在人类，IgG 是唯一可通过胎盘从母体转移给胎儿的 Ig。IgG 能选择性地与胎盘母体一侧的滋养层细胞结合，转移到滋养层细胞的吞饮泡内，并主动外排到胎儿血循环中。IgG 的这种功能与 IgGFc 片段结构有关，如切除 Fc 段后所剩余的 Fab 并不能通过胎盘。IgG 通过胎盘的作用是一种重要的自然被动免疫，对于新生儿抗感染有重要作用。

（六）免疫球蛋白分子的抗原性

Ig 本身具有抗原性，将 Ig 作为免疫原免疫异种动物、同种异体或在自身体内可引起不同程度的免疫性。根据 IgI 不同抗原决定簇存在的不同部位以及在异种、同种异体或自体中产生免疫反应的差别，可把 Ig 的抗原性分为同种型、同种异型和独特型第三种不同抗原决定簇。

1. 同种型

同种型（isotype）是指同一种属内所有个体共有的 Ig 抗原特异性的标记，要异种体内可诱导产生相应的抗体，换句话说，同种型抗原特异性因种属（specics）而异。同种型的抗原性位于 CH 和 CLH，同种型主要包括 Ig 的类、亚类型。

（1）免疫球蛋的类和亚类（classesand subclasses）。

① 类：决定 Ig 不同类的抗原性差异存在于 H 链的恒定区（CH）。根据 CH 抗原性的差异（即氨基酸组成、排列、构型、二硫键等不同）H 链可分为 μ、γ、α、δ 和 ε 五类，不同 H 链与 L 链组成完整 Ig 的分子别为 IgM、IgA、IgD 和 IgE。在基因水平上，不同类的 H 链恒定区的是由不同的恒定区基因片段所编码。不同类 Ig 在理化性质及生物学功能上可有较大差异。

② 亚类: 同一类 Ig 中由于铰链区氨基酸组成和二硫键数目的差异，可分为不同的亚类，亚类间抗原性的差异要小于不同类之间的差异。目前已发现人的 α 重链有 α1 和 α2 两个亚类，分别与 L 链组成 IgA1 和 IgA2。γ 重链有 4 个亚类，但命名为 IgG1、IgG2a、IgG2b 和 IgG3。IgM、IgD 和 IgG，目前尚未发现存在不同的亚类。Ig 不同亚类也是由不同的恒定区基因片段编码。

（2）免疫球蛋白的型和亚型（typesand subtypes）。

① 型：决定 Ig 型的抗原性差异存在于 L 链的恒定区（CL），根据 CL 抗原性的差异（氨基酸的组成、排列和构型的不同）分为 κ 和 λ 轻链之比约为 2:1；而在小鼠，97% 轻链为 κ 型，λ 型只占 3% 左右。

② 亚型：根据 λ 轻链恒定区（C2）个别氨基酸的差异又可分 λ1、λ2、λ3 和 λ4

四个亚型。λ1和λ2在λ轻链190位氨基酸的分别为亮氨酸和精氨酸，λ3和λ4在第154氨基酸分别为某氨酸和丝氨酸。

2. 同种异型

同种异型（allotype）是指同一种属不同个体间的Ig分子抗原性的不同，在同种异体间免疫可诱导免疫反应。同种异型抗原性的差别往往只有一个或几个氨基酸残基的不同，可能是由于编码Ig的结构基因发生点突变所致，并被稳定地遗传下来，因此Ig同种异型可作为一种遗传标记（genetic markers），这种标记主要分布在CH和CL上。

（1）γ链上的同种异型。

γ1、γ2、γ3和λ4重链上均存在有同种异型标记，目前已发现：Glma、x、f、z；G2mn；G3mgl、g5、b0、b1、b3、b4、b5、c3、c5、s、t、u、v；G4m4a、4b。共20种左右。其中G表示λ链，1、2、3或4表示亚类λ1、λ2、λ3和λ4，m代表标记（marker）。

除Glmf和z位于IgG1分子的Cγ1区外，其余的Gm均位于Fc部位。一条γ链可能同时具有一个以上的Gm标志，如白种人常常在γ1H链Cγ1区有G1mz，Fc部位有G1ma。由于人第14号染色体编码四种IgG亚类的C区基因Cγ1、Cγ2、Cγ3和Cγ4是密切连锁的，因此IgGH链各亚类Gm标记可作为间倍体（haplotype）遗传给子代。

（2）α链上的同种异型。

α2H链已发现有A2m1和A2m2两种。A2m1在411、428、458和467位氨酸上分别为苯丙氨酸、天冬氨酸、亮氨酸、缬氨酸；A2m2则分别为苏氨酸、谷氨酸、异亮氨酸和丙氨酸。α1H链上尚未发现有同种异型存在。

（3）ε链上的同种异型目前只发现Em1一种同种异型。

（4）κ链上的同种异型旧称为Inv，现分为Km1、2和3。Km1在153位和191位氨基酸上分别为缬氨酸和亮氨酸，Km2分别为丙氨酸和亮氨酸，Km3分别为丙氨和缬氨酸。λ轻链上尚未发现有同种异型。

3. 独特型

独特型（idiotype）为每一种特异性IgV区上的抗原特异性。不同抗体形成细胞克隆所产生的IgV区具有与其客观存在抗体V区不同的抗原性，这是由可变区中成其是超变区的氨基酸组成、排列和构型所决定的。所以，在单一个体内所存在的独特型数量相当大，可达107以上。独特型的抗原决定簇称为独特位（idiotope），可在异种、同种异体以及自身体内诱产生相应大的抗体，称为抗独特型抗体（antiidiotypicantibody，αId），独特型和抗独型抗体可形成复杂的免疫调节中占有得要地位。

（七）免疫球蛋白分子的超家族

应用DNA序列分析和X晶体衍射分析等研究表明，许多细胞膜表面和机体某些蛋白质分子，其多肽链折叠方式与Ig折叠相似，在DNA水平和氨基酸序列上与IgV区或C区有较高的同源性，它们可能从同一原始祖先基因（primodial ancestral gene）经复制和突变衍生而来。编码这些多肽链的基因称为免疫球蛋白基因超家族（immunoglobulin gene superfamily），这一基因超家族所编码的产物称为免疫球蛋白超家族（immunogloblin superfamily，IGSF）。

1. 免疫球蛋白超家族的组成

由于细胞表面标记、单克隆抗体以及基因工程研究的进展，近年来发现属于 IGSF 的成员已达近百种，主要包括 T 细胞、B 细胞抗原识别受体和信号传导分子，MHC 及相关分子，Ig 受体，某些细胞因子受体，神经系统功能相关分子，以及部分白细胞分化抗原（CD）。

2. 免疫球蛋白超家族的特点

（1）IGSF 的结构特点。

IGSF 的成员均含有 1~7 个 Ig 样功能区，第一个 Ig 样功能区约含 100（70~110）个氨基酸残基，功能区的二级结构是由 3~5 个股反平行 β 折叠股各自形成两个平行 β 片层的平面（anti-paralle β-pleated sheet），每个反平行 β 折叠股由 5~10 个氨基酸基组成，β 片层内侧的疏水性氨基酸起到稳定 Ig 折叠的作用，大多数功能区内有一个二硫键，垂直连接两个 β 片层，形成二硫键的两个半胱氨酸间有 55~75 个氨基酸残基，使之成为一个球形结构，肽链的这种折叠方式称为免疫球蛋折叠（Ig fold）。

根据 IGSF 功能区中 Ig 折叠方式、两个半胱氨酸之间氨基酸残基的数目以及与 IgV 区或 C 区同源性的程度，IGSF 功能区可分为 V 组、C1 组和 C2 组。

① V 组：V 组功能区的两个半胱氨酸之间含 65~75 个氨基酸残基，有 9 个反平行 β 折叠股，如 IgH 链和 L 链 V 区，TCRα、β、γ、δ 链 V 区，CD4v 区，CD8α、β 链 V 区，Thy-1，pIgR 和分泌成分（SC）N 端四个功能区，CEAN 端第一个功能区，PDGFR 靠近胞膜的功能区等。

② C1 组：又称 C 组。C1 组功能区二个半胱氨酸之间约含 50~60 个氨基酸残基，有 7 个 β 折叠股，如 IgH 链和 L 链 C 区（γ、δ 和 α 链的 CH1~CH3 或 μ 和 ε 链的 CH1~CH4），TCRα、β、γ、δ 链 C 区，MHc Ⅰ类分子重链 α3 功能区，β2M，MHC Ⅱ类分子 α2 和 β2 功能区，CD1、Qa 和 TL 靠近胞膜功能区等。

③ C2 组：又称 H 组。C2 组功能区的氨基酸排列的顺序类似 V 组，但形成二硫键的两个半胱氨酸之间所含氨基酸残基数约为 50~60，有 7 个 β 折叠股，这种结构介于 V 组和 C1 组之间，如 CD3γ、δ 和 ε 链，CD2 和 LFA-3（CD58），pIgR 靠近胞膜功能区，FcγRⅠ、FcγRⅡ、FcγRⅢ、FcεRⅠ α 链、FcαR，ICAM-1，CEA 第 2 至 7 个功能区，IL-6R、M-CSFR、G-CSFR、SCFR。PDGFR 第 1 至 4 功能区，以及 N-CAM、CD22、CD48 分子等。

（2）IGSF 功能特点。

IGSF 的功能是以识别为基础，因此又称为识别球蛋白超家族（cognoglobulin superfamily）。IGSF 很可能最起源于原始的具有黏功能的基因，通过复制和突变衍生形成了识别抗原、细胞因子受体、IgFc 段受体、细胞间黏附分子以及病毒受体等不同的功能区。IGSF 识别的基本方式有以下几种。

（3）IGSF 和 IGSF 相互识别：

①同嗜性相互作用（heterophilic interaction）。如相同神经细胞黏附分子（N-CAM）之间的相互识别，血小板内皮细胞黏附分子 -1（PECAM-1，CD31）的相互识别；

②异嗜性相互作用（heterophilic interaction）。如 CD2 与 LFA-3，CD4 与 MHC Ⅱ 类分子的单态部分（α2 和 β2），CD8 与 MHC Ⅰ类分子的单态部分（α3），poly IgR 与多聚 Ig，Fcγ R Ⅰ（CD64）、Fcγ R Ⅱ（CD32）、Fcγ R Ⅲ（CD16）与 IgG Fc 段，Fcγ R Ⅰ 与 Ige Fc 段，Fcα R（CD89）与 IgA Fc 段，CD28 与 B7/BB1（CD80）等之间的相互识别。

第二节 细胞因子

一、定义

机体的免疫细胞和非免疫细胞能合成和分泌小分子的多肽类因子，它们调节多种细胞生理功能，这些因子统称为细胞因子（cytokines）。细胞因子包括淋巴细胞产生的淋巴因子和单核巨噬细胞产生的单核因子等。目前已知白细胞介素（interleukin，IL），干扰素（interferon，IFN）、集落刺激因子（colony stimulating factor，CSF）、肿瘤坏死因子（tumornecrosis factor，TNF）、转化生长因子（transforming growth factor，TGF-β）等均是免疫细胞产生的细胞因子，它们在免疫系统中起着非常重要的调控作用，在异常情况下也会导致病理反应。

研究细胞因子有助于阐明分子水平的免疫调节机制，有助于疾病的预防、诊断和治疗，特别是利用细胞因子治疗肿瘤、感染、造血功能障碍、自身免疫病等，已收到初步疗效，具有非常广阔的应用前景。

（一）细胞因子的命名

1. 白细胞介素

在 1979 年第二届淋巴因子的国际会议上，将介导白细胞间相互作用的一些细胞因子命名为白细胞介素（IL），并以阿拉伯数字排列，如 IL-1、IL-2、IL-3。随着分子免疫学的研究进展，不断有新的 IL 被命名，迄今已正式命名到 IL-15，可以预期，还会有更多的 IL 被发现。目前的研究发现，许多 IL 不仅介导白细胞相互作用，还参与其他细胞的相互作用，如造血干细胞、血管内皮细胞、纤维母细胞、神经细胞、成骨和破骨细胞等的相互作用。

2. 集落刺激因子

在进行造血细胞的体外研究中，发现一些细胞因子可刺激不同的造血干细胞在半固体培养基中形成细胞集落，这类因子被命名为集落刺激因子（CSF）。根据它们的作用范围，分别命名为粒细胞 CSF（G-CSF），巨噬细胞 CSF（M-CSF），粒细胞和巨噬细胞 CSF（GM-CSF）和多集落刺激因子（multi-CSF，又称 IL-3）。不同发育阶段的造血干细胞起促增殖分化的作用，是血细胞发生必不可少的刺激因子。广义上，凡是刺激造血的细胞因子都可统称为 CSF，例如刺激红细胞生成素（erythropoictin，EPO）、刺激造血干细胞的干细胞因子（stem cellfactor，SCF）、可刺激胚胎干细胞的白血病抑制因子（leukemia inhibitory factor，LIF）等均有集落刺激活性。此外，CSF 也作用于多种成熟的细胞，促进其功能具有多相性的作用。

3. 干扰素

干扰素（IFN）是最先发现的细胞因子，早在 1957 年，Lssacs 等人发现病毒感染的细胞产生一种因子，可抵抗病毒的感染，干扰病毒的复制，因而命名为干扰素。根据其来源和结构，可将 IEN 分为 IFN-α、IFN-β、IFN-γ，它们分别由白细胞、纤维母细胞和活化 T 细胞产生。IFN-α 为多基因产物，有十余种不同亚型，但它们的生物活性基本相同。IFN 除有抗病毒作用外，还有抗肿瘤、免疫调节、控制细胞增殖及引起发热等作用。

4. 肿瘤坏死因子

TNF 是一类能直接造成肿瘤细胞死亡的细胞因子，根据其来源和结构分为两种，即 TNF-α 和 TNF-β，前者由单核巨噬细胞产生；后者由活化的 T 细胞产生，又名淋巴毒素（lymphotoxin）。TNF 除有杀肿瘤细胞作用外，还可引起发热和炎症反应，大剂量 TNF-α 可引起恶液质，呈进行性消瘦，因而 TNF-α 又称恶液质素（cachectin）。

5. 淋巴因子

由活化的淋巴细胞产生的细胞因子都可称为淋巴因子（lymphokine），如 IL-2、3、4、5、6、7、8、9、10、11、12、13，TNF-β，IFN-γ 等均为淋巴因子。

6. 单核因子

由单核已噬细胞产生的细胞因子统称单核因子（monokine），如 IL-1、6、8，TNF-α、IFN-α 等。

（二）细胞因子的作用特点

目前发现并正式命名的细胞因子有数十种，每种细胞均有其独特的、起主要作用的生物学活性。尽管种类繁多、产生细胞和作用细胞多样、生物学活性广泛、发挥作用的机制不同，但众多的细胞因子具有以下共同的特性：

（1）天然细胞因子是由细胞产生的 正常的静息或休止（resting）状态的细胞必须经过激活后才能合成和分泌细胞因子。通常是由抗原、丝裂原或其他刺激物激活免疫细胞和相关细胞，6~8 小时后细胞培养上清中即可检测出细胞因子，于 24~72 小时期间细胞因子水平最高。但是有些细胞株不需外源刺激就可以自发地分泌某些细胞因子。

（2）细胞因子的产生和作用具有多向性（pleiotropism）即单一刺激如抗原、丝裂原、病毒感染等可使同一种细胞分泌多种细胞因子，而一种细胞因子由多种不同类型的细胞产生可作用于多种不同类型的靶细胞。

（3）细胞因子的合成和分泌过程是一种自我调控的过程通常情况下，细胞因子极少储存，即不以前体形式贮存在细胞内，而是经过适当刺激后迅速合成，一旦合面后便分泌至细胞外以发挥生物学作用，刺激消失后合成亦较快地停止并被迅速降解。

（4）为低分子量的分泌型蛋白质常被糖基化。分子量大小不等，大多数为 $15\sim30\,kD$，小者仅 $8\sim10\,kD$，一般不超过 $80\,kD$。

（5）细胞因子需与靶细胞上的高亲和力受体特异结合后才发挥生物学效应。

（6）生物学效应极强。细胞因子在 pM（$10\sim12\,mol/L$）水平就能发挥显著的生物学效应。这与细胞因子与靶细胞表面特异性受体之间亲和力极高有关，其解离常数在 $10^{-12}\sim10^{-10}\,mol/L$。

（7）单一细胞因子可具有多种生物学活性，但多种细胞因子也常具有某些相同或相似的生物学活性。

（8）主要参与免疫反应和炎症反应影响反应的强度和持续时间的长短。涉及感染免疫、肿瘤免疫、自身免疫、移植免疫等诸多方面。

（9）以非特异性方式发挥生物学作用且不受 MHC 限制。

（10）某种细胞因子对靶细胞作用的强弱取决于细胞因子的局部浓度，靶细胞本身的类型（即作用于自身产生细胞）和旁分泌方式（paracrine，即作用于邻近的靶细胞）短暂性地产生并在局部发挥作用。

（11）天然细胞因子大多是在近距离发挥局部作用

大多是通过自分泌方式（autocrine，即作用于自身产生细胞）和旁分泌方式（paracrine，即作用于邻近的靶细胞）短暂性地产生并在局部发挥作用。

（12）细胞因子的作用并不是孤立存在的，它们之间通过合成分泌的相互调节，受体表达的相互调控、生物学效应的相互影响而组成细胞因子网络（addidveeffect）也可以取得协同效应（synergy），甚至取得两种细胞因子单用时所不具有的新的独特的效应。

二、细胞因子及其受体的结构

（一）细胞因子的分子结构

不同细胞因子之间的结构上有很大的差异，一般，多数细胞因子为小分子多肽，分子量不超过 $60\,kD$，多由 100 个左右的氨基酸组成。不同细胞因子之间无明显的氨基酸序列的同源性。

多数细胞因子以单体形式存在，少数因子如 IL-5、IL-12、M-CSF、TGF-β 等以双体形式存在。

给大多数细胞因子带有糖基，但这些糖基多与细胞因子的生物活性无关，可能起延长细胞因子体内半衰期的作用。

（二）细胞因子受体

细胞因子都是通过与靶细胞表面高亲和力的特异性受体结合后才能发挥其生物学效应的。细胞因子受体与其他膜表面受体一样，均由 3 个功能区组成，即膜外区（细胞因子结合区）。跨膜区（疏水性氨基酸富有区）和膜内区（信号传导区）。细胞因子受体存在有单链、双链或三链不同形式的结构。最近的研究发现，有些细胞因子受体共同使用一条多肽链，如 IL-3、IL-5 和 GM-CSF 共同使用同一 β 链，IL-2、IL-4 和 IL-7 共同使用同一 γ 链。由于细胞因子在受体水平存在相似性，因而会使用共同的信号传导途径，发挥类似的生物学效应。根据细胞因子受体膜外区的氨基酸序列，可将其主要分为三个受体家族：

1. 造血生长因子受体家族（HPR）

大部分细胞因子如 IL-2、3、4、5、6、7、9 等的受体均属于这一家族，其典型结构特点是含有 Trp-Ser-X-Trp-Ser（W-S-X-W-S）的五联保守序列，与细胞因子结合功能密切相关。

2. lg 超家族

IL-1 受体、M-CSF 受体等属于这一家族，IL-6 受体同时含有 lg 超家族和 HPR 家族两个结构区。这一超家族的特点是均在膜外区含有 lg 样的分子构型，每个 lg 样功能区由 100 个左右的氨基酸组成，通过二硫键形成稳定的发夹样反平行的 β 片层折叠结构。

3. 干扰素受体超家族

干扰素 α 和 β 共用同一个受体，与干扰素 γ 受体的结构有类似之外，均含有一段 200 个氨基酸的保守序列，其中 4 个半胱氨酸是共有的。

（三）细胞因子的生物学活性

细胞因子具有非常广泛的生物学活性，包括促进靶细胞的增殖和分化，增强抗感染和细胞杀伤效应，促进或抑制其他细胞因子和膜表面分子的表达，促进炎症过程，影响细胞代谢等。

1. 免疫细胞的调节剂

免疫细胞之间存在错综复杂的调节关系，细胞因子是传递这种调节信号必不可少的信息分子。例如在 T-B 细胞之间，T 细胞产生 IL-2、4、5、6、10、13，干扰素 γ 等细胞因子刺激 B 细胞的分化、增殖和抗体产生；而 B 细胞又可产生 IL-12 调节 TH1 细胞活性和 TC 细胞活性。在单核巨噬细胞与淋巴细胞之间，前者产生 IL-1、6、8、10，干扰素 α，TNF-α 等细胞因子促进或抑制 T、B、NK 细胞功能；而淋巴细胞又产生 IL-2、6、10，干扰素 γ，GM-CSF，巨噬细胞移动抑制因子（MIF）等细胞因子调节单核巨噬细胞的功能。

许多免疫细胞还可通过分泌细胞因子产生自身调节单核巨噬细胞的功能。许多免疫细胞还可通过分泌细胞因子产生自身调节作用。例如 T 细胞产生的 IL-2 可刺激 T 细胞的 IL-2 受体表达和进一步的 IL-2 分泌，TH1 细胞通过产生干扰素 γ 抑 TH2 细胞的细胞因子产生。而 TH2 细胞又通过 IL-10、IL-4 和 IL-13 抑制 TH1 细胞的细胞因子产生。通过研究细胞因子的免疫网络调节，可以更好地理解完整的免疫系统调节机制，并且有助于指导细胞因子作为生物应答调节剂（biological response modifier，BRM）应用于临床治疗免疫性疾病。

2. 免疫效应分子

在免疫细胞针对抗原（特别是细胞性抗原）行使免疫效应功能时，细胞因子是其中重要效应分子之一。例如 TNFα 和 TNFβ 可直接造成肿瘤细胞的凋零（apoptosis），使瘤细胞 DNA 断裂，细胞萎缩死亡；干扰素 α、β、γ 可干扰各种病毒在细胞内的复制，从而防止病毒扩散；LIF 可直接作用于某些髓性白血病细胞，使其分化为单核细胞，丧失恶性增殖特性。另有一些细胞因子通过激活效应细胞而发挥其功能，如 IL-2 和 IL-12 刺激 NK 细胞与 TC 细胞的杀肿瘤细胞活性。与抗体和补体等其他免疫效应分子相比，细胞因子的免疫效应功能，因而在抗肿瘤、抗细胞内寄生感染、移植排斥等功能中起重要作用。

3. 造血细胞刺激剂

从多能造血干细胞到成熟免疫细胞的分化发育漫长道路中，几乎每一阶段都需要有细胞因子的参与。最初研究造血干细胞是从软琼脂的半固体培养基开始的，在这种培养基中，造血干细胞分化增殖产生的大量子代细胞由于不能扩散而形成细胞簇，称之为集落，而一些刺激造血干细胞的细胞因子可明显刺激这些集落的数量和大小因而命名为集落刺激因子（CSF）。根据它们刺激的造血细胞种类不同有不同的命名，如 GM-CSF、G-CSF、M-CSF、multi-CSF（IL-3）等。目前的研究表明，CSF 和 IL-3 是作用于粒细胞系造血细胞，M-CSF 作用于单核系造血细胞，此外 EPO 作用于红系造血细胞，IL-7 作用于淋巴系造血细胞，IL-6、IL-11 作用于巨核造血细胞等。由此构成了细胞因子对造血系统的庞大控制网络。某种细胞因子缺陷就可能导致相应细胞的缺陷，如肾性贫血病人的发病就是肾产生 EPO 的缺陷所致，正因如此，应用 EPO 治疗这一疾病收到非常好的效果。目前多种刺激造血的细胞因子已成功地用于临床血液病，有非常好的发展前景。

4. 炎症反应的促进剂

炎症是机体对外来刺激产生的一种病理反应过程，症状表现为局部的红肿热痛，病理检查可发现有大量炎症细胞如粒细胞、巨噬细胞的局部浸润和组织坏死，在这一过程中，一些细胞因子起到重要的促进作用，如 IL-1、IL-6、IL-8、TNFα 等可促进炎症细胞的聚集、活化和炎症介质的释放，可直接刺激发热中枢引起全身发烧，IL-8 同时还可趋化中性粒细胞到炎症部位。加重炎症症状。在许多炎症性疾病中都可检测到上述细胞因子的水平升高，用某些细胞因子给动物注射，可直接诱导某些炎症现象，这些实验充分证明细胞因子在炎症过程中的重要作用。基于上述理论研究结果，目前已开始利用细胞因子抑制剂治疗炎症性疾病。例如利用 IL-1 的受体拮抗剂（IL-1receptor antagonist，IL-lra）和抗 TNFα 抗体治疗败血性休克、类风湿关节炎等，已收到初步疗效。

5. 其他

许多细胞因子除参与免疫系统的调节效应功能外，还参与非免疫系统的一些功能。例如 IL-8 具有促进新生血管形成的作用；M-CSF 可降低血胆固醇 IL-1 刺激破骨细胞、软骨细胞的生长；IL-6 促进肝细胞产生急性期蛋白等。这些作用为免疫系统与其他系统之间的相互调节提供了新的证据。

三、细胞因子的临床意义

（一）细胞因子与疾病

正常情况下，细胞因子表达和分泌受机体严格的调控，在病理状态下、细胞因子会出现异常性表达，表现为细胞因子及其受体的缺陷，细胞因子表达过高，以及可溶性细胞因受体的水平增加等。

1. 细胞因子及其受体的缺陷

包括先天性缺陷和继发性缺陷两种病理情况，例如先天性的性联重症联合免疫缺陷病人（XSCID），表现为体液免疫和细胞免疫的双重缺陷，出生后必须在无菌罩中生活，往往在幼儿期因感染而夭折。现已发现这种患者的 IL-2 受体 γ 链缺陷，由此导致 IL-2、IL-4 和 IL-7 的功能障碍，使免疫功能严重受损。细胞因子的继发性缺陷往往发生在感染、肿瘤等疾病以后，如人类免疫缺陷病毒（HIV）感染并破坏 TH 后，可导致 TH 细胞产生的各种细胞因子缺陷，免疫功能全面下降，从而表现出获得性免疫缺陷综合征（AIDS）的一系列症状。

2. 细胞因子表达过高

在炎症、自身免疫病、变态反应、休克等疾病时，某些细胞因子的表达量可成百上千倍地增加，例如为风湿关节炎的滑膜液中可发现 IL-1、IL-6、IL-8 水平明显高于正常人，而这些细胞因子均可促进炎症过程，使病情加重。应用细胞因子的抑制剂有可能治疗为这类症性细胞因子水平升高的疾病。

3. 可溶性细胞因子受体水平升高

细胞膜表面的细胞因子受体可脱落下来，成为可溶性细胞因子受体，存在于体液和血清中，在某些疾病条件下，可出现可溶性细胞因子受体的水平升高。这类分子可能结合细胞因子，使其不再与膜表面的细胞因子受体结合，因而封闭了细胞因子的功能。

（二）细胞因子与治疗

目前，利用基因工程技术生产的重组细胞因子作为生物应答调节剂（BRM）治疗肿瘤、造血障碍、感染等已收到良好的疗效，成为新一代的药物。重组细胞因子作为药物具有很多优越之处。例如细胞因子为人体自身成分，可调节机体的生理过程和提高免疫功能，很低剂量即可发挥作用，因而疗效显著，副作用小，是一种全新的生物制剂，已成为某些疑难病症不可缺少的治疗手段。目前已批准生产的细胞因子药物包括干扰素 α、β、γ，Epo，GM-CSF，G-CSF，IL-2，正在进行临床试验的包括 IL-1、3、4、6、11，M-CSF，SCF，TGF-β 等。这些细胞因子的主要适应症包括肿瘤、感染（如肝炎、AIDS）、造血功能障碍、创伤、炎症等。

1. 细胞因子补充和添加疗法

通过各种途径使患者体内细胞因子水平增加，充分发挥细胞因子的生物学作用，从而抗御和治疗疾病。目前已有多种细胞因子（多为基因重组产品）试用于临床治疗，经大量临床资料验证，以下几种细胞因子的临床适应症比较明确，临床疗效比较肯定。

（1）IFN 不同型别的 IFN 各有其独特的性质和生物学活性，其临床应用适应症和疗效有所不同。IFN-α 主要用于治疗病毒性感染和肿瘤。IFN-α 对于病毒性肝炎（主要是慢性活动性肝炎）、疱疹性角膜炎、带状疱疹、慢性宫颈炎等有较好疗效。IFN-α 对于血液系统恶性疾病如毛细胞白血病（有效率达80%以上）等疗效较显著，但对实体肿瘤的疗效较差。虽然 IFN-γ 的免疫调节作用强于 IFN-α，但其治疗肿瘤的效果弱于 IFN-α，目前有人应用 IFN-γ 治疗类风湿关节炎、慢性肉芽肿取得了一定疗效。

（2）IL-2 目前多将 IL-2 与 LAD/TIL 合用治疗实体肿瘤，对肾细胞癌、黑色素瘤、非何杰金淋巴瘤、结肠直肠癌有较显著的疗效，应用 IL-2（或与 IFN 合用）治疗感染疾病亦取得了一定疗效。

（3）TNf 由于其全身应用副作用严重且疗效差，目前多倾向将其局部应用如瘤灶内注射治疗某些肿瘤和直肠癌，其确切疗效尚待进一步评价。

（4）CSF 目前主要应用 GM-CSF 和 G-CSF 治疗各种粒细胞低下患者。例如与化疗药物合用治疗肿瘤可以降低化疗后粒细胞减少程度，使粒细胞的数量和功能能尽快回升并能提高机体对化疗药物的耐受剂量，从而提高治疗肿瘤的效果。对再生障碍性贫血和AIDS 亦有肯定疗效。用于骨髓移植后可使中性粒细胞尽快恢复，降低感染率。此外，应用 EPO 治疗肾性贫血取得了非常显著的疗效。

2. 细胞因子阻断和拮抗疗法

其基本原理是抑制细胞因子的产生和阻断细胞因子与其相应受体的结合及受体后信号传导过程，使细胞因子的病理性作用难以发挥。该疗法适用于自身免疫性病、移植排序反应、感染性休克等的治疗。例如抗 TNF 单克隆抗体可以减轻甚至阻断感染性休克的发生，IL-1 受体拮抗剂对于炎症、自身免疫性疾病等具有较好的治疗效果。

3. 细胞因子的检测

细胞因子检测是判断机体免疫功能的一个重要指标，因而具有重要的实验室研究价值，同时还可能在临床上有诸多实用价值、包括许多疾病的诊断、病程观察、疗效判断及细胞因子治疗监测等。但是，由于细胞因子在体内的含量甚微，给细胞因子的检测带来困难。目前细胞因子的主要检测方法包括：

（1）依赖性细胞株。

一些肿瘤细胞株必须依赖于细胞因子方能在体外增殖，如 DTLL 细胞株依赖 IL-2；FDC-PL 细胞株依赖于小鼠 IL-3；TF-1 细胞株依赖于人 IL-3 和人 GM-CSF，因而可利用这些依赖细胞株检测相应的细胞因子。这种方法敏感性高，特异性也不错，但奇异的是并非所有细胞因都能找到相应的细胞株，因而限制了它的应用。

（2）功能检测。

利用一些细胞因子的功能特性，可建立相应的活性测定方法，如干扰素的抑制病毒感染效应，肿瘤坏死因子对 L929 细胞的杀伤作用等。这样的方法敏感性高，但特异性不够，容易受一些干扰因素的影响。

（3）免疫测定。

利用抗原抗体反应的原理，制备出抗细胞因子的单克隆抗体或多克隆抗体，可进行细胞因子的免疫检测。这种方法的优点是特异性强、操作简便，缺点是灵敏度不够，且不能代表活性测定的结果。从目前的国际发展趋势来看，已研制出了高灵敏度、特异性高、高度配套的细胞检测试剂盒，其应用范围正在扩大，有良好的发展前景。

（4）功能测定与抗体抑制。

为解决功能定特异性不够，免疫测定灵敏度不够的问题，可将两种方法结合起来，利用各自的长处，有可能得到较为可靠的结果。在这一方法中，所用的抗细胞因子抗体必须是具有中和活性的抗体。

（5）分子杂交技术。

利用分子生物学技术，制备出细胞因子的基因探针，可通过分子杂交技术检测细胞内细胞因子 mRNA 的表达，这是一种高度敏感和高度特异的检测技术，目前在实验室研究中使用较广，其缺点是操作较为烦琐，测定结果只能代表细胞因子基因的表达，而不能代表活性细胞因子的水平。

（6）多聚酶链反应技术（PCR）。

PCR（polymerasechain reation）技术是一种高效的基因体外扩增技术，目前 PCR 技术已用于细胞因子的检测中，首先将细胞因子产生细胞的 RNA 提取出来，再经反转录合成 cDNA，以 cDNA 为模板，在细胞因子引物的引导下，即可进行 PCR 扩增。这种技术是迄今最敏感的细胞因子检测技术，操作也较简便，缺点与分子杂交技术类似，并且不容易对细胞因子表达水平进行定量。

第三节　生物应答调节与免疫治疗

一、生物应答调节剂

早已发现，机体对抗原的特异免疫功能可以通过抗体或免疫细胞转移给其他个体，称为被动免疫疗法，或过继免疫疗法（adoptive immunotherapy）。近30年来，免疫学研究的一个重要进展，是确认为免疫系统本身，包括免疫器官、免疫细胞、免疫分子，甚至免疫分子的基因都是具有重要治疗价值的生物制剂，从而大大地扩展了过继免疫疗法的概念和使用范围。70年代中期单克隆抗体技术的建立，以及80年代开始应用基因工程技术生产的各种细胞因子，把免疫治疗推向了一个新的阶段，并提出了生物应答调节剂（biological response modifier，BRM）的概念。目前BRM的概念已被广泛接受，但它本身尚无一个固定的限定范围。从目前这一概念的应用情况看，BRM主要是指免疫系统的成分和免疫应答的产物，它们从器官到基因种类很多，组成了一个大的新型药物系统。在多种疾病的免疫治疗上起重要作用。

（一）生物应答调节剂的种类及生物学功能

1. 造血干细胞与胸腺

一切免疫细胞都来自于造血干细胞，造血干细胞移植是免疫器官的移植。用于移植的造血干细胞主要来自于骨髓和胚肝细胞。造血干细胞移植可重建受者的造血与免疫功能，在临床具有重要的治疗价值。目前，骨髓和胎移植已是治疗各种血液系统疾病、遗传病、放射病以及某些免疫缺陷病的重要手段。

胸腺是T细胞分化、成熟的重要免疫器官。胸腺移植已被用于治疗由于先天胸腺发育不良的免疫缺陷患者。

2. 单克隆抗体与导向药物

（1）单克隆抗体（monoclonal antibody，McAb）抗体作为免疫治疗的生物制剂，在临床应用已有一个世纪。长期以来，抗体主要来自于经抗原免疫的异种动物（如马）的血清。由于一种抗原（如细菌）有多个不同的抗原决定基，每一个抗原决定基都可以被一个B细胞克隆所识别，并产生出针对它的抗体，因此这种异种免疫血清中含明的抗体是多克隆抗体（polyclonalantibody）。多克隆抗体的一个明显缺点是特异性较差。针对一个抗原的多克隆抗体与其他抗原发生叉反应的现象是很普遍的。用淋巴细胞杂交瘤技术，已可以大量制备针对任何抗原决定基的单克隆抗体。其中一些具有治疗价值。如抗T细胞及其亚类的抗CD3、抗CD4、抗CD8单克隆抗体，它们在移植排斥及某些自身免疫病的应用中，已取得了明显的疗效。抗各种细胞表面分子的单克隆抗体，如抗IL-2受体的单克隆抗体，抗黏附分子的单克隆抗体都有明显的免疫调节作用，在自身免疫病的治疗，防止肿瘤转移等方面都有重要的使用潜力。

单克隆抗体的另一重要应用是肿瘤治疗。在过去 10 多年来，抗各种人肿瘤相关抗原的单克隆抗体得到了广泛的研究。目前，针对各种人肿瘤细胞的单克隆抗体已经大量制备出来，它们都能较特异地识别肿瘤细胞，而基本上不与正常组织起反应。抗肿瘤单克隆抗体在肿瘤的诊断及分型方面是一种有用的工具；但在肿瘤的治疗上，由于大多抗肿瘤单克隆抗体不能直接杀伤肿瘤细胞，所以单独应用肿瘤没有明显效果。

（2）导向药物（targeteddrug）利用抗肿瘤单克隆抗体特异识别肿瘤细胞的特点，将它作为导向载体与各种杀伤分子，如毒素、抗癌药物、放射性核素等，进行化学交联，可以构建成一种对肿瘤细胞具有高度特异的强杀伤活性的杂交分子，称为导向药物。抗肿瘤单抗与毒素的交联物又称免疫毒（immunotoxin，IT）。用于制备 IT 的毒素主要有：

① 植物毒蛋白，这类毒素主要有蓖麻毒素（ricin）、相思子毒素（abrin）以及苦瓜毒素（mormordin）、商陆抗病毒蛋白（PAP）、天花粉蛋白等。它们都可以通过灭活核糖体，阻断蛋白质合成，杀伤靶细胞。

② 细胞毒素，主要有白喉外毒素（DT），绿脓杆菌外毒素（PE）等。它们主要通过抑制延长因子 -2 阻断蛋白质合成，杀死靶细胞。上述这些毒素都具有极强的毒性，1 个分子的蓖麻毒素进入细胞就足以杀死该细胞。因此，免疫毒素是目前研究最多的导向药物。

抗肿瘤单克隆抗体与抗癌药物的交联物，又称免疫交联物（immunoconjugate）。用以制备这类导向药物的抗癌药物主要有阿霉素（adriamycin）、氨甲蝶呤（MTX）等。它们主要通过阻断 DNA 合成来杀死靶细胞。抗癌药物杀细胞作用比毒素低得多，增加抗体分子携带的药物分子数，可以增强其杀伤活性，但常会导致抗体活性的下降与丧失。这类导向药物的优点是分子较小，同时如有非特异杀伤不会有严重后果。但由于杀伤力不高，临床应用前景不被看好。

用于与抗肿瘤单克隆抗体交联的放射性核素主要有 125I、131I、111In 等。这种放射性免疫交联物可用于肿瘤的诊断与治疗。与肿瘤细胞结合的放射性免疫交联物放出的 γ 射线，可以用 γ 照相机摄像，获得清晰的肿瘤显像。此技术称为放射免疫显像（radioimmunoimaging）；放射性免疫交联物也可用于肿瘤治疗。标记了大量高能核素的抗肿瘤单克隆抗体与肿瘤细胞结合后，可以通过辐射损伤杀死靶细胞及其周围的肿瘤细胞。此技术又称为放射免疫治疗（radiommunotherapy）。放射性免疫交联物在临床肿瘤的诊断与治疗上有广阔的应用前景，是目前肿瘤导向诊断与治疗的一个十分活跃，并富有成果的领域。

目前，基因重组抗体与基因重组免疫毒素都已研究成功，并在实验研究中取得了好的效果，这为大规模地生产各种单克隆抗体和导向药物奠定了基础。

（二）细胞因子及细胞因子活化的免疫细胞

（1）细胞因子细胞因子是机体免疫细胞和一些非免疫细胞产生的一组具有广泛生物活性的异质性肽类调节因子，包括：①白细胞介素（ILS）；②集落刺激因子（CSF）；③干扰素（IFN）；④肿瘤坏死因子（TNF）；⑤转化生长因子（TGF）；⑥小分子免疫肽，如转移因子、胸腺肽等。它们的临床治疗，目前主要有两个方面：

第一，促进造血与免疫功能重建：在放射性骨髓损伤，肿瘤放疗及化疗后以及骨髓移植后，机体的免疫功能十分低下，极易受细菌、病毒及其他致病因子的感染。大多数细胞因子除作用于成熟的免疫细胞，参与免疫应答的调节外，还具有促进骨髓干细胞增殖、分化心及促进 T 细胞在胸腺内发育的作用。如各 CSF、EPO、IL-3、IL-6、IL-7、IL-9、干细胞因子（SCF）等都可刺激不同的造血干细胞的增殖分化。不同细胞因子之间可协同促进造血与免疫功能的重建。

第二，恶性肿瘤的治疗：一些细胞因子，如 TNF 本身就有杀肿瘤细胞作用。但大多数细胞因子本身并不能杀伤肿瘤细胞，但可通过增强免疫系统的功能来抑制肿瘤的生长。IL-2、IL-4、IL-6、IFN-γ 等都有这种作用。但细胞因子单独应用，需大剂量，毒副作用强，因此目前认为细胞因子联合应用或细胞因子与抗肿瘤药物联合应用，可以提高肿瘤的治疗效果，减少副作用。

（2）细胞因子活化免疫细胞因子肿瘤治疗中的另一种方法是通过体外与免疫细胞共育，以使这些细胞活化，然后再回输入患者体内，进行过继免疫细胞疗法。在这方面研究得最多的是淋巴细胞激活的杀伤细胞（lymphokine activated killercell，LAK）和肿瘤浸润淋巴细胞（tumor infiltrating lymphocyte，TIL）。LAK 是从肿瘤患者外周血中分离的单个核细胞，在体与 IL-2 共育，使之活化并增殖后，回输入病人体内，可抑制肿瘤生长。TIL 是从手术切除的患者肿瘤组织中分离出来的淋巴细胞，它们在体外经 IL-2 活化并增殖后，再回输入患者体内，具有比 LAK 细胞更强的杀肿瘤活性。LAK 和 TIL 回输体内后，必须同时应用大剂量的 IL-2 才能维持其活性。据国外报道，大约有 20%～30% 的患者对这种过继转移免疫细胞疗法有效，其中以黑色素瘤和肾癌最为敏感。我国用胎脾和胎胸腺细胞经体外 IL-2 活化后，进行了过继转移治疗肿瘤也取得了相同的治疗效果。

（三）肿瘤疫苗

肿瘤疫苗与传统疫苗在概念上不同，它主要不是用于肿瘤的预防，而是通过疫苗的接种来刺激机体对肿瘤的免疫应答来治疗肿瘤。由于人肿瘤相关抗原的免疫原性很弱，不足以有效地刺激机体的免疫应答，因此单纯用自身或同种肿瘤细胞作疫苗治疗肿瘤的效果不好。用肿瘤细胞卡介苗等佐剂联合应用，能提高免疫应答效果，在一些晚期肿瘤患者取得了一定的治疗效果。说明用肿瘤疫苗激发机体的抗肿瘤免疫应答是完全可能的。

目前，肿瘤疫苗主要有二类：第一类对肿瘤抗原表位性质的研究，导致了肿瘤分子疫苗的产生。具有肿瘤抗原决定基的肽疫苗和多糖疫苗已在研制，有的已在临床试用。此外，利用某种抗独特型抗体个有抗原内影像的特点，研制肿瘤独特型疫苗的工作也在进行中。第二类，确定了抗肿瘤免疫应答的主要效应细胞是 TC 细胞，导致了基因转染的肿瘤细胞疫苗的出现。TC 细胞识别肿瘤表面的肽抗原（peptide）与 MHC Ⅰ类分子的复合物，必须要有第二信号才能活化。这个第二信号可以由 TC 细胞表面的 CD28 分子与黏附分子 B7 的结合来提供。B7 分子主要存在于活化的 B 细胞和抗原呈递细胞表面。在通常情况下，肿瘤细胞合成的胞内抗原经胞内降解、处理后，形成的肿瘤肽抗原与 MHC Ⅰ类分子结合后，共表达于瘤细胞表面。其表面的肽抗原 -MHC Ⅰ类分子复合物被 TC 细胞识别，同时其表面 B7 分子也与 TC 细胞的 CD28 分子结合，这样 TC 细胞就可被活化，从而杀伤带有该肽抗原的肿瘤细胞。大多数肿瘤细胞由于没有 B7 分子，因此肿瘤细胞虽具有肽抗原与 MHC Ⅰ类分子的复合物，但由于不能提供第二信号，所以不能活化 TC 细胞。如果用 B7 分子的基因转染肿瘤细胞，使之表达膜 B7 分子则这种肿瘤细胞就可以直接活化 TC 细胞，并被其杀伤。因此，B7 分子又称为共刺激因子（costimulating factor）。此外，用 IL-2、IL-4、IL-6、IFN-γ 等基因转染的肿瘤细胞本身可以分泌这些细胞因子，导致抗肿瘤免疫应答的产生。实验研究发现，接种了这种工程化的肿瘤细胞后，原先已生长的亲本（parent）野生型肿瘤细胞也开始消退；并且以后再接种野生型的肿瘤细胞也不再生长，这说明工程化的肿瘤细胞具有典型的抗肿瘤疫苗效应。有意义的是，用放射线将这种工程瘤苗杀伤死后，仍然可以获得相同的抗肿瘤效果。这就为肿瘤疫苗的研制展示了光明的前景。

（四）肿瘤基因治疗

在疾病的基因治疗中，肿瘤的基因治疗是后起，然而进展极为迅速的领域。与其他体细胞基因治疗相比，肿瘤细胞作为基因治疗的靶细胞，具有两个优越性：其一，恶性肿瘤细胞有易识别的、较特异的表面标志（肿瘤相关抗原），因此易于体内目的基因的导向转染；第二，肿瘤细胞是基因治疗要消灭的靶子（这与其他体细胞基因治疗的目的不同），目标较单纯，所以较少难以预测的后果，较为安全。目前肿瘤基因治疗可考虑的目的基因有：①抗癌基因；②癌基因反义链；③药物敏感基因；④细胞因子基因。转染了 P53 基因和癌基因反义链的肿瘤细胞，其恶性表型明显受控，出现逆转为正常细胞的征象。但肿瘤细胞是由于多基因突变的结果，单一基因的纠正前景并不看好。目前公认最有希望的是细胞因子基因治疗。因为细胞因子基因转染的肿瘤，可通过激活免疫系统来杀死肿瘤细胞，不必考虑肿瘤细胞本身恶性变的机制，易于达到治疗目的。目前困难之处在于如何将细胞因子基因在体内导向转染肿瘤细胞，这在目前还没有很理想的方法。目前采取的办法是在体外用细胞因子转染 TIL 细胞，使之本身能分泌细胞因子，如 IL-2 等，然后将此工程化的 TIL 细胞回输体内，希望它能识别肿瘤细胞，并通过活化免疫系统来杀伤转移的或残存的肿瘤细胞。目前用 TNF 和 IL-2 基因转染的 TIL 细胞治疗晚期人黑色素瘤的临床试验已经开始，并有报告取得明显疗效。这种"体外－体内"（ev-vivo）法基因治疗的关键是基因运载细胞（ITIL 细胞）能否特异识别肿瘤细胞，对此目前还有争论。

免疫治疗作为一种疾病治疗手段，至今已有一个多世纪，只是在近 20 年才取得突破性的进展，这主要表现在两个方面：①选择性较好的强力免疫抑制剂 CsA 等发现，它们的临床应用使器官移植的面貌发生了革命性的变化；②生物应答调节剂的出现，大批量生产已导致一代新型药物的产生，已形成一个庞大的生物技术产业。上述研究的进展，使免疫治疗已作为一种独立的治疗手段被医学所接受，它们的临床应用将从根本上改变疾病治疗的面貌。免疫治疗学的进一步发展，必将对整个医学的发展产生深远的影响。

二、分子生物学技术在免疫学诊断中的应用

（一）BCR 和 TCR 基因重排检测

对血细胞恶性变如白血病、淋巴瘤等的诊断，长期以来多应用细胞形态学检查和免疫细胞表型分析。由于这些方法在特异性和敏感性上的限制，对于丢失了细胞表面标志，或分化较好难以和正常细胞区别。也可能由于恶性细胞数量少，混在大量正常细胞中难以查出。近年来由于分子生物学技术的广泛应用，且由于获得了 Ig 片段的特异基因克隆及 TCR 各链的基因克隆，在此基础上发展了应用 Ig 基因重排作为 B 细胞的特异标记，诊断 B 细胞来源的白血病的和应用 TCR 基因重排为 T 细胞特异标志诊断 T 细胞恶性变引起的白血病，从而将白血病的细胞学分类法提高到基因水平分析，建立了免疫基因型诊断的新方法，大大提高了诊断的敏感性和特异性。该方法不但可以确定细胞来源、分化程度，且由于 DNA 分析的高度敏感性而能查出显微镜不能看到的微小变化，从而能监测治疗效果，发现微量残留病变细胞。

该方法首先要从待检的细胞中分离出总 DNA。在非 T、非 B 细胞的 Ig 和 TCR 基因不发生重排称为胚基因（germ line）。而 T 和 B 细胞在分化早期即有 TCR 和 Ig 基因重排，重排后的 Ig 和 TCR 片段，转移至硝酸纤维膜或尼龙膜上，然后用同位素或酶标记的 Ig 血病细胞进行分类鉴定，若有 Ig 基因重排说明恶性细胞来源于 B 细胞，若有 TCR 基因发生重排，则为 T 细胞来源的。如果既无 Ig 基因重排，又无 TCR 基因重排的淋巴细胞则属非 T、非 B 细胞来源的瘤细胞。

（二）限制酶切片段长度多态性组织配型法

迄今，一直是血清学和细胞学方法进行 HLA 抗原结构分析，最近已开始应用分子生物学基因克隆技术进行 HLA 定型。由于人们已掌握了 HLA 共同和特异的抗原的核苷酸序列，才有可能用此新方法进行组织配型检验。

限制酶切片段长度多态性（restriction fragment length polymorphism，RFLP）组织配型技术的原理是目前已掌握了编码 HLA 抗原的核苷酸序列，包括各等位基因共有的和专有的序列。HLA-A、-B、-C 位点的Ⅰ类重链基因的核苷酸序列有高度同源性，由这些基因片段克隆可得 HLA Ⅰ类专用的探针，因为检测 HLA Ⅰ类抗原序列的标志，目前也已得到

Ⅱ类抗原特异的探针。由于 HLA 等位基因的多态性是表现在其核苷酸序列的差异上，由这些基因中克隆出的特异 DNA 片段，就可检测这些基因的差别。由于核苷酸序列不同，被限制性内切酶作用部位（切点）也不同，这种酶切点只有 4~6 个核苷酸长度。因此来源于不同 HLA 单倍型的 DNA 可被一种内切酶切成不同长度的片段。在实际工作中，从细胞中提取基因组 DNA（genomic DNA）的多态性比实际 HLA- Ⅱ类抗原的多态性还要复杂，因为基因的内含子（不转录基因）序列不同，和外显子（转录并翻译成蛋白质）序列差别均在酶切后的细胞总 DNA 中。

RFLP 组织配型检测主要包括 4 个步骤（印迹）：

① 提取细胞总 DNA，用限制性内切酶消化；

② 凝胶电泳；

③ 将凝胶中分离好的 DNA 片段转移至尼龙膜上；

④ 经变性处理后用同位素标记的探针进行分子杂交。经放射自显影，得到显影带（bands）。即可得知分子量大小不同的 DNA 片段。

三、用 RFLP 进行组织定型

RFLP 组织配型实验是用于血清学或细胞学检测失败的样品，如 HLA 抗原不表达（裸细胞）细胞脆性大而破碎，淋巴细胞减少没有足够的样品时。由于分子生物学方法采样少、特异、敏感的优点可弥补常规方法的不足。此外，RFLP 组织配型法还可查出 DNA 变异及基因重组的情况，而血清学方法则不能。PFLP 组织配型为器官移植、骨髓移植选择适宜的供体，用比较供体、受体限制酶切片段的长度的差异。两者的 RFLP 越接近。差别越小，移植效果越好，近年来发展的 PCR-RFLP 以其简单、敏感、可靠、价廉且无须同位素等优点，已取代了 RELP 法。

四、细胞免疫的概念

凡是由免疫细胞发挥效应以清除异物的作用即称为细胞免疫。参与的细胞称为免疫效应细胞。目前认为具有天然杀伤作用的天然伤细胞（NK）和抗体依赖的细胞介导的细胞毒性细胞（antibody dependentcell-mediated cytotoxicity，ADCC）如巨噬细胞（M）和杀伤细胞（K）以及由 T 细胞介导的细胞免疫均属细胞免疫的范畴。前二类免疫细胞在其细胞表面不具有抗原识别受体，因此它们的活化无需经抗原激发即能发挥效应细胞的作用，故可视之为非特异性细胞免疫。而效应 T 细胞则具有抗原识别受体，因此它们必须经抗原激发才能活化发挥其效应细胞的作用，故可视之为特异性细胞免疫。

由 T 细胞介导的细胞的免疫有两种基本形式，它们分别由二类不同的 T 细胞亚类参与。一种是迟发型超敏性的 T 细胞（TDH，CD4+），该细胞和抗原起反应后可分泌细胞因子。这些细胞因子再吸引和活化巨噬细胞和其他类型的细胞在反应部位聚集，成为组织慢性炎症的非特异效应细胞。另一种是细胞毒性 T 细胞（TC，CD8⁺），对靶细胞有特异杀伤作用。

上述两种类型的效应 T 细胞的存在虽然均可经体外实验分别证实。但通常在体内反应过程中，两种类型的效应细胞均有不同程度的表现。

引起细胞免疫的抗原多为 T 细胞依赖抗原（TD 抗原），与体液免疫相同，参与特异细胞免疫的细胞也是由多细胞系完成的。即由抗原呈递细胞（巨噬细胞或树突状细胞）、免疫调节细胞（TH 和 TS）以及效应 T 细胞（TDTH 和 TC）等。

在无抗原激发的情况下，效应 T 细胞是以不活化的静息型细胞形式存在。当抗原进入机体后，在抗原呈递细胞或靶细胞的作用下使静息型 T 细胞活化增殖并分化为效应 T 细胞。即由 T 细胞介导的细胞免疫应答也需经过抗原识别（诱导期）、活化与分化（增殖期）和效应期才能发挥细胞免疫作用。

由 T 细胞介导的主要细胞免疫现象有：

① 迟发型超敏性反应；

② 以胞内寄生物的抗感染作用；

③ 抗肿瘤免疫；

④ 同种移植排斥反应；

⑤ 移植物抗宿主反应；

⑥ 某些药物过敏症；

⑦ 某些自身免疫病。

五、单核吞噬细胞系统

游离于血液中的单核细胞（monocyte）及存在于体腔和各种组织中的巨噬细胞（macrophage，M）均来源于骨髓干细胞，它们具有很强的吞噬能力，且细胞核不分叶，故命名为单核吞噬细胞系统（mononuclear phagocyte system，MPS）。单核/巨噬细胞是一类主要的抗原呈递细胞，在特异性免疫应答的诱导与调节中起着关键的作用。

（一）单核吞噬细胞系统细胞的来源与分化发育

MPS 细胞起源于骨髓，其分化与更新受细胞因子复杂网络的调控。在某些细胞因子，如多集落刺激因子（multi-colony stimulating factor，multi-CSF）、巨噬细胞集落刺激因子（macrophage-CSF，GM-CSF）等的刺激下，骨髓中的髓样干细胞经原单核细胞（monoblast）、前单核细胞（pre-monocyte）分化发育为单核细胞并进入血流。外周血单核细胞占白细胞总数 1%～3%，它在血流中仅存留几小时至数十小时，然后黏附到毛细血管内皮，穿过内皮细胞接合处，移行至全身各组织并发育成熟为巨噬细胞。组织损伤和炎症可加速单核细胞向组织移行。巨噬细胞在组织中寿命可达数月至数年。在不同组织中存留的巨噬细胞由于局部微环境的差异，其形态及生物学特征均有所不同，名称也各异。一般认为除少数单核细胞或低分化的巨噬细胞外，成熟的巨噬细胞很少有或没有增殖能力，并不断被骨髓前体细胞分化的细胞所补充。另外，单核吞噬细胞系统细胞的分化发育还可受各种细胞因子如 IL-2、IL-4 以及干扰素等影响。

（二）单核吞噬细胞系统细胞的解剖学特征

1.形态结构

单核细胞一般为圆形，直径约 $10\sim20\mu m$；巨噬细胞大小不等，直径约 $10\sim30\mu m$ 或更大，常有伪足，呈多形性。单核/巨噬细胞有圆形或椭圆形的核，胞浆中富含溶酶体及其他各种细胞器。

2.单核吞噬细胞系统细胞的表面分子

（1）表面受体 MPS 细胞表面有多达 80 种以上受体分子，它们与相应的配体结合，分别表现感应与效应功能。包括捕获病原异物，加强调理、趋化、免疫粘连、吞噬、介导细胞毒作用等。例如，免疫球蛋白 Fc 受体（$Fc\gamma R I$ 即 CD64、$Fc\gamma R II$ 即 CD32、$Fc\gamma R III$ 即 CD16）补体受体（CD1 即 CD35、CD3 即 CD11b/18 或 Mac-1）可以分别与 IgG 的 Fc 段及补体 C3b 片段结合，从而促进单核/巨噬细胞的活化和调理吞噬功能。此外，单核/巨噬细胞还表达各种细胞因子、激素、神经肽、多糖、糖蛋白、脂蛋白及脂多糖的受体，从而可感应多种调控其功能的刺激信号。

（2）表面抗原 MPS 细胞表面具有多种抗原分子，它们对 MPS 细胞的鉴定与功能有重要意义。例如，MPS 细胞表达 MHC 抗原，尤其 MHC-II 类抗原是巨噬细胞发挥抗原呈递作用的关键性效应分子；单核/巨噬细胞还表达多种黏附分子（abhesionmolecule），如选择素 L（L-selectin）、细胞间黏附分子（intercellular adhesion molecule，ICAM）和血管细胞黏附分子（vascylar cell adhesion molecule，VCAM）等，它们介导 MPS 细胞与其他细胞或外基质间的黏附作用，从而参与炎症与免疫应答过程。近年来应用单克隆抗体鉴定出许多单核吞噬细胞的表面分化抗原，如 OKM-1、Mac-120、MO1~4 等，但这些抗原也可能表达在其他起源于髓样干细胞的细胞（如中性粒细胞）表面。另外，成熟的单核细胞可表达高密度的 CD14，这是一种相对特异的单核细胞表面标志。

（三）单核吞噬细胞系统细胞的生理特点

1.一般性质

MPS 细胞又称大吞噬细胞，它具有吞噬细胞的一般特征，如何通过吞饮摄入液体异物，也可通过吞噬摄取颗粒性异物，还可识别某些化学刺激物的浓度，表现出定向运动的能力，即具有趋化性。MPS 细胞在吞噬异物后，细胞内会发生一系列代谢改变，如糖代谢增强，能量产生增加，活性氧生成增多等。MPS 细胞胞浆中还含有非特异性酯酶、碱性磷酸二酯和过氧化物酶等。在细胞分化和激活过程中，这些酶的量及细胞内的定位可发生改变。此外，由于 MPS 细胞表达丰富的黏附分子，对玻璃与塑料制品具有强的黏附性，故又被称为黏附细胞（adherentcell），借助这个特性可将 MPS 细胞与淋巴细胞分离。

2. 单核吞噬细胞系统细胞的激活

MPS 细胞在环境因素刺激下，可发生形态、膜分子表达以及细胞代谢与功能的短暂、可逆性变化，这一过程称为 MPS 细胞的激活，也是它有别于其他吞噬细胞（如中性粒细胞）的一个重要特征。与分化过程不同，活化是在病理条件下表现出的可逆性功能状态。单核吞噬细胞的激活是一个复杂得多步骤过程，在不同的活化阶段，涉及不同刺激因子的作用，细胞形态及功能也发生相应的改变。以巨噬细胞（Mφ）为例，体内的 Mφ 一般处于静止状态，病原体等异物通过直接接触激发 Mφ 内的生理生化反应。环核苷酸第二信使 cAmp/cGMP 水平升高，使静止态 Mφ 转变为应答性 Mφ。后者在 IFN-γ 等刺激因子启动下转变为致敏的 Mφ，然后在脂多糖或某些细胞因子作用下转变为活化的 Mφ。在上述变化过程中，Mφ 表现出形态改变（浆膜呈不规则波浪形，细胞器增加，膜分子表达改变），代谢增强（胞内蛋白质合成与 ATP 生成增加，磷酸戊糖代谢增强）以及功能增强（吞噬率及吞噬速度增高，杀菌及杀瘤能力增强，分泌活性及抗原呈递能力增强）等。

一般认为，只有激活的单核吞噬细胞才是具有活跃生物学作用的效应细胞。在病理情况下，MPS 细胞的异常激活也参与某些疾病的发生与发展。

3. 单核吞噬细胞系统细胞的分泌活性

MPS 细胞是一类重要的分泌细胞。在许多组织和器官中，MPS 细胞是分泌性蛋白的主要来源，其分泌物种类之多在体内仅肝细胞才能与之相比。一般情况下，活化的 MPS 细胞才有活跃的分泌能力。现已发现 MPS 细胞可分泌多达 100 种以上的酶类和其他生物活性物质。这些物质的分子量不一，从分子量仅 32 的超氧阴离子至分子量达 440 000 的纤维粘连蛋白；功能也各异，参与从促进细胞生长到导致细胞死亡的全部活动。此外，由于 MPS 细胞的体内分布广泛、可以移动，以及其分泌产物作用的多样性，这种分泌活性具有重要的生理与病理意义。

（四）单核吞噬细胞系统细胞的功能

MPS 细胞具有重要的生物作用，不仅参与非特异性免疫防御，而且是特异性免疫应答中一类关键的细胞，广泛参与免疫应答、免疫效应与免疫调节。

1. 免疫防御功能

病原微生物侵入机体后，在激发免疫应答以前即可被 MPS 细胞吞噬并清除，这是机体非特异免疫防御机制的重要环节。由于其吞噬能力较强，故有人将 MPS 细胞称为机体的清道夫。在致病微生物激发机体产生特异性抗体后，覆盖于病原体表面的 IgG 及补体激活片段 C3b 可与 MPS 细胞表面的 FcR 及 CR1 结合，发挥调理作用，使病原体更易被吞噬。被吞入的细菌可被细胞内的某些酶类或活性氧所杀灭；另一方面，在对异物颗粒的吞噬、杀灭过程中，可能出现酶体外漏现象，从而造成对邻近正常组织的损伤。

2. 免疫处自稳功能

机体生长、代谢过程中不断产生衰老与死亡的细胞以及某些衰变的物质，它们均可被单核吞噬细胞吞噬、消化和清除，从而维持内环境稳定。

3. 免疫监视功能

MPS 细胞构成机体肿瘤免疫的重要一环。一般认为只有激活的巨噬细胞才能有效地发挥杀瘤效应，其机制可能是：①吞噬肿瘤细胞；②借助抗瘤抗体的 ADCC 作用杀伤瘤细胞；③产生 TNf 及 IL-1 等细胞因子，直接或间地发挥杀瘤作用；④产生某些酶及活性氧分子直接杀伤或抑制肿瘤细胞生长。

4. 抗原呈递功能

MPS 细胞是最重要的一类抗原呈递细胞。外来抗原经单核吞噬细胞处理后呈递给 T 细胞，这是诱发免疫应答的先决条件。此外，在抗原呈递过程中 MPS 细胞产生的 IL-1 也是 TH 活化不可缺少的刺激信号。

5. 免疫调节功能

MPS 细胞在免疫调节中发挥重要的作用。由于激活程度及分泌产物的不同，MPS 细胞的免疫调节作用有双相性；另一方面，体内各种因素也可通过影响单核吞噬细胞的膜分子表达等途径调节 MPS 细胞功能状态。

（1）正相调节作用 MPS 细胞可通过下列途径启动和增强免疫应答，包括：①抗原呈递作用，诱导免疫应答启动；②分泌具有免疫增强作用的各类生物活性物质，如 IL-1、TNF-a、补体成分、各类生长因子等。

（2）负相调节作用巨噬细胞过度激活可成为抑制性巨噬细胞，后者可分泌多种可溶性抑制物如前列腺素、活性氧分子等，抑制淋巴细胞增殖反应或直接损伤淋巴细胞。

（3）体内各种因素通过调控 MPS 细胞功能状态而发挥免疫调节作用多种神经肽及激素样物质如 P 物质、皮质激素、性激素等均可通过相应受体而调控巨噬细胞的功能状态；另外，某些神经肽与细胞因子（如 IL-1、TNF-a、IFN-γ）可诱导巨噬细胞 MHC-Ⅱ类抗原的表达，从而调控其抗原呈递功能。

（五）其他功能

MPS 细胞还广泛参与炎症、止血、组织修复、再生等过程。

六、淋巴细胞系

淋巴细胞是具有特异免疫识别功能的细胞系，人和哺乳类动物的淋巴细胞系是由形态相似、功能各异的不均一细胞群所组成。按其个体发生、表面分子和功能的不同，可将淋巴细胞系分为 T 细胞和 B 细胞二个亚群，每个亚群又可分为不同的亚类。另外还有一群单核细胞，其来源可能与淋巴细胞相关，但不具有特别识别功能，称为天然杀伤细胞（natural killer cell，NK）可归类为第三群淋巴细胞。

成熟的 T 和 B 细胞均为单核的小淋巴细胞。在光学显微镜下，单纯从形态学是能加以区别的。但在它们的细胞膜上都有不同的分子结构，包括膜抗原分子和膜受体分子。这些表面标志都是结合在膜上的巨蛋白分子，可用不同的方法检测，借以鉴定和区分淋巴细胞系的不同亚群和亚类。

研究这些膜分子的结构与功能将有助于了解淋巴细胞活化的机制。研究这些膜分子基因的表达与调控，对了解淋巴细胞的起源、分化与成熟都具有十分重要的理论意义。并且在淋巴细胞的分类、诊断与相关疾病的治疗及发病学等方面都具有应用意义。

（一）T 细胞

1. T 细胞主要表面分子

T 细胞是由一群功能不同的异质性淋巴细胞组成，由于它在胸腺内分化成熟故称为 T 细胞。成熟 T 细胞由胸腺迁出，移居于周围淋巴组织中淋巴结的副皮质区和脾白髓小动脉的周围。不同功能成熟的 T 细胞均属小淋巴细胞，在形态学上不能区分，但可借其细胞膜表面分子不同加以鉴别。

在 T 细胞发育不同阶段以及成熟 T 细胞在静止期和活化期，其细胞膜分子表达的种类和数量均不相同。这些分子为抗原性不同的糖蛋白。它们与 T 细胞对抗原的识别、细胞的活化、信息的传递、细胞的增殖和分化以及 T 细胞的菜单相关。它们也与 T 细胞在周围淋巴组织中的定位相关。

由于这些分子在 T 细胞表面相当稳定，故可视为 T 细胞的表面标志，可以用以分离。鉴定不同功能的 T 细胞。这些分子的单克隆抗体对临床相关疾病的诊断和治疗也具有重要应用价值。

2. T 细胞抗原识别受体（TCR）

（1）TCRαβ TCR 是 T 细胞识别蛋白抗原的特异性受体，不同的 T 细胞克隆其抗原识别受体的分子结构也是不相同的。大多数成熟 T 细胞（约占 95%）的 TCR 分子是由 α 和 β 二条异二聚体肽链组成的 TCRαβ 分子。二条肽链都由膜外区、穿膜区及胞浆区组成。TCR 属于 Ig 超家族，膜外区可包括可变区（V 区）及稳定区（C 区）。

编码人 TCRα 链和 β 链基因座分别定位于第 14 号和 7 号染色体。α 链是由 V、J、C 基因段编码的肽链。每个基因座又各有不同的等位基因，在 T 细胞发育分化早期与 Ig 基因一样经历基因重排、转录和转译成为肽链。TCR 的特异性是由 α 链和 β 链的 V-J 及 V-D-J 基因片段决定的，故二条链基因重排后可形成千万种不同特异性的 TCR 分子，故可识别环境中多种多样的抗原。在通常情况下，异种蛋白抗原分子必须与细胞表面的自身 MHC 分子结合才能 TCR 识别。所以 TCR 只能识别细胞膜上的 MHC 分子与抗原分子，这是与 B 细胞识别原的主要不同特性。

（2）TCRγδ 另一种 TCR 是由 γ 和 δ 链组成的 TCRγδ 分子，它是由 γ 和 δ 基因编码的分子。这种 TCRγδ 细胞多见一胸腺内早期 T 细胞（CD4-，CD8-，TCRγδ+），而在人周围血成熟 T 细胞（CD3+，TCRγδ+）中所占的比例甚少，约为 1%~10%。在小鼠脾、表皮细胞和肠黏膜上皮细胞中亦可发现 γδ+T 细胞。对这种新发现的 T 细胞的生理功能尚不清楚，但它们可能是具有原始受体的第一防线的防御细胞，与清除表皮及上皮细胞内异物有关，它们可能是具有原始受体的第一防线的防御细胞，与清除表皮及上皮细胞内异物有关。它可识别高度保守的抗原，如结核杆菌、肠毒素和热休克蛋白等抗原，在人和小鼠均表明它们可识别 MHC 或 MHC 样分子。

3. CD3 分子

此分子可表达于所有成熟 T 细胞表面，它是由五条肽链非共价结合组成的复合分子，分别称为 γ、δ、ε、ζ 和 η 链。五条肽链均由胞外区、穿膜区和胞浆区组成。γ、δ 和 ε 为单体，ζ 和 η 链其胞外区可由双硫键连接组成为同二聚体 ζζ（约占 90%）和异二聚体 ζη 分子（约占 10%）

CD3 分子可与 TCR 分子以非共价结合形成一个 TCR-CD3 复合受体分子，是 T 细胞识别抗原的主要识别单位。其中 TCR 是识别异种抗原和自身 MHC 分子多态性决定族的受体，而 CD3 分子交不参与抗原识别，它具有稳定 TCR 结构和传递活化信号的作用。

4. CD4 和 CD8 分子

这两种分子可同时表达于胸腺内早期胸腺细胞，称为双阳性胸腺细胞（CD4+、CD8+，DP）。而在成熟 T 细胞这两种分子是互相排斥的，只能表达一种分子，故可将成熟 T 细胞分为两类，即 CD4+ 细胞和 CD8+ 细胞。在外周淋巴组织中 CD4+T 约占 65%，CD8+T 约占 35%。

这两种分子同属于 Ig 超家族，都不具有多样性。其分子结构都由胸外区、穿膜区及胸内区组成。CD4 分子为 55 KD 的单体，CD8 分子为 34 KD 多肽组成的双体分子。

这两种分子与抗原识别无关，但可与带有 MHC 分子的细胞结合，它们是细胞与细胞间相互作用的黏附分子。CD4 分子是 MHC Ⅱ 类分子的受体，它可与 MHC Ⅱ 类分子的非多态区结合。CD8 分子可与 MHC Ⅰ 类分子的非多态区结合。因此这二种分子具有增强 TCR 与抗原呈递细胞或靶细胞的亲和性，并有助于激活信号的传递。

5. CD28 分子

这种分子可表达于全部 CD4+T 细胞及 50%CD8+ 细胞。它是 80～90 KD 的由双硫键连接的同源二聚体分子，属 Ig 基因超家族。

近年的研究证明 T 细胞的活化需要双信号，即由 TCR-CD3 复合分子可提供起始信号或第 1 信号，还必须有协同刺激信号（costimulatouy signal）或第 2 信号才能使 T 细胞活化。在 T 细胞膜上已发现有多种分子与协同刺激信号产生有关，如 CD2、LFA-1、VLA-4 及 CD28 分子等。称这种分子为辅助分子或协同刺激受体分子。

其中以 CD28 分子最为重要，已证明它的配体分子存在于 B 细胞或其他抗原呈递细胞上，命名为 B7 或 BB1 分子。它是 50 kD 单体分子的穿膜蛋白，也属 Ig 基因超家族。B7/BB1 分子在静止期 B 细胞、巨噬细胞或树突状细胞等表达较弱，而活化型细胞表达增强。

6. CD2 分子

此分子亦称为 LFA-2、Len-5 或羊红细胞受体等名称。为 55KD 单体分子，属 Ig 基因超家族，亦为穿膜糖蛋白分子。可存在于成熟 T 细胞及胸腺细胞，亦可发现于 NK 细胞。

CD2 分子是细胞间黏附分子，其配体分子称为白细胞功能相关抗原 -3（LFA-3，CD58），为 55-70KD 糖蛋白分子。可广泛表达于造血细胞和非造血细胞。CD2 分子与羊红细胞上 LFA-3 结合形成花环，称为 E- 花环，可用鉴定和分离人 T 细胞。

CD2 也是信号传导分子，可使 T 细胞活化，它不依赖于 TCR 途径，是 T 细胞活化第二途径。特别是在胸腺内早期发育阶段的胸腺细胞尚未表达 TCR，此时胸腺细胞的活化与增殖可能是通过 CD2 分子与胸腺上皮细胞表面的 LFA-3 分子结合而使之活化。

7. 极迟活化分子

极迟活化分子（very late activation，VLA）或称 β1 黏合素（β1integrins），本族分子具有共同的 β 链（CD29），计有 3 种分子即 VLA-4、VLA-5 和 VLA-6 分子。它们可表达于静止 T 细胞上，但活化 T 细胞有仅数量增多而且对特异配体的亲和力也增强。VLA 分子可与细胞外基质（ECM）配体分子相结合，可为 T 细胞活化提供协同刺激信号。VLA-4 还可使淋巴细胞与 Peyer 小体的高内皮微静脉以及炎症部位的内皮细胞结合，其配体分子称为血管细胞黏附分子 -1（VCAM-1）。

8. 细胞因子受体

细胞因子受体（cytokine receptor，CKR）可表达于静止及活化 T 细胞表面，静止 T 细胞表面的细胞因子受体亲和力弱，数量少，而活化 T 细胞表面 CKR 亲和力高且数量多。

T 细胞表面可有多种细胞因子受体，包括 IL-2R、IL-4R、IL-6R 及 IL-7R 等。其中 IL-2R 由 α（P55）及 β（P70）链组成，α 链为低亲和力，β 链为中等亲和力，而 αβ 异聚体分子则为高亲和力受体。

9. CD44 及 CD45 分子

CD44 分子亦称 Pgp-1 细胞外基质受体Ⅲ 或 Hermes 分子。它可表达于多种细胞，包括 T 细胞、胸腺细胞、B 细胞、粒细胞、巨噬细胞、红细胞、神经细胞、上皮及纤维母细胞等。CD44 分子可使淋巴细胞与高内皮微静脉（HEV）结合，移行于血管，组织和淋巴之间，与淋巴细胞再循环密切相关，可视为一种归巢受体（homingreceptor，HR）。人记忆 T 细胞比未受体抗原刺激的天然 T 细胞可表达高水平 CD44 分子。

CD45 分子亦称白细胞共同抗原（leukocyte common antigen）包括一组膜糖蛋白，只表达于不成熟和成熟白细胞，可包括 T 和 B 细胞、胸腺细胞、单核 - 巨噬细胞以及中性粒细胞。CD45 分子的异构体（isofoums）常限定在某些 T 细胞表面表达，故称之为 CD45R。

未受抗原刺激的天然 T 细胞可表达 CD45RA，而记忆 T 细胞可表达 CD45RO。另外，CD45R 分子胞浆区含有内源性酪氨酸磷酸酶活性，它可能对各种活化途径具有重要调节作用。

（二）T 细胞亚群的分类及功能

T 细胞是不均一的群体，按其抗原识别受体，可将 T 细胞分为二大类。一类是 TCRαβ、T 细胞，另一类是 TCRγδ 细胞。

TCRαβT 细胞也是不均一的群体，根据其表型（phenotype）即其细胞表面的特征性分子的不同，可将成熟 T 细胞分为二个亚类（subsets）即 CD4+T 细胞和 CD8+ 细胞。

根据 TCRαβT 细胞的功能可将其分为两类。一类为调节性 T 细胞，可包括辅助性 T 细胞（helperT lymphocte，TH）和抑制性 T 细胞（suppressorT lymphocyte，Ts）。另一类为效应性 T 细胞（effectorT cell），可包括杀伤性 T 细胞（eytolytie T cell，CTL，或 TC）和迟发型超敏性 T 细胞（delayed type hypersensitivity Tlymphoctye，TDTH）。

1. TCRαβT 细胞

二类 T 细胞表型分子均呈 CD2+、CD3+ 阳性，但 γδT 细胞为 CD4-、CD8- 双阴性细胞（double negative cell，DN）或 CD8+，而 αβT 细胞其表型为 CD4+ 或 CD8+ 单阳性细胞（single positive cell，SP）。

在末梢血主要为 αβT 细胞可占 95%，而 γδT 细胞只占 1%~10%。αβT 细胞为主要参与免疫应答的 T 细胞，而对 γδT 细胞功能不十分了解，可能是具有原始受体的第一防线的防御细胞，与抗原感染有关。

2. CD4+ 细胞

TCRαβTCD4+ 细胞（简称为 CD4+ 细胞）的分子表型为 CD2+、CD3+、CD4+、CD8-。其 TCR 识别抗原是 MHCⅡ类分子限制性。CD4+T 细胞也是不均一的细胞群，按其功能可包括二种 T 细胞，即辅助性 T 细胞（TH），和迟发型超敏性 T 细胞（TDTH）。前者为调节性 T 细胞，后者为效应性 T 细胞。

CD4+T 细胞能促进 B 细胞、T 细胞和其他免疫细胞的增殖与分化，协调免疫细胞间的相互作用。T 细胞在静止状态不产生细胞因子，活化后才能产生。

近年来，根据建立的小鼠 TH 细胞克隆，分析其产生的细胞因子种类，发现具有不同的调节功能，可将 TH 细胞分为两类，即 TH1 和 TH2。TH1 与细胞免疫及迟发型超敏性炎症形成有关，故亦称为炎症性 T 细胞，相发于 TDTH 细胞。TDTH 细胞。TH2 可辅助 B 细胞分化为抗体分泌细胞，与体液免疫相关，相当于 TH 细胞。

3. CD8+T 细胞

CD8+T 细胞也是不均一的细胞群，按其功能可包括抑制性 T 细胞（TS）和杀伤性 T 细胞（TC），前者为调节性 T 细胞，后者为效应性 T 细胞。

（1）TC 细胞 杀伤 T 细胞（TC）其分子表型为 CD2+、CD3+、CD4+、CD8+。其 TCRαβ 只能识别自己 MHCⅠ类分子与抗原肽片段结合的复合分子，所以是 MHCⅠ类分子限制性。TC 细胞主要识别存在于靶细胞表面上的 MHCⅠ类分子与抗原结合的复合物，如被病毒感染的靶细胞或癌细胞等。因此，TC 效应细胞与抗原病毒免疫、抗肿瘤免疫以及对移植物的移植排斥反应有关。

（2）Ts 细胞 Ts 细胞是一类与 TH 细胞和 Tc 细胞性质不同的淋巴细胞。Ts 细胞是美国学者 Gershon 于 70 年代在小鼠体内证明它的存在。他是给小鼠经静脉注射大剂量抗原（羊红细胞）则小鼠呈现不应答状态即耐受状态。如果把这种耐受小鼠的淋巴细胞，注入正常同基因小鼠同素小鼠体内，可抑制其抗体产生。其后证明这种具有抑制作用的淋巴细胞是 Thy−1+T 细胞，故称这种细胞为 Ts 细胞。

现已证明，人 Ts 细胞的分子表型与 Tc 相同，也是 CD2+、CD3+、CD4+、CD8+。它的功能是抑制免疫应答的活化期。Ts 细胞的抑制作用是通过它所分泌的抑制因子（TSF）介导的，其作用的靶细胞是抗原特异的 TH 和或 B 细胞。

Ts 细胞可发挥两种重要作用，首先它对在胸腺内不能形成自身耐受的自身反应性 T 细胞克隆有抑制作用，同时它对非已抗原透发的免疫应答也有抑制作用。实验证明，Ts 细胞功能变化是引起各种免疫功能异常的重要原因之一。

由于对 Ts 细胞的研究进展缓慢，尚有许多疑问有待解决。这主要是因为尚不能获得较大量的纯化 Ts 细胞，对建立稳定的 Ts 细胞克隆以及建立具有特异抑制活性的 Ts 杂交瘤均未获成功。因此，对 Ts 细胞的一些基本问题，如 Ts 细胞抗原识别受体（TCR）的性质及其分泌的抑制因子（TSF）的特性等问题，均有待明确。故目前尚不能描述它们的分子结构及作用方式。

Ts 细胞是否是一种独立的 T 细胞功能亚类，学者间还存在很大争论，今后必须证明它的 TCR 性质和找出其独特的表面标志，才能解决这一问题。

4. CD45RA 与 CD45ROT 细胞

近年应用单克隆抗体发现一组新的细胞膜表面分子，命名为 CD45 分子。它可广泛存在于造血系细胞膜表面，故也称之为白细胞共同抗原（leukocyte common antigen，LCA），分子量约为 200KD 的糖蛋白分子。根据其胞外区表位的不同已发现有 6 种异构体分子，在人已鉴定出 3 种异构体分子，即 CD45RA、CD45RB 和 CD45RO。应用这种异构体分子可将 T 细胞分为二个新亚群。凡未经抗原刺激的 T 细胞可称之为原始 T 细胞（naive tcell，Tn）为 CD45RA+T 细胞群，而经抗原刺激分化为记忆 T 细胞（memory T cell，Tm）为 CD45RO+ 细胞群，二群 T 细胞功能特性不同。

T 细胞可随血流及淋巴分布于体内各部位，在正常情况下，T 细胞在周围组织中的数目是相对稳定的。如在胸导管淋巴液中可占 90%，在脾中约占 30%，淋巴结中约占 75%，末梢血中可占 60%~80%。CD4+ 和 CD8+ 细胞的比例，在周围各组织中大致相同，即 CD4+ 约占 60%，CD8+ 约占 30%。CD8+ 的比值在正常人约为 2，若其比值＜1.0 或＞2.0 可视调节细胞（TH/TS）比例异常，与临床一些疾病相关。可应用抗各种表型抗原的单克隆抗体检测全 T 细胞的数量及其亚类（TH/TS）的比值，常有助于疾病的诊断。

（三）T 细胞在胸腺内的发育

在一个体内能特异识别各种抗原的 T 细胞总数称之为 T 细胞库（T cell repertoire），成熟的 T 细胞库具有二种基本特性。其一为 T 细胞识别抗原是 MHC 限制性的，即每一个体的 T 细胞只能识别与其自身 MHC 分子结合的异种抗原分子。另一特性为 T 细胞库对自己抗原是耐受性的，即每一个体的 T 细胞不能单独识别自己 MHC 分子或是与之结合的自己抗原分子，即所谓自身耐受现象。

如果不能维持自身耐受，将导致发生抗自己组织抗原的免疫应答和自身免疫性疾病。所以了解成熟 T 细胞库是如何发育形成的，不仅对了解 T 细胞特异性的产生是重要的，而且有助于揭示自身免疫病的致病机制。

胸腺是 T 细胞发育成熟的主要部位，故称之为中枢免疫器官。胸腺微环境为 T 细胞发育分化创造了条件。对 T 细胞发育细胞发育分化的研究主要是在小鼠体内进行的，并由此推论至人类。

1. 胸腺微环境

胸腺微环境主要由胸腺基质细胞（thymic stroma cell，TSC）细胞外基质（extracellular matrix，ECM），和细胞因子等组成。当 T 祖细胞（pro-T）自胚肝或骨髓进入胸腺后，在胸腺微环境作用下，可诱导其发育分化。在其分化成熟过程中，可先后发生各种分化抗原的表达，各种细胞受体的表达，并通过正和负选择过程，最终形成 T 细胞库。最后成熟 T 细胞被迁移出胸腺，并定居于周围淋巴器官，参与淋巴细胞再循环，可分布于全身组织等一系列复杂过程。

（1）胸腺基质细胞胸腺基质细胞可包括起源于胸腺胚基内胚层的上皮细胞和来源于骨髓的巨噬细胞、树突状细胞（dendritic cell，DC）、纤维母细胞、网织细胞和肥大细胞等。在基质细胞中以上皮细胞数量最多、分布最广，可分为皮质上皮细胞和髓质上皮细胞。它们在 T 细胞分化不同阶段都起重要作用，上皮细胞主要与正选择过程相关，而巨噬细胞等则与负选择过程相关。

（2）细胞外基质 T 细胞在胸腺内的发育是由皮质向髓质移行的过程中完成的。在此过程发育中的 T 细胞即胸腺细胞需与胸腺基质细胞直接相互接触，或是通过细胞外基质介导两种细胞间接触，因此 ECM 在 T 细胞的分化发育中也起重要作用。现已确定的细胞外基质有胶原蛋白（collegen），网状纤维、葡糖胺以及一些糖蛋白如纤维粘连素（fibronectin，FN），层粘连蛋白（laminin，LN）等。

（3）细胞因子胸腺细胞和胸腺基质细胞都能分泌细胞因子，并都有一些细胞因子受体，可相互调节胸腺细胞与胸腺基质细胞的分化发育和维持胸腺微环境的稳定。

2. T 细胞在胸腺内的发育过程

通过对小鼠 T 细胞发育的研究表明，当来自胚肝或骨髓的 T 祖细胞（pro-t）进入胸腺后，可经历不同的发育阶段，其 TCRαβ、CD3 以及协同受体 CD4 和 CD8 等分子的表达水平不同，是受高度调节的发育过程。

实验证明，小鼠 T 细胞在胸腺内的分化发育可分为三个阶段：即早期 T 发育为双阴性细胞阶段，其主要表型为 CD4- 和 CD8-，故称为双阴性细胞（DN）。第二阶段为不成熟胸腺细胞，即由 DN 细胞经单阳性细胞（CD4-、CD8+、）进而分化为双阳性（CD4+、CD8+、）细胞（doublepositive，DP）。第三阶段为由 DP 细胞经正、负选择过程，分化发育为具有免疫功能的成熟 T 细胞，只表达 CD4+ 或 CD8+，故称为单阳性细胞（single positive，SP），然后迁出胸腺，移居于周围淋巴器官。

上述四群细胞都是不均一的群体，而且由一个分化阶段发育为另一阶段还有许多移行型细胞，因此对 T 细胞发育的了解尚有许多问题需待进一步深入研究。

（1）早期 T 细胞发育阶段由胚或骨髓干细胞衍生的 T 细胞进入胸腺后经前 T 细胞（pre-T）发育为双阴性细胞，这一过程可视为早期 T 细胞发育阶段。

Pro-T 细胞（表型为 CD410、CD3-、CD8+、CD25-、C-kit+、Lin-、TCRα β-）通过其表面黏附分子与胸腺毛细胞血管内皮细胞上的配体分子结合，并在上皮细胞分泌的多种趋化因子作用下，穿过血胸屏障进入胸腺。在皮质区进行增殖和分化，经 Pre-T（表型为 CD3-、CD4-、CD8-、CD25-、C-kit10，其 TCRβ 及 γ 基因发生重排及转录）进一步发育为 DN 细胞（其表型为 CD3+、CD4-、CD8-、CD25-、TCRα β-），但其 TCRβ-β CD3 可表达于细胞表面，与基质细胞配基结合后，经 p56lek 传导信号，诱导 CD4/CD8 分子表达及 TCRβ 基因发生等位排斥。由此使 T 细胞发育进入 DP 阶段，并发生胸腺内的选择过程，最终发育为单阳性（SP）的成熟 T 细胞库。

（2）胸腺选择过程 主要发生于 DP 阶段，此时 TCRα β 基因重排、转录及表达，形成 TCRα β-CD3 复合分子，并具有识别配基（自己 MHC 分子 + 自己抗原分子）的功能。DP 细胞与不同胸腺基质细胞（TSC）相互作用，可导致不同的结果。

胸腺细胞经选择作用后，能存活或被排除，基于它们 TCRα β 的特异性，决定于 TCR 与 MHC 分子的结合和在胸腺内表达的抗原分子。阳性选择过程可使能自己 MHC 分子限制性的 T 细胞克隆增殖，产生功能性成熟 T 细胞；而阴性选择过程，可使对自己抗原反应性 T 细胞克隆被排除或不应答，形成自身免疫耐受。这是二个顺序过程，提示阳性选择可能发生在阴性选择之前。

① 阳性选择（positiveselection，PS）：主要发生在 DP 细胞与皮质型上皮细胞之间的相互作用。凡 TCR 与自己 MHc 分子有亲和性的胸腺细胞可与之结合并导致克隆增殖，而无亲和性的胸腺细胞将导致死亡。在此过程中大部分 DP 细胞死亡，只有小部分 DP 细胞存活并增殖。此过程可排除所有非已 MHC 限制性 T 细胞克隆，保存自己 MHC 限制性 T 细胞克隆和潜在的有害的自身反应性 T 细胞克隆。此过程可使 DP 细胞分化为 SP 细胞。

② 阴性选择（negativeselection，NS）：主要发生于 DP 细胞与胸腺内巨噬细胞（MΦ），树突状细胞（DC）或髓质上皮细胞间的相互作用。胸腺细胞 TCR 与存在于上述细胞上自己抗原与自己 MHC 复合物有高亲和性者结合，可导致自身反应性 T 细胞克隆死亡并被排

除，称之为克隆排除（clonal deletion）或克隆存在但受抑制不能活化，称之为克隆不应答（clonal anergy）。现已证明克隆排除与细胞程序性死亡（PCDD）相关，克隆不应答与缺乏活化信号相关，称这种耐受为中枢耐受。但不在胸腺表达的自己抗原，其自身的反应性T细胞仍能发育成熟，并漏出周围淋巴组织，可能由Ts细胞抑制其活性，导致周围自身耐受，所以自身耐受的形成是由多种机制完成的。经胸腺阴性选择作用后，排除了自身反应性T细胞克隆，只有识别非已抗原与自己MHC分子结合的T细胞克隆存活，并由DP细胞分化为具有功能的单阳生（SP）细胞（CD4$^+$或CD8$^+$T细胞）。所以成熟T细胞库表现为自己MHC限制性和自己耐受二种特征。

七、造血干细胞

在人和动物周围血中，存在形态不同、功能各异的多种血细胞。它们是红细胞、粒细胞、单核细胞、淋巴细胞及血小板。其生命亦各不同，如人红细胞生命周期约120天，粒细胞约20~62 h，血小板约为5~10天，单核细胞存在于骨髓者约为50天，存在于周围血者可超过200天，而淋巴细胞可存活数月至数年。这些血细胞可不断死亡与新生以维持血细胞的动态平衡异常，可使血细胞数量和质量发生改变，将会引起名种血液病或免疫性疾病。各种血细胞都起源于共同的祖先细胞，即造血干细胞。

（一）造血干细胞的特性

1. 造血干细胞的起源

造血干细胞（hemopoietic stem cell，HSC）是存在于造血组织中的一群原始造血细胞，它不是组织固定细胞，可存在于造血组织及血液中。造血干细胞在人胚胎2周时可出现于卵黄囊，第4周开始转移至胚肝，妊娠5个月后，骨髓开始造血，出生后骨髓成为干细胞的主要来源。在造血组织中，所占比例甚少，如在小鼠骨髓中105核细胞中的有10个，在脾中105有核细胞中只有0.2个。

2. 造血干细胞的形态

干细胞是一种嗜碱性独核细胞，其大小约为8 μm，呈圆形，胞核为圆形或肾形，胞核较大，具有2个核仁，染色质细质而分散，胞浆呈浅蓝色不带颗粒，在形态上与小淋巴细胞极其相似，但淋巴细胞体积较小，染色质浓染，核仁不明显且有细胞器。因此很难用形态学识别干细胞，并与其他独核细胞相区别。

造血干细胞可包括三级分化水平，即多能干细胞（pleuripotent stem cell），定向干细胞（Committed stem cell）及其成熟的子代细胞。

关于对造血干细胞的功能分析，长期以来仅限于对小鼠干细胞的研究，而对人体干细胞的存在只是来自间接证据，因为不能在人体内进行如鼠体内的功能分析法。70年代以来，由于建立了新的体外细胞培养技术，大大促进了对人体干细胞的直接研究。

（二）造血干细胞的表面标志

由于造血组织中造血干细胞在形态学方面无法与其他单核细胞区别，而且数量极少，这为造血干细胞的分离纯化并对其功能分析和分化的研究造成极大困难。

近年来由于单克隆抗体技术的进步，流式细胞仪（FACS）的应用，以及对小鼠和人造血干细胞表面标志的研究，取得了很大进展，为造血细胞的分离纯化及鉴定创造了条件。

（1）Thy-1 与丝裂原（wheat germ agglutinin，WGA）Visseer 等发现小鼠骨髓中造血干细胞对 WGA 有高亲和性。利用这一特性，应用 FACS 自骨髓中分离造血干细胞应及核系 Mac-1 等谱系抗原与 WGA 反应性相结合，即可自骨髓中 Lin-/WGA+ 细胞群中分离造血干细胞，也获得良好结果。

也有学者发现正常小鼠骨髓细胞中，也能表达低密度 Thy-1 抗原（Thy-1lo）。如与上述标志组合，即自骨髓 Thy-1lo、Lin-，WGA+ 细胞群中，分离造血干细胞，可用于对造血细胞的功能分析。

（2）干细胞抗原（stemcellantigen-1，Sca-1）有学者制备一种抗原前 T 细胞杂交瘤的单克隆抗体，用这种单抗检出的抗原分子称为干细胞抗原 -1（Sca-1）。其后有人自骨髓中 Thy-1lo、Lin-、Sca-1+ 细胞群中，可分离纯人造血干细胞。

（3）原癌基因（c-kit）最近证明造血干细胞与 c-kit 基因密切相关。C-kit 可编码一种穿膜酪氨酸激酶受体分子。应用单克隆抗体证明此分子可存在于造血干细胞膜上，其后证明它的配体分子是造血干细胞因子（stem cell factor，SCF）。它是信号传导分子，对造血干细胞的分化具有重要作用。目前，小鼠多能干细胞表面分子标志可视为 Thy-1lo、WGA+、c-kit+、Lin-。

c-kit 分子可高频率表达于多能干细胞表面，但骨髓中 c-kit+ 细胞可分化为各种血细胞，而胸腺中 c-kit 细胞可分化为淋巴细胞，不能分化为髓系细胞，所以胸腺内 c-kit+ 细胞，可能是淋巴样干细胞。

（4）CD34 对人体造血干细胞表面标志的研究，是用单克隆抗体 CD34 证明的。CD34 单克隆抗体检测的抗原即为 CD34 分子。自人骨髓细胞中应用 FACS 可分离纯化 CD34+ 细胞群，如与造血因子共同体外培养可获得含有各种血细胞的混合集落，所以 CD34+ 细胞为骨髓中造血干细胞，CD34 抗原可视为骨髓造血细胞标志之一。

（三）造血干细胞的分化

1. 多能干细胞

多能干细胞是由 Till 和 McCulloch 等在 60 年代初，应用脾集落形成细胞定量法，首先在小鼠体内证明的。他们给经射线照射的小鼠输入同系鼠骨髓细胞，在 10～14 天后在脾内形成可见的结节，它是由单一骨髓细胞发育分化而成的细胞集落，称之为脾集落形成单位（colony forming unit-spleen，CFU-S）。集落数与输入的细胞数成正比，它可分化发育为红细胞、粒细胞及巨核细胞。CFU-S 长期以来用体内集落法进行检测。

在 70 年代后 Johnson 和 Metcalf 等应用鼠胎肝细胞体外培养法，证明具有 CFU-S 性质的干细胞可在体外培养成功，这是在研究干细胞方法学上的重大改进。

其后，Haral 等用小鼠骨髓细胞在甲基纤维素中加入红细胞生成素（erythropoietin，EPO）及脾细胞培养上清，进行体外培养，可形成含有红细胞、巨核细胞以及巨噬细胞的集落，称为混合集落形成单位（CFU-Mix）。其后，小林登等在 80 年代用人骨髓细胞亦报告 CFU-Mix 培养成功。即由多能干细胞可进一步分化为定向髓系多能干细胞及淋巴系干细胞。淋巴系干细胞是 T 和 B 细胞的共同祖先细胞，但目前尚不能用脾集落实验证明其存在。

2. 单能干细胞

单能干细胞是一类具有向特定细胞系分化能力的干细胞，也称为祖细胞（progenitor）。如进行体内移植不能形成脾集落，但在一定造血因子的存在下，可在体外培养并形成细胞集落，称为代表外培养集落，称为体外培养集落形成单位（colony forming unit-culture，CFU-C），因此它与多能干细胞不同，它可包括分化为红细胞的红系干细胞，可分化为粒细胞和单核细胞的粒、单核细胞干细胞系及可分化为血小板的巨核干细胞系。

（1）红系干细胞应用骨髓细胞加甲基纤维素在大量 EPO 存在下，进行体外培养可产生大型红细胞集落，可含有 1 000 个以上的细胞，形成如爆发火花样的集落，称此干细胞为爆式红细胞集落形成细胞（burstunit-erythoid，BFU-E）。如用小剂量 EPO 则产生小型集落，由 8～50 个细胞组成，称此干细胞为红细胞系集落形成细胞（colony forming unit-E，CFU-E）BFU-E 是更早期的红系干细胞，而 CFU-E 则为较晚期的红系干细胞。

（2）粒细胞-单核细胞系干细胞 此系细胞在功能上与 BFU-E 或 CFU-E 属同级干细胞。应用软琼脂法将骨髓细胞进行体外培养，在集落刺激因子（CFS）存在下，可产生粒细胞和单核细胞集落，称此集落形成细胞为体外培养集落形成细胞（colonyformingunti-culture，CFU-C）。将 CFU-C 进行体内移植不能产生脾集落，所以 CFU-D 不具有 CFU-S 的特性，仅具有前驱细胞和前驱单核细胞的特征。

（3）巨核干细胞系亦称巨核细胞集落形成细胞（colony forming unti-megakaryocyte，CFU-M），Metcalf 及其分泌的细胞因子和细胞外基质（extra-cellular matrix，ECM）组成，因此对造血干细胞发育分化过程的体外研究，有很大局限性，它不一定能真实反映体内情况，分析实验结果时，必须注意这种局限性。目前仍有很多关于造血干细胞发育分化的问题有待阐明。

3. 造血干细胞与淋巴细胞的发生

由于用脾集落法未能证明淋巴细胞的发生，所以造血干细胞与淋巴细胞在发生学的关系，直到 60 年代有关学者建立了放射诱导染色体标记技术后才逐步得到阐明。

用照射诱导小鼠骨髓干细胞染色体发生一定程度的畸变，作为标记，但又不影响其细胞分裂。将这种细胞输入另一照射小鼠体内后，可以重建其造血和免疫功能。

由于它们具有特殊的畸形染色体，因此在照射宿主体内，任何两种细胞只要它们有共同的标记染体，应表明它们是来自同一干细胞。由于在照射诱导条件下，骨髓细胞中分化程度不同的干细胞，可以产生不同类型的染色体畸变，所以通过核型分析就能检查不同细胞的共同前体细胞。

Abramon 等在 70 年代，用上述方法，发现在受体小鼠骨髓细胞、脾集落形成细胞以及经植物血凝素（PHA）和脂多糖（LPS）等丝裂原刺激的体外培养脾细胞中，都发现了一种共同的标记染色体，这证明它们都是从供体骨髓中的多能干细胞分化而来，从而有力地证明了无论是髓系干细胞和淋巴细胞，都是来自共同的造血干细胞。

目前已证明在小鼠骨髓中存在有前驱 T 细胞（pro-T）和前驱 B 细胞（pro-B）。ProT 进入胸腺后可发育分化为成熟 T 细胞，pro-B 则在骨髓内发育分化为成熟 B 细胞。但尚未直接证明在小鼠骨髓中存在有淋巴系干细胞。虽然如此，多数学者认为淋巴系干细胞可能是存在的。其检测困难可能是由于数量太少，或是由于对照射过于敏感，在照射过程中被选择地排除了。

近年的实验证明。在小鼠骨髓中 c-kit⁺ 细胞可分化为各种血细胞及 T 和 B 细胞，但如将胸腺内 c-kit⁺ 细胞移植于小鼠体内，则丧失其分化为髓系细胞的能力，仍能分化为 T 和 B 细胞。提示这种胸腺 c-kit 细胞可能是淋巴系干细胞。

第四节　肿瘤免疫

肿瘤免疫学（tumorImmunology）是研究肿瘤的抗原性、机体的免疫功能与肿瘤发生、发展的相互关系，机体对肿瘤的免疫应答及其抗肿瘤免疫的机制、肿瘤的免疫诊断和免疫防治的科学。

早在 21 世纪初就曾有人设想肿瘤细胞可能存在着与正常组织不同的抗原成分，通过检测这种抗原成分或用这种抗原成分诱导机体的抗肿瘤免疫应答，可以达到诊断和治疗肿瘤的目的，但这方面研究在随后的几十年中没有取得明显的进展。直到 50 年代，由于发现肿瘤特异移植抗原以及机体免疫反应具有抗肿瘤作用，免疫学在肿瘤的诊断和治疗上的应用才引起了重视。60 年代以后，大量的体外实验证明，肿瘤患者的淋巴细胞，巨噬细胞和细胞毒抗体等均有抗肿瘤效应。60 年代末提出了免疫监视（immunesurveillance）的概念，为肿瘤免疫学理论体系的建立打下了基础。70 年代单克隆抗体的问世，推动了肿瘤免疫诊断技术和肿瘤免疫治疗的发展，特别是 80 年代中后期，随着分子生物学和免疫学的迅速发展和交叉渗透，对肿瘤抗原的性质及其呈递过程，抗体的抗肿瘤免疫机制等有了新的认识，推动了肿瘤免疫的发展同时也促进了肿瘤免疫诊断与治疗的应用。

一、正常细胞癌变

早在 1958 年，即 150 年前德国病理学家维尔啸就提出"癌是细胞的疾病"的看法，他认为"机体是一个有序的细胞社会，在发育过程中细胞要服从自然的规律，如有所扰乱，就可以产生疾病"。现代科学的研究表明，癌由癌细胞组成，它来源于正常细胞。

细胞作为一个有机体的组成部分，在细胞与细胞之间的关系上，细胞与它所生存的微环境之间都存在着复杂的相互依存和动态平衡的关系。在个体（胚胎）发育过程中，这类相应关系甚至在时间和空间上都存在着严格的调节。

经过许多科学家的研究。现已发现正常细胞变成癌细胞的自然发展过程要经历致癌、促癌和癌演进三个不同而又连续的阶段；因此肿瘤的发生是一个多因子、多步骤的复杂生物学过程。这个规律已为临床观察和动物中的研究所证实。

科学家们根据应用体外培养的癌细胞和正常细胞的研究发现：癌细胞具有以下特点：①不断生长分裂，但不发生功能分化；②癌细胞具有易变性，如细胞核的类型、生长速率、分化程度、营养需求、浸润转移行为和抗药性等方面的变异。正是由于癌细胞的易变性，因此在一个肿瘤中所存在的癌细胞是不完全一样的，称为癌细胞的异质性。这是由于癌细胞遗传性不稳定所产生的。

在癌变研究中，人们必然会提出到底哪些正常细胞会发生癌变的问题。一般认为只有分裂能力的细胞才能癌变，这种细胞大致有两类：一是保持分裂能力的未分化的干细胞；另一类是已分化有一定功能的细胞，它在某些条件的作用下，发生去发化而复制到相当于原始的未分化细胞再发生癌变。此外，在整体水平的研究中，还发现肿瘤的发生、发展与患者的遗传、激素和免疫等因素有关。近代生命科学和生物工程技术的发展使人们可以分析癌细胞的改变，寻找有关遗传改变与癌发生、发展和癌细胞生物特性的因果关系。

美国怀特里德生物医学研究所温伯格博士及其同事发现利用基因工程手段，只要改变三种基因，使其表达出特殊的基因性状，就可以使正常细胞转变成癌细胞。这三种基因中有两种为致癌基因，正常细胞经基因工程操作表达出这两种致癌基因后，它的外表面虽已发生变化，但仍未向癌细胞转变。这时如再使控制细胞染色体端粒酶的基因表达，正常细胞即可出现癌变。

这表明，正常细胞向癌细胞的转化过程是有限的，如能确定产生癌细胞异常特性所需的有限途径，我们就可寻找出阻止正常细胞癌变的新办法，这些工作正在研究中。

二、肿瘤抗原

肿瘤抗原是指细胞恶性变过程中出现的新抗原（neoantigen）物质的总称。细胞恶性变过程中由于基因突变或正常静止基因的激活都可以产生新的蛋白分子。这些蛋白质在细胞内降解后，某些降解的短肽可与 MHC Ⅰ类分子在内质网中结合，并共表达于细胞表面，成为被 CD8+CTL 识别和杀伤的肿瘤特异抗原。此外，某些细胞在恶性变后，可使正常情况下处于隐蔽状态的抗原决定簇暴露出来，成为肿瘤相关抗原，可被 B 细胞识别产生抗肿瘤抗体。

抗原是指能刺激机体产生免疫反应的蛋白质、多糖和核酸等物质，它最大的特点是具有一定的结构和特异性。

当正常细胞由于化学、物理、病毒等因素而癌变时，该细胞表面的蛋白质等成分发生某种改变，这就形成了肿瘤抗原。这种改变可以只是数量上的，如癌胚抗原。所谓癌胚抗原，即在胚胎发育的时候，胚胰可分泌胰胚抗原，肝可分泌甲胎蛋白（AFP）、肠胚可分泌肠胚抗原（EAC），但这些器官一旦发育成熟，就很少再分泌这类抗原。但在相关器官癌变时，就重又出现相关的胚胎抗原这就称为癌胚抗原，并和癌的发展有着密切的关系。因此这种伴随肿瘤发生所出现的、新增加或丢失的某种正常抗原，就称为肿瘤相关抗原（TAA）。另一类产生的抗原在性质上与原有抗原不同，有着新的成分；这对肿瘤（患者）宿主来说是异物，因此称为肿瘤特异抗原（TSA）。在动物中，这类抗原已由移植的肿瘤可被排斥所证实，故称它为肿瘤特异移植抗原。值得指出的是，由病毒引起的肿瘤和致癌化学物质所诱发的动物肿瘤有很大区别。由同一种病毒诱发的肿瘤，不论其在同一个体，或在不同的个体内诱发，其抗原特异性都相同。但不同的细胞在同一种化学致癌物致癌后，那些癌细胞都各自具有抗原特异性。因此为了能寻找肿瘤特异抗原，科学家们就用病毒所诱发的肿瘤细胞成为研究的主要材料，遗憾的是，至今尚未能将纯粹的肿瘤抗原提取出来。然而对这方面的研究发现了癌基因，并且知道正常细胞就有癌基因的存在，只是处于不表达状态。而一旦被激活，它就失去调节控制，并使细胞癌变，至于癌基因表达产物与肿瘤抗原的关系，至今尚无定论。它们只涉及癌胚抗原与生化变化，据此认为肿瘤特异抗原无关。

然而，大量的免疫学研究已经表明，机体确实存在抗肿瘤免疫应答，而且主要是特异性应答。近年来利用肿瘤特异性 T 淋巴细胞（CTL）克隆，这种 CTL 能区别肿瘤表面的特异性多肽分子，因此使肿瘤抗原的研究工作获得较大进展，并在分子水平上得到证实，获得了表达这种肿瘤抗原的相应基因。这方面的研究虽然还刚开始不久，但它将为制备特异性肿瘤抗原疫苗的研究打下良好的基础。

（一）肿瘤患者的免疫反应

肿瘤患者的免疫反应是指免疫细胞与肿瘤细胞相互作用引起的一系列复杂反应。人体抗肿瘤免疫反应有体液免疫和细胞免疫两大类。两者相互配合，相互调节。在肿瘤免疫反应中一般以细胞免疫反应为主。

参加抗肿瘤免疫反应细胞有两大类：一类是能捕获和处理肿瘤抗原，使淋巴细胞接触抗原，并在淋巴因子作用下参与各种免疫反应的细胞。这类细胞主要包括巨噬细胞、单核细胞和树突状细胞。另一类是淋巴细胞，它们能特异识别肿瘤抗原，接受肿瘤抗原刺激，并通过增殖、分化成为能分泌抗体和淋巴因子，产生一系列特异的和非特异性的抗肿瘤免疫反应，它们包括 T 淋巴细胞及其亚群、B 细胞及其亚群、K 细胞、NK 细胞和 LAK 细胞等。

研究表明，当机体中出现一定量瘤细胞时，就会产生抗肿瘤免疫反应，因此在患瘤早期、肿瘤缓解期以及手术切除肿瘤后，免疫力加强；但肿瘤增殖到一定程度，由于肿瘤可分泌多种免疫抑制物质（因子），因此多数患者为免疫无能（免疫抑制）。近年来对此已做了大量研究，现已可以应用若干治疗方法以排除这种免疫抑制的根源，以此来加强患者免疫细胞对肿瘤的反应。

（二）免疫细胞的功能机制

机体的淋巴细胞能识别肿瘤细胞并对它发生免疫反应。实验证明这种免疫反应大多是属于细胞毒活性，它可分为以下三种：

（1）用化学致癌物诱发小鼠形成纤维肉瘤，把这些肉瘤细胞放在体外的培养系统中，加上抗小鼠纤维肉瘤的抗体后，再与正常的免疫效应细胞（如 NK 细胞、中性粒细胞和巨噬细胞等）一起培养，可以使肉瘤细胞溶解。这称为抗体依赖性细胞介导毒作用（ADCC）。这是由于上述免疫效应细胞表面带有 IgG 型 Fc 段的受体，因此能与已经和瘤细胞抗原相结合的 IgG 型抗体 Fc 段结合而发挥细胞毒的杀伤作用。效应一旦通过抗体而识别肿瘤时，即可分泌细胞毒因子（如穿孔素）或肿瘤坏死因子等来杀伤瘤细胞。

（2）T 淋巴细胞的细胞毒作用，发挥细胞毒作用的是一类细胞毒 T 细胞（CTL），这类细胞具有高度的特异性，只杀伤表面带有特异抗原和相应组织相融性抗原复合体（MHC）的瘤细胞。这是因为 CTL 细胞表面具有特异性抗原受体，能与带有相应抗原的瘤细胞相结合。它杀伤肿瘤细胞的机理目前认为主要是通过释放多种介质和因子来实现。如穿孔素（又称溶细胞素），当 CTL 与瘤细胞相结合时，CTL 即可把含有穿孔素的颗粒从细胞中排出，穿孔素即从颗粒中释放出来，在有钙离子的条件下，12～16 个穿孔素分子就可在瘤细胞膜上聚集形成管状并插入到细胞膜中，这样一来瘤细胞就被管状的穿孔素打成无数个小孔，最后终于导致细胞溶解。CTL 还可分泌多种丝氨酸酯酶，这种酶能活化穿孔素而促进杀伤作用。此外，CTL 还可分泌淋巴毒素（又称为肿瘤坏死因子 - β）它可直接杀伤瘤细胞。

（3）巨噬细胞。巨噬细胞是一种多潜能细胞，它可通过多种途径破坏体内的肿瘤细胞。首先巨噬细胞可吞噬肿瘤细胞，即使在较大的肿瘤块中，只要抵抗力正常，仍然有大量巨噬细胞浸润，其浸润程度与肿瘤的转移、扩散有密切的关系。其次巨噬细胞可被多种非特异性因子，如卡介苗、短小棒状杆菌、多种细菌内毒素及某些中药的多糖等所激活。活化的巨噬细胞有较强的清除肿瘤细胞的能力。近年来，又可用种种免疫方法，特异地激活巨噬细胞来破坏肿瘤，并能从特异免疫的机体中分离出特异性巨噬细胞"武装因子"，这种武装因子一旦与巨噬细胞结合，就获得特异性的杀伤肿瘤细胞的能力。此外，巨噬细胞还能和肿瘤特异性抗体结合，通过 ADCC 的作用来杀伤肿瘤细胞。由于巨噬细胞对肿瘤有上述的作用。因此有人提出活化巨噬细胞在机体肿瘤监视功能中起着重要作用。

在人体的一生中，经常反复地暴露在会有潜在致癌因子的空气、饮食、日光、放射给以及人为的自然环境中，因此机体既受到危害，又与之斗争。

据估计人体总共有 10 至 14 万亿个体细胞，体细胞偶然可自发或由于上述各种致癌因子的作用发生基因变化一即基因突变。突变分子的生物学基础是使细胞遗传物质—DNA的化学结构受到损伤，即组成的 DNA 的碱基出现损伤、单链 DNA 或双链 DNA 断裂、DNA 链间和链内的交联，蛋白质与 DNA 的交联或嵌入，DNA 病毒（如多瘤病毒）到达宿主细胞，可整合到细胞 DNA 基因组（染色体）内等等。研究表明，机体每天约有几百万个细胞发生突变。这些细胞突变，一部分可经 DNA 的自我修复而恢复正常，一部分则自我死亡，到最后只有少数突变细胞在一定条件下才转变成癌。所以肿瘤的发生是一个多因子、多步骤的生物学过程，它的发展可分为致癌、促癌、和癌的演进三个不同而又连续的过程。

研究表明，细胞恶变时在它的表面就会出现新的抗原，它可被免疫系统细胞识别出它们是"非已"的细胞，从而调动免疫细胞进行防御直到最后消灭肿瘤细胞，机体中免疫细胞的这种功能，就叫作"免疫监视"。它类似于社会的治安，对于新生的那些"盗、贼和敌对分子"，我们体内的公安、安全系统就会对他们进行严密的监视，因而可将其消灭于萌芽状态。因此健康的机体是不会随便滋生出肿瘤的。但也难免使一些正在恶变的细胞，它逃脱了免疫监视而"潜伏"下来，并转移到别处。在那里潜伏几年甚至十几年后，一旦机体健康免疫功能降低，它就乘机而起，直至罹患肿瘤而不自知。

那么肿瘤细胞是怎样逃脱细胞免疫监视的呢？肿瘤逃脱免疫监视的原因十分复杂。根据现有的研究资料表明，主要是由于：①就肿瘤本身而言，肿瘤所表达的抗原发生突变或者不表达，这样就使 CTL 失去了瘤细胞的识别和杀伤，从而逃避了机体的免疫监视，此外还表现于肿瘤相关抗原的丢失，如癌胚抗原从瘤细胞上脱落进入血液而免疫活性细胞无法识别。②肿瘤细胞表面的组织相容性抗原（MHC）分子往往表达低下或不表达。由于肿瘤抗原只有在和 MHC 分子结合才能被免疫细胞所识别，因此丢失 MHC 分子的肿瘤亦可逃避免疫监视而生存。③肿瘤诱发的免疫抑制被认为是肿瘤免疫监视的主要因素之一。已知肿瘤可诱发产生抑制性淋巴细胞、抑制性巨噬细胞以及抑制性自然杀伤细胞等。同时还产生前列腺素 E2（PGE2）、转化生长因子 β（TGF-β）等多种免疫抑制因子使免疫系统的功能受到抑制。

值得注意的是：不同肿瘤往往可通过不同的机制来逃避免疫监视，因此我们应采取各种不同的对策来增强体质，既要防止细胞突变，促进免疫监视功能，又要为减少肿瘤的转移和复发而努力。

目前已在动物自发性肿瘤和人类肿瘤细胞表面都发现了肿瘤抗原。为了叙述方便，一般将肿瘤抗原进行分类，下面介绍两种对抗肿瘤抗原分类方法。

（三）根据肿瘤抗原特异性的分类法

1. 肿瘤特异抗原

肿瘤特异抗原（tumorspecificantigen TSA）是指只存在于某种肿瘤细胞表面而不存在于正常细胞的新抗原。这类抗原是通过近交系小鼠间进行肿瘤移植的方法证明的实验过程，先用化学致癌剂甲基胆蒽（methyl-cholanthrene，MCA）诱发小鼠皮肤发生内瘤，当肉瘤生长至一定大小时，予以手术切除。将此切除的肿瘤移植给正常同系小鼠后可生长出肿瘤。但是，将此肿瘤植回原来经手术切除肿瘤的小鼠，则不发生肿瘤，表明该肿瘤具有可诱导机体产生免疫排斥反应的抗原。鉴于此类抗原一般是通过动物肿瘤移植排斥实验所证实，故又称为肿瘤特异移植抗原（tymor spicific transplantationantigen，TSTA）或肿瘤排斥抗原（tumor rejection antigen，TRA）。

以往曾对人肿瘤细胞是否有特异抗原（tumor specific antigen，TSA）存在争议，但最近已在人黑色素瘤等肿瘤细胞表面证实了存在这类 TSA。它是一个静止基因活化的产物，以 9 个氨基酸的短肽或与 HLA-A1 分子共表达于某些黑色素瘤细胞表面，称为 MAGE-1，它是第一个证实并清楚其结构的人肿瘤特异抗原。TSA 只能被 CD8$^+$CTL 所识别，而不能被 B 细胞识别，因此是诱发 T 细胞免疫应答的主要肿瘤抗原。

2. 肿瘤相关抗原

肿瘤相关抗原（tumor-associated antigen，TAA）是指一些肿瘤细胞表面糖蛋白或糖脂成分，它们在正常细胞上有微量表达，但在肿瘤细胞表达明显增高。此类抗原一般可被 B 细胞识别并产生相应的抗体。

（四）根据肿瘤发生的分类法

1. 化学或物理因素诱发的肿瘤抗原

实验动物的研究证明，某些化学致癌剂或物理因素可诱发肿瘤，这些肿瘤抗原的特点是特异性高而抗原性较弱，常表现出明显的个体独特性。即用同一化学致癌剂或同一物理方法如紫外线、X 射线等诱发的肿瘤，在不同的宿主体内，甚至在同一宿主不同部位诱发肿瘤都具有互不相同的抗原性。由于人类很少暴露于这种强烈化学、物理的诱发环境中，因此大多数人肿瘤抗原不是这种抗原。

2. 病毒诱发的肿瘤抗原

实验动物及人肿瘤的研究证明，肿瘤可由病毒引起，例如 EB 病毒（EBV）与 B 淋巴细胞瘤和鼻咽癌的发生有关；有乳头状瘤病毒（HPV）与人宫颈癌的发生有关。EBV 和 HPV 均属于 NDA 病毒，而属于 RNA 病毒的人嗜 T 细胞病毒（HTLV-1）可导致成人 T 细胞白血病（ATL）。同一种病毒诱发的不同类型肿瘤（无论其组织来源或动物种类如何不同），均可表达相同的抗原且具有较强的抗原性。动物实验研究已发现了几种病毒基因编码的抗原，例如 SV40 病毒转化细胞表达的 T 抗原和人腺病毒诱发肿瘤表达的 ELA 抗原。

3. 自发肿瘤抗原

自发性肿瘤是指一些无明确诱发因素的肿瘤。大多数人类肿瘤属于这一类。自发肿瘤的抗原有二种：一种是 TAA；另一种是 TST。TAA 被 B 细胞识别诱发体液免疫应答，TsA 被 $CD8^+CTL$ 识别，诱发细胞免疫应答。目前已证明小鼠自发肿瘤和人肿瘤细胞表面具有肿瘤特异性抗原。

4. 胚胎抗原

胚胎抗原是在胚胎发育阶段由胚胎组织产生的正常成分，在胚胎后期减少，出生后逐渐消失，或仅存留极微量。当细胞恶性变时，此类抗原可重新合成。胚胎抗原可分为两种，一种是分泌性抗原，由肿瘤细胞产生和释放，如肝细胞癌变时产生的甲胎蛋白（alphafetoprotein，AFP），另一种是与肿瘤细胞膜有关的抗原，疏松地结合在细胞膜表面，容易脱落，如结肠癌细胞产生癌胚抗原（carcinoembryonic antigen，CEA）。AFP 和 CEA 是人类肿瘤中研究得最为深入的两种胚胎抗原，它们抗原性均很弱，因为曾在胚胎期出现过，宿主对之已形成免疫耐受性，因此不能引起宿主免疫系统对这种抗原的免疫应答。但作为一种肿瘤标志，通过检测肿瘤患者血清中 AFP 和 CEA 的水平，分别有助于肝癌和结肠癌的诊断。

三、机体抗肿瘤免疫的机制

机体的免疫功能与肿瘤的发生有密切关系，当宿主免疫功能低下或受抑制时，肿瘤发生率增高。

正常机体每天有许多细胞可能发生突变，并产生有恶性表型的瘤细胞，但一般都不会发生肿瘤，对此，Burner 提出了免疫监视学说，认为机体免疫系统通过细胞免疫机制能识别并特异地杀伤突变细胞，使突变细胞在未形成肿瘤之前即被清除。但当机体免疫监视功能不能清除突变细胞时，则可形成肿瘤。目前认为，机体的免疫监视，而在机体内不断生长的，目前尚无完全令人满意的解释。

肿瘤发生后，机体可通过免疫效应机制发挥抗肿瘤作用。机体抗肿瘤免疫的机制包括细胞免疫和体液免疫两方面，这两种机制不是孤立存在和单独发挥作用的，它们相互协作共同杀伤肿瘤细胞，一般认为，细胞免疫是抗肿瘤免疫的主要方式，体液免疫通常仅在某些情况下起协同作用。对于大多数免疫原性强的肿瘤，特异性免疫应答是主要的，而对于免疫原性弱肿瘤，非特异性免疫应答可能具有更主要的意义。

（一）体液免疫机制

抗肿瘤抗体虽然可通过以下几种方式发挥作用，但总体来说，抗体并不是抗肿瘤的重要因素。

1. 激活补体系统溶解肿瘤细胞

细胞毒性抗体（IgM）和某些 IgG 亚类（IgG1、IgG3）与肿瘤细胞结合后，可在补体参与下，溶解肿瘤细胞。

2.抗体依赖性细胞介导的细胞毒作用

IgG 类抗体能使多种效应细胞如巨噬细胞、NK 细胞、中性粒细胞等发挥 ADCC 效应，使肿瘤细胞溶解。该类细胞介导型抗体比上述的补体依赖的细胞毒抗体产生快、在肿瘤形成早期即可在血清中检出。

3.抗体的调理作用

吞噬细胞可通过其面 Fc 受体而增强吞噬结合了抗体的肿瘤细胞，具有这种调理作用的抗体是 IgG 类。

4.抗体封闭肿瘤细胞上的某些受体

例如转铁蛋白可促进某些肿瘤细胞的生长，其抗体可通过封闭转铁蛋白受体，阻碍其功能，从而抑制肿瘤细胞的生长。

5.抗体使肿瘤细胞的黏附特性改变或丧失

抗体与肿瘤细胞抗原结合后，可修饰其表面结构，使肿瘤细胞黏附特性发生改变甚至丧失，从而有助于控制肿瘤细胞的生长的转移。

（二）细胞免疫机制

细胞免疫比体液免疫在抗肿瘤效应中发挥着更重要的作用。除了下述几种在细胞免疫机制中起作用的效应细胞外，目前认为中性粒细胞，嗜酸性粒细胞也参与抗肿瘤作用。

1.T 细胞

在控制具有免疫性肿瘤细胞的生长中，T 细胞介导的免疫应答反应起重要作用。抗原致敏的 T 细胞只能特异地杀伤、溶解带有相应抗原的肿瘤细胞，并受 MHC 限制。可包括 MHC Ⅰ类抗原限制的 $CD8^+$ 细胞毒性 T 细胞（CTL）和 MHC Ⅱ类抗原限制的 $CD4^+$ 辅助性 T 细胞（TH）。若要诱导、激活 T 细胞介导的抗肿瘤免疫反应，肿瘤抗原须在细胞内加工成肿瘤肽，然后与 MHC Ⅰ类分子结合共表达于肿瘤细胞表面，而被 $CD8^+CTL$ 识别。或者先从肿瘤细胞上脱落下，然后由抗原呈递细胞（APC）摄取，加工成多肽分子，再由细胞表面的 MHC Ⅱ类抗原分子呈递给 $CD4^+TH$ 细胞。目前认为，激活 T 细胞需要双重信号刺激，T 细胞抗原受体与肿瘤抗结合后，提供 T 细胞活化的第一信号，由 APC 上的某些分子如细胞间黏附分子（intercellular adhesionmolecules，ICAMs）、淋巴细胞功能相关抗原 3（lymphocytefunction associatedantigen3，LFA-3）、血管细胞黏附分子（vascular cell adhesion molecule-1VCAM-1）、B7 等与 T 细胞上相应的受体结合后，可向 T 细胞提供活化的第二信号。在提供 T 细胞活化的膜分子中，B7 分子研究得较清楚。B7 可与 T 细胞上的相应受体即 CD28/CTLA-4 相结合，B7 起到与抗原共同刺激 T 细胞的作用。由于肿瘤细胞虽可表达 MHC Ⅰ类抗原分子，但缺乏 B7 分子，故不能有效地激活 T 细胞介导的抗肿瘤免疫。$CD8^+CTL$ 杀伤肿瘤细胞的机制有二：一是通过其抗原受体识别肿细胞上的特异性抗原，并在 TH 细胞的辅助下活化后直接杀伤肿瘤细胞；二是活化的 CTL 可分

泌淋巴因子如 γ 干扰素、淋巴毒素等间接地杀伤肿瘤细胞。CD4⁺T 可产生淋巴因子增强 CTL 的功能并可激活巨噬细胞或其他 APC，从而参与抗肿瘤作用。

2. NK 细胞

NK 细胞是细胞免疫中的非特异性成分，它不需预先致敏即能杀伤肿瘤细胞，其杀伤作用无肿瘤特异性和 MHC 限制性。NK 细胞是一类在肿瘤早期起作用的效应细胞，是机体抗肿瘤的第一道防线。

自然细胞毒细胞（natural cytototxic cell，NC）是另一类在功能、表面标志、杀瘤细胞谱方面与 NK 细胞有所不同的抗肿瘤效应细胞，在体内抗肿瘤免疫效应中也起一定作用。

3. 巨噬细胞

巨噬细胞在抗肿瘤免疫中不仅是作为呈递抗原的 APC，而且也是参与杀伤肿瘤的效应细胞。体内注射选择性的巨噬细胞抑制剂，如硅石或抗巨噬细胞血清，能加速机体内肿瘤生长；而使用卡介苗或短小棒状杆菌等使巨噬细胞激活，则肿瘤生长受到抑制，肿瘤转移亦减少。病理活检的资料表明，病人的肿瘤组织周围若有明显的巨噬细胞浸润，肿瘤转移扩散的发生率较低，预后也较好；反之，肿瘤转移扩散率高，预后较差。巨噬细胞杀伤肿瘤细胞的机制有以下几个方面：①活化的巨噬细胞与肿瘤细胞结合后，通过释放溶细胞酶直接杀伤肿瘤细胞；②处理和呈递肿瘤抗原，激活 T 细胞以产生特异性抗肿瘤细胞免疫应答；③巨噬细胞表面上有 Fc 受体，可通过特异性抗体介导 ADCC 效应杀伤肿瘤细胞；④活化的巨噬细胞可分泌肿瘤坏死亡因子（TNF）等细胞毒性因子间接杀伤肿瘤细胞。

第五节　肿瘤标志物

一、肿瘤标志物的发展概况

在世界上首先报告肿瘤标志物的是 1846 年由 Bence-Jones 发现在尿中有一种随温度变化而改变成凝溶状态的蛋白质，后经证实这是患有多发性骨髓瘤病人的浆细胞所产生，由尿液排泄的蛋白质，并被命名为 B-J 蛋白。100 多年后，人们对这种蛋白质又有了新的认识，其本质是免疫球蛋白的轻链部分，除了在尿液，也可在血清中利用电泳技术将其检测。现已分别检测出多发性骨髓瘤患者浆细胞所分泌的全部的"单克隆系"免疫球蛋白。B-J 蛋白的发现，开创了肿瘤标志物的新时期，故常将这一年代称为肿瘤标志物的开创期，或称肿瘤标志物的第一阶段。

第二阶段从 1928 年到 1963 年，在这段期间发现了与肿瘤相关的标志物，包括激素、同工酶、蛋白质。但是这些标志物的应用，特别是肿瘤所表达的这些物质的理化特性，经过相当的一段时间后，才被人们逐渐认识。尤其是在 1963 年至 1969 年期间，即第三阶段中发现并证实，在肿瘤的所产生的蛋白质物质中，某些胎儿期蛋白在肿瘤状态时重新出现，从而认为对这种胎儿蛋白的检测，十分有利于对肿瘤的诊断。第四阶段是 1975 年起，发现了单克隆抗体，并在肿瘤细胞系中获得了肿瘤抗原和成功地使用癌胚胎抗原臂如 CA125、CA153、CA549 等。近年来，随着分子遗传学的理论和技术的发展，分子探针的使用，单克隆抗体的筛选成功，基因的定位，包括肿瘤基因和抑癌基因的测定，使肿瘤标志物的检测的内容更广，技术更先进。

二、肿瘤标志物的定义

所谓肿瘤标志物，指在肿瘤发生和增殖过程中，由肿瘤细胞生物合成、释放或者是宿主对癌类反应性的一类物质。这类物质可能是循环物质，可在细胞、组织或体液中出现，人们能利用化学、免疫和分子生物学等技术对血液或分泌物进行定性或定量地检测。通过对这类物质的分析，能帮助人们从正常组织中区别肿瘤或测定肿瘤细胞核、细胞质以及对细胞膜上的特性进行分析，以此作为辨认肿瘤细胞的标志。近年来，分子生物学技术的发展，通过对细胞基因的遗传和表达物质的检测，为研究肿瘤的发生机制以及肿瘤的筛选及早期诊断提供了可靠的标志性的依据。

根据肿瘤标志物的来源以及它的特异性，大致可分为两大类。只是一种肿瘤所产生的特异性物质，称之为该肿瘤的特异性标志物。例如前列腺特异性抗原（PSA）就是前列腺肿瘤所产生的特异性标志物质，只有患前列腺癌时，PSA 才会显著性升高。但更多的肿瘤标志物，则是在一类组织类型的相似而性质不同的肿瘤发生时，其含量会有较大的变化，一般称这类物质为肿瘤辅助标志物。这类标志物往往易同良性肿瘤或正常组织发生混淆。但在肿瘤发生时，这类标志物的含量要明显高出良性肿瘤或正常组织。

三、肿瘤标志物的分类

近年来，由于医学检测水平的提高，与肿瘤相关的标志性物质不断地被发现。但是肿瘤标志物的来源和性质非常复杂，所以至今还未有一个统一的肿瘤标志物的分类方法，综合各种专业书籍以及学术报告，肿瘤标导物分类大致有两种：其一按肿瘤标志物的来源，第二是按肿瘤标志物本身的化学特性。本章是按后者的分类进行介绍，主要包括：①肿瘤胚胎性抗原标志物；②糖类标志物；③酶类标志物；④激素类标志物；⑤蛋白质类标志物；⑥基因类标志物。

四、肿瘤标志物的临床应用

近年来，肿瘤标志物在临床上已得到较广泛的应用，作为一种良好的肿瘤标志物应该具有下列条件：①标志物的含量变化应与肿瘤的生长、消退、转移有直接的定性或定量的比例关系；②标志物应具有较高的特异性，能比较明显地区别于正常人群和良性肿瘤，但一般的情况下，酶的活性在普通疾病及良性肿瘤状态也会变化，易对肿瘤诊断造成混淆；③检测这类标志物的方法简便，易推广，而且成本较低。尽管目前的标志物或多或少的存在一些遗憾，但是随着检测技术的发展，方法学的改进，特别是标志物项目的增加，结合各种项目检测的微量的变化，经综合评价，为人群的筛选、临床诊断、预后观察以及肿瘤复发、转移评价带来较为有力的证据。这些年来，随着肿瘤标志物与临床诊断的符合率的增加，不少标志物已逐渐成为肿瘤检测中可依赖的指标。

五、常见的肿瘤标志物及其应用评价

肿瘤标志物经过一百多年的发展历史，尽管至今为止，具有明确诊断作用的标志物不是很多，但有不少标志物经过临床实践已被大家熟悉和应用。

（一）肿瘤胚胎性抗原标志物

在人类发育过程中，许多原本只在胎盘期才具有蛋白类物质，应随胎儿的出生而逐渐停止合成和分泌，但因某种因素的影响，特别是肿瘤状态时，会使得机体一些"关闭"的基因激活，出现了返祖现象，而重新开启并重新生成和分泌这些胚胎、胎儿期的蛋白。

这类蛋白虽然与肿瘤组织不一定都具有特定的相关性，但与肿瘤的发生存在着内在的联系，故被作为一种较为常见的肿瘤标志物。

1. 癌胚抗原（carcino embryonic antigen，CEA）

癌胚抗原是 1965 年 Gold 和 Freedman 首先从胎儿及结肠癌组织中发现的，CEA 是一种分子量为 22ku 的多糖蛋白复合物，45% 为蛋白质。CEA 的编码基因位于 19 号染色体。一般情况下，CEA 是由胎儿胃肠道上皮组织、胰和肝的细胞所合成，通常在妊娠前 6 个月内 CEA 含量增高，出生后血清中含量已很低下，健康成年人血清中 CEA 浓度小于 2.5 μg/L。

CEA 属于非器官特异性肿瘤相关抗原，分泌 CEA 的肿瘤大多位于空腔脏器，如胃肠道、呼吸道、泌尿道等。正常情况下，CEA 经胃肠道代谢，而肿瘤状态时的 CEA 则进入血和淋巴循环，引起血清 CEA 异常增高，使上述各种肿瘤患者的血清 CEA 均有增高。在临床上，当 CEA 大于 60 μg/L 时，可见于结肠癌、直肠癌、胃癌和肺癌。CEA 值升高，表明有病变残存或进展。如肺癌、乳腺癌、膀胱癌和卵巢癌患者血清 CEA 量会明显升高，大多显示为肿瘤浸润，其中约 70% 为转移性癌。一般来说，手术切除后 6 周，CEA 水平恢复正常，否则提示有残存肿瘤，若 CEA 浓度持续不断升高，或其数值超过正常 5~6 倍者均提示预后不良。连续随访定量检测血清 CEA 含量，对肿瘤病情判断更具有意义。

有报道在胃肠道恶性肿瘤患者体内存在着 CEA 的异质体，经等电聚焦电泳检测可显示 8~12 个 CEA 峰，已知其中三个峰为癌特异峰，称 CEA-S，其余可能属于正常的结肠交叉反应抗原簇或致癌过程中的其他过量产物。

除血液之外，其他生物液体，如胰液和胆汁内 CEA 定量可用于诊断胰腺或胆道癌；

浆液性渗出液的 CEA 定量可作为细胞学检查的辅助手段；尿液 CEA 定量可作为判断膀胱癌预后的参考。血清 CEA 定量结合甲状腺降钙素测定，有助于甲状腺髓样癌的诊断和复发的估计。

2. 甲胎蛋白（alpha-feto protein，AFP）

甲胎蛋白是 1956 年 Bergstrandh 和 Czar 在人胎儿血清中发现的一种专一性的甲种球蛋白。1963 年 G.I.Abelev 首先发现 AFP 主要是由胎盘层其次是卵黄囊合成，胃肠道黏膜和肾脏合成较少。1964 年 Tatarinov 发现肝细胞癌患者血清中检测到 AFP。AFP 是一种在电场中泳动于 α-球蛋白区的单一多聚体肽链的糖蛋白，其分子量平均为 70 ku，含糖 4%，AFP 的编码基因位于 4 号染色体 4q11~12，与血清蛋白、维生素 D 结合蛋白同属一大家族。近年来已发现了 AFP 的异质体。妊娠的妇女的血和尿中的 AFP 含量会持续增高，从妊娠 6 周开始合成，至 12~15 周达高峰。胎儿血浆中的 AFP 值可达到 3 mg/mL，随后即逐渐降低，出生后，AFP 合成很快受抑制，其含量降至 50 μg/L，周岁末婴儿的浓度接近成人水平，一般健康成人血浆 AFP 浓度低于 25 μg/L。

AFP 是原发性肝癌的最灵敏、最特异的肿瘤标志，血清 AFP 测定结果大于 500 μg/L 以上，或含量有不断增高者，更应高度警惕。肝癌患者血清 AFP 含量变化的速率和程度与肿瘤组织分化程度高低有一定相关性，分化程度较高的肿瘤 AFP 含量常大于 200 μg/L。

检测 AFP 的免疫学方法主要有免疫扩散电泳（火箭电泳）、γ-射线计数 125I 标记检测法和定性、定量酶免疫方法。用不同的植物凝集素可以检测和鉴别不同组织来源的 AFP 的异质体。如用小扁豆凝集素（LCA）亲和交叉免疫电泳自显影法，可以检测 LCA 结合型 AFP 异质体。

血清 AFP 含量的检测对其他肿瘤的监测亦有重要临床价值。如睾丸癌、畸胎瘤、胃癌、胰腺癌等患者血清 AFP 含量可以升高。某些非恶性肝脏病变，如病毒性肝炎、肝硬化，AFP 水平亦可升高，故必须通过动态观察 AFP 含量和 ALT 酶活性的变化予以鉴别诊断。

3. 胰胚胎抗原（pancreaticonc ofetal antigen，POA）

胰胚胎抗原是 1974 年 Banwo 等人自胎儿胰腺抽提出的抗原，1979 年被国际癌症生物学和医学会正式命名。POA 是一种糖蛋白，分子量为 40 ku，在血清中以分子量 900 ku 复合形式存在，但可降解为 40 ku。正常人群血清中 RIA 法测定小于 7 ku/L。

胰腺癌的 POA 的阳性率为 95%，其血清含量大于 20 ku/L，当肝癌、大肠癌、胃癌等恶性肿瘤时也会使 POA 升高，但阳性率较低。

（二）糖类抗原标志物

肿瘤标志物相关物质是指由肿瘤细胞表面的抗原物质或者是肿瘤细胞所分泌的物质，这类物质又是单克隆抗体，故又称为糖类抗原（carbohydrateantigen，CA）。这类标志物出现为临床肿瘤的诊断带来方便，糖类抗原标志物产生又可分为两大类，为高分子粘蛋白类和血型类抗原。

这类抗原标志物的命名是没有规律的，有些是肿瘤细胞株的编号，有些是抗体的物质编号，常用检测方法是单克隆抗体法，有的还同时用两种不同位点的单抗做成双位点固相酶免疫法，这些比一般化学法测定的特异性有很大的提高。而对一些糖类抗原的异质体，则通常用不同的植物凝集素来进行分离检测。

1. CA125

1983 年由 Bast 等从上皮性卵巢癌抗原检测出可被单克隆抗体 OC125 结合的一种糖蛋白。分子量为 200 ku，加热至 100℃时 CA125 的活性破坏，正常人血清 CA125 中的（RIA）阳性临界值为 35 ku/L。

CA125 是上皮性卵巢癌和子宫内膜癌的标志物，浆液性子宫内膜样癌、透明细胞癌、输卵管癌及未分化卵巢癌患者的 CA125 含量可明显升高。当卵巢癌复发时，在临床确诊前几个月便可呈现 CA125 增高，尤其卵巢癌转移患者的血清 CA125 更明显高于正常参考值。CA125 测定和盆腔检查的结合可提高试验的特异性。动态观察血清 CA125 浓度有助于卵巢癌的预后评价和治疗控制，经治疗后，CA125 含量可明显下降，若不能恢复至正常范围，应考虑有残存肿瘤的可能。95% 的残存肿瘤患者的血清 CA125 浓度大于 35 ku/L。然而，CA125 血清浓度轻微上升还见于 1% 健康妇女，3%~6% 良性卵巢疾患或非肿瘤患者，包括孕期起始 3 个月、行经期、子宫内膜异位、子宫纤维变性、急性输卵管炎、肝病、胸腹膜和心包感染等。

2. CA15-3

CA15-3 是 1984 年 Hilkens 等从人乳脂肪球膜上糖蛋白 MAM-6 制成的小鼠单克隆抗体（115-DB）；1984 年 Kufu 等自肝转移乳腺癌细胞膜制成单克隆抗体（DF-3），故被命名为 CA15-3。CA15-3 分子量为 400 ku，分子结构尚未清楚。正常健康者血清 CA15-3 含量（RIA 法）小于 28 ku/L。

30%~50% 是乳腺癌患者的 CA15-3 明显升高，它也是监测乳腺癌患者术后复发的最佳指标，当 CA15-3 大于 100 ku/L 时，可认为有转移性病变，其含量的变化与治疗结果密切相关。肺癌、胃肠癌、卵巢癌及宫颈癌患者的血清 CA15-3 也可升高，应予以鉴别，特别要排除部分妊娠引起的含量升高。

3. CA19-9

CA19-9 是 1979 年 Koprowski 等用结肠癌细胞免疫小鼠，并与骨髓瘤杂交所得 116NS19-9 单克隆抗体，它是一种分子量为 5 000 ku 的低聚糖类肿瘤相关糖类抗原，其结构为 Lea 血型抗原物质与唾液酸 Lexa 的结合物。正常人群的 CA19-9 血清含量为（RIA 法）2-16 ku/L。

CA19-9 是胰腺癌和结、直肠癌的标志物。血清 CA19-9 阳性的临界值为 37 ku/L。胰腺癌患者 85%~95% 为阳性。当 CA19-9 小于 1 000 ku/L 时，有一定的手术意义，肿瘤切除后 CA19-9 浓度会下降，如再上升，则可表示复发。结直肠癌、胆囊癌、胆管癌、肝癌和胃癌的阳性率也会很高，若同时检测 CEA 和 AFP 可进一步提高阳性检测率。良性疾患时如胰腺炎和黄疸，CA19-9 浓度也可增高，但往往呈"一过性"，而且其浓度多低于 120 ku/L，必须加以鉴别。

4. CA50

CA50 是 1983 年 Lindholm 等从抗人结、直肠癌 Colo-205 细胞株的一系列单克隆抗体中筛选出的一株对结、直肠癌有强烈反应，但不与骨髓瘤细胞及血淋巴细胞反应的单克隆抗体，所能识别的抗原称 CA50。Ca50 存在于细胞膜内，其抗原决定簇为唾液酸 Lea 血型物质与唾液酸 -N- 四氧神经酰胺。在正常人群，CA50 血清浓度（RIA 法）小于 20 ku/L。

一般认为，CA50 是胰腺和结、直肠癌的标志物，因 CA50 广泛存在胰腺、胆囊、肝、胃、结直肠、膀胱、子宫，当细胞恶变时，由于糖基转化酶的失活或胚胎期才能活跃的某些转化酶被激活，造成细胞表面糖类结构性质改变而形成 CA50，因此，它又是一种普遍的肿瘤标志相关抗原，而不是特指某个器官的肿瘤标志物。所以在多种恶性肿瘤中可检出不同的阳性率。1983 年，建立了放射免疫分析法，1987 年应用 CA50 单抗，在国内建立了 IRMA 技术用于肿瘤的早期诊断，胰腺癌、胆囊癌的阳性检测率达 90%，对肝癌、胃癌、结直肠癌及卵巢肿瘤诊断亦有较高价值，在胰腺炎、结肠炎和肺炎发病时，CA50 也会升高，但随炎症消除而下降。

（三）酶类标志物

酶及同工酶是最早出现和使用的肿瘤标志物之一。肿瘤状态时，机体的酶活力就会发生较大变化，这是因为：①肿瘤细胞或组织本身诱导其他细胞和组织产生异常含量的酶；②肿瘤细胞的代谢旺盛，细胞通透性增加，使得肿瘤细胞内的酶进入血液，或因肿瘤使得某些器官功能不良，导致各种酶的灭活和排泄障碍；③肿瘤组织压迫某些空腔而使某些通过这些空腔排出的酶返流回血液。

在肿瘤标志酶中根据来源可将其分为两类：①组织特异性酶，因组织损伤或变化而使储存在细胞中的酶释放，如前列腺特异性抗原等；②非组织特异性酶，主要是肿瘤细胞代谢加强。

特别是无氧酵解增强，大量酶释放到血液中，如己糖激酶等。

在酶标志物分析中，同工酶的分辨和检出是提高标志物临床应用的重要的环节，从目前所知的肿瘤标志同工酶可分为三大类型：①异位型同工酶：指某种瘤组织改变了自己的分泌特性，而去分泌表达了其他成年组织的同工酶的类型；②胚胎型同工酶，某些组织在肿瘤状态时，使酶的同工酶谱退化到胚胎时未分化状态，而分泌出大量的胚胎期的同工酶，这种变化往往与肿瘤的恶性程度成正比；③胎盘型同工酶，有些肿瘤组织会分泌出某些原属胎盘阶段的同工酶谱。从目前的资料分析，这类胎盘型同工酶已达 20 余种。酶的活性变化常常与组织器官的损伤有密切关系。在机体中，能造成酶活性变化的因素太复杂，从而使在诊断肿瘤时特异性受到很大影响。

1. 前列腺特异性抗原（prostate specific antigen，PSA）

1971 年，Hara 等首先发现 PSA 是由前列腺上皮细胞合成分泌至精液中，是精浆的主要成分之一；1979 由 Wang 等从前列腺肥大症患者的前列腺组织中分离出来的丝氨酸蛋白酶，分子量 34 ku，编码基因定位于 19q13，PSA 仅存在于前列腺上皮细胞的胞质、导管上皮和黏液内，具有糜蛋白酶样和胰蛋白酶的活性，PSA 在正常男性（RIA 法、EIA 法）含量小于 2.5 μg/L。

PSA 是前列腺癌的特异性标志物，也是目前少数器官特异性肿瘤标志物之一。前列腺癌是男性泌尿系统的主要囊性肿瘤，血清 PSA 定量的阳性临界值为大于 10 μg/L，前列腺癌的诊断特异性达 90%～97%。

血清 PSA 除了作为检测和早期发现前列腺癌，还可用于治疗后的监控，90% 术后患者的血清 PSA 值可降至不能检出的痕量水平，若术后血清 PSA 值升高，提示有残存肿瘤。放疗后疗效显著者，50% 以上患者在 2 个月内血清 PSA 降至正常。

2. α-L 岩藻糖苷酶（α-L-fucosidase，AFU）

1980 年由 Deugnier 等首先在 3 例原发性肝癌患者血清中发现 AFU 活性升高。AFU 是存在于血清中的一种溶酶体酸性水解酶，分子量 230 ku，单个亚基分子量 50 ku。AFU 正常参考值（化学法）为（324±90）μmol/L。

AFU 是原发性肝癌的一种新的诊断标志物，广泛分布于人体组织细胞、血液和体液中，参与体内糖蛋白、糖脂和寡糖的代谢。原发性肝癌患者血清 AFU 活力显著高于其他各类疾患（包括良、恶性肿瘤）。虽然 AFU 升高的机制不甚明了，但可能有以下几种：①肝细胞和肿瘤细胞的坏死使溶酶体大量释放入血；②正常肝细胞的变性坏死可使摄取和清除糖苷酶的功能下降；③肿瘤细胞合成糖苷酶的功能亢进；④肿瘤细胞可能分泌某种抑制因子，抑制肝细胞对糖苷酶的清除能力或释放某些刺激因子，促进肝细胞或肿瘤细胞本身合成糖苷酶。总之，血清 AFU 活性升高可能是由多种因素综合作用的结果，是对原发性肝细胞性肝癌检测的又一敏感、特异的新标志物。

血清 AFU 活性动态曲线对判断肝癌治疗效果、估计预后和预报复发有着极其重要的意义，甚至优于 AFP。但是，值得提出的是，血清 AFU 活力测定在某些转移性肝癌、肺癌、乳腺癌、卵巢或子宫癌之间有一些重叠，甚至在某些非肿瘤性疾患如肝硬化、慢性肝炎和消化道出血等也有轻度升高，在使用 AFU 时应与 AFP 同时测定，可提高原发性肝癌的诊断率，有较好的互补作用。

现发现 AFU 在用琼脂糖凝胶等电聚焦电泳分析时存在 8 种不同等电点的同工酶，其范围在 3.5～6.5 之间，正常人的 AFU 同工酶有两种类型：低峰值型和Ⅳ主峰型。乙型肝炎患者出现 3 种 AFU 同工酶谱：Ⅷ主峰型，Ⅳ、Ⅷ双峰型和Ⅳ主峰、Ⅴ次峰型。原发性肝癌患者血清 AFU 同工酶变化复杂，有 5 种类型：低峰值型，Ⅳ、Ⅴ双峰型，Ⅲ、Ⅳ双峰型，Ⅴ型和Ⅵ型。根据各自的峰型特点，AFU 同工酶对正常人、肝炎和原发性肝癌患者的鉴别诊断具有一定的临床应用价值。

3. 神经元特异性烯醇化酶（neuron-specific enolase，NSE）

烯醇化酶是催化糖原酵途径中甘油分解的最后的酶。由 3 个独立的基因片段编码 3 种免疫学性质不同的亚基 α、β、γ，组成 5 种形式的同工酶 αα、ββ、γγ、αγ、βγ。二聚体是该酶分子的活性形式，γ 亚基同工酶存在于神经元和神经内分泌组织，称为 NSE。α 亚基同工酶定位于胶质细胞，称为非神经元特异性烯醇化酶（NNE）。NSE 和 NNE 的分子量分别为 78 ku 和 87 ku，正常参考范围为 $0.6 \sim 5.4\,\mu g/L$。

NSE 是神经母细胞瘤和小细胞肺癌的标记物。神经母细胞瘤是常见的儿童肿瘤，占 1 至 14 岁儿童肿瘤的 8%~10%。NSE 作为神经母细胞瘤的标志物，对该病的早期诊断具有较高的临床应用价值。神经母细胞瘤患者的尿中 NSE 水平也有一定升高，治疗后血清 NSE 水平降至正常。血清 NSF 水平的测定对于监测疗效和预报复发均具有重要参考价值，比测定尿液中儿茶酚胺的代谢物更有意义，小细胞肺癌（SCLC）是一种恶性程度高的神经内分泌系统肿瘤，约占肺癌的 25%~30%，它可表现神经内分泌细胞的特性，有过量的 NSE 表达，比其他肺癌和正常对照高 5 倍~10 倍以上。SCLC 患者血清 NSE 检出的阳性率可高达 65%~100%，目前已公认为 NSE 可作为 SCLC 高特异性、高灵敏性的肿瘤标志物，有报道，NSE 水平与 SCLC 转移程度相关，但与转移的部位无关，NSE 水平与其对治疗的反应性之间也有一个良好的相关性。

（四）激素类标志物

激素是一类由特异的内分泌腺体或散在体内的分泌细胞所产生的生物活性物质，当这类具有分泌激素功能的细胞癌变时，就会使所分泌的激素量发生异常。常称这类激素为正位激素异常。而异位激素则是指在正常情况下不能生成激素的那些细胞，转化为肿瘤细胞后所产生的激素，或者是那些能产出激素的细胞癌变后，分泌出的是其他激素细胞所产生的激素。衡量异位激素的条件是：①有非内分泌腺细胞合成的激素；②某种内分泌细胞却分泌其他分泌腺细胞的激素；③肿瘤患者同时伴有分泌异常综合征；④这类肿瘤细胞在体外培养时也能产生激素；⑤肿瘤切除或经治疗肿瘤消退时，此种激素含量下降，内分泌综合征的症状改善。

一般来讲，异位激素的化学本质与正位激素相似，不同类型的恶性肿瘤可分泌不同种类的异生性激素或分泌出同一种的激素，而同一种肿瘤细胞可分泌一种或多种不同的异生性激素。这给检查带来了难度，常见的可分泌异生性激素的恶性肿瘤是肺未分化小细胞癌、神经外胚层肿瘤及类癌等。根据肿瘤状态、机体内的激素含量的变化，观察这些激素动态变化，无疑会给临床诊断带来标志性的依据。

1. 降钙素（calcitonin，CT）

CT 是由甲状腺滤泡细胞 C 细胞合成、分泌的一种单链多肽激素，故又称甲状腺降钙素，是由 32 个氨基酸组成，分子量 3.5 ku。CT 的前体物是一个由 136 个氨基酸残基组成大分子无活性激素原，分子量为 15 ku，可迅速水解成有活性的 CT，人类 CT 的半寿期只有 4~12 min，正常情况下它的靶器官是骨、肾和小肠，主要作用是抑制破骨细胞的生长，促进骨盐沉积，增加尿磷，降低血钙和血磷。放射免疫测定为常用方法，正常参考值为小于 100 ng/L。

目前，甲状腺髓样癌患者的 CT 一定会升高，因为降钙素的半寿期较短，所以降钙素可作为观察临床疗效的标志物。

肺癌、乳腺癌、胃肠道癌以及嗜铬细胞瘤患者可因高血钙或异位分泌而使血清CT增加，另外，肝癌和肝硬化患者也偶可出现血清 CT 增高。

2. 人绒毛膜促性腺激素（humanchorionic gonagotropin，hCG）

hCG 是由胎盘滋养层细胞所分泌的一类糖蛋白类激素，在正常妊娠妇女血中可以测出 hCG。hCG 有 α、β 两个亚基，α-亚基的分子量约为 13000，α-亚基的生物特性与卵泡刺激素（FSH）和黄体生成激素（LH）的 α-亚基相同。β-亚基的分子量约 15000，β-亚基为特异性链，可被单克隆抗体检测，也是一个较好的标志物。在每个亚基上有两条 N-糖链，其中 3/4 是复杂型双天线，1/4 是以单天线的形式出现。由此决定了各类 hCG 激素的生物特性。通常情况下，尿中的 hCG 的总量（ELISA 法）小于 30 μ g/L，血清 hCG 小于 10 μ g/L，β-hCG 小于 3.0 μ g/L。当胎盘绒毛膜细胞恶变为恶性葡萄胎后，hCG 会明显增高，这时 hCG 糖链结构有部分转为三天线和四天线的结构。当发生绒毛膜上皮癌后，除有三、四天线外，还出现更为异常的偏二天线的糖链结构，而且这些异常糖链结构具有与曼陀罗凝集素（DSA）特异的亲和力。正常情况下，结合率为 42.3%~72.4%，绒毛膜上皮癌的结合率为 53.5%~87.1%。hCG 还会在乳腺癌、睾丸癌、卵巢癌增高。当子宫内膜异位症、卵巢囊肿等非肿瘤状态时，hCG 也会增高。

3. 儿茶酚胺类及其衍生物

儿茶酚胺类激素是以其结构中均含儿茶酚又属于胺类而得名。正常情况下，它是由肾上腺髓质中的一些交感神经节纤维末梢终止髓质细胞（又称嗜铬细胞）产生和分泌，包括肾上腺素（E）、去甲肾上腺素（NE）和多巴胺（DA）等，它们既是激素又是神经递质。

（1）变肾上腺素（metanephrine）变肾上腺素是儿茶酚胺的甲氧化代谢产物，由于甲基化是在肝脏内微粒体中进行，而儿茶酚胺的形成都是在肾上腺髓质的嗜铬细胞及交感神经末梢处形成，所以，从检测尿中的变肾上腺素浓度可间接地了解儿茶酚胺的分泌。

目前使用高效液相的紫外检测仍是最为有效的方法之一，正常值为 0.30~1.50 μ mol/24 h 尿。变肾上腺素浓度增高是分泌型嗜铬细胞瘤的主要标志物，它比儿茶酚胺和香草扁桃酸更稳定。

（2）垂草扁桃酸（VMA）香草扁桃酸（3-甲氧-4羟苦杏仁酸，VMA）是肾上腺素和去甲肾上腺素经单胺氧化酶（MAO）和儿茶酚胺-0-甲基转移酶（COMT）的作用下，甲基化和脱氨基而产生的降解产物。VMA 主要是从尿中排出。

高效液相电化学检测是常用的方法，正常参考值随年龄增长而增加，成人为 5.0~35.0 μ mol/24 h 尿。

能合成儿茶酚胺类的肾上腺髓质的嗜铬细胞及交感神经细胞末梢，均源于胚胎期神经嵴，这两种组织含有相同的酶。一旦这类组织增殖，则尿中 VMA 就会增高，所以它常被认为是神经母细胞瘤、神经节瘤和嗜铬细胞瘤的标志物。

约有 70% 神经母细胞瘤的患者均有 VMA 增高，在 IV 期神经瘤患者 VMA/HVA 的比值可作为预后评价指标，在儿童的神经母细胞瘤患者中，VMA 也是一项重要指标。

VMA 又可作为嗜铬细胞瘤的诊断首选标志物，但有时增高程度不稳定，宜同时测定尿中儿茶酚胺和变肾上腺素。

（3）高香草酸（HVA）高香草酸（3- 甲氧 -4- 羟苯乙酸，HVA）是多巴胺的主要代谢产物，儿茶酚在肝脏内经羧化和氨基氧化而成。

常采用高效液相电化学检测方法，正常参考值与 VMA 相似，也随年龄增长而增加，成人为 $15 \sim 40 \mu mol/24h$ 尿。尿中 HVA 增加与多巴合成量有关。在神经母细胞瘤、儿童交感神经肿瘤时，常选用 HVA 作为诊断和随访的一种主要的标志物。

（五）其他蛋白质类标志物

蛋白质肿瘤标志是最早发现的标志物。在现有的标志物中，如 β2 微球蛋白、免疫球蛋白。一般来讲这类标志物特异性稍差，但检测方法相对比较容易，常作常规检测项目。

1. β2- 微球蛋（β2-microglobulin，β2m）

β2m 由 Berggard 和 Bearn 于 1996 年从肾脏患者尿中分离出的一种蛋白质，由于它的分子量仅为 1.2 ku，电泳时显于 β2m 区带，故被命名为 β2- 微球蛋白。β2m 是人体有核细胞产生的一种由 100 个氨基酸残基组成的单链多肽低分子蛋白。β2m 血中含量（RIA、EIA 法）正常参考范围为 $2.14 \sim 4.06 mg/L$，尿 β2m 为 $0.31 \pm 0.34 mg/L$；脑脊液 β2m 为 $1.16 \sim 1.38 mg/L$。

β2m 是恶性肿瘤的辅助标志物，也是一些肿瘤细胞上的肿瘤相关抗原。β2m 是人类白细胞抗原（HLA）的轻链部分，链内含有一对二硫键，β2m 与 HLA-A、B、C 抗原的重链非共价地相结合而存在于细胞膜上。一般认为除成熟红细胞和胎盘滋养层细胞外，其他细胞均含有 β2m。因此，起源于人体间质细胞上皮和造血系统的正常细胞和恶性细胞均能合成 β2m。它可从有核细胞中脱落进入血循环，使血液中的 β2m 升高。血清 β2m 不但可以在肾功能衰竭、多种血液系统疾病及炎症时升高，而且在多种疾病中均可增高，故应排除由于某些炎症性疾病或肾小球滤过功能减低所致的血清 β2m 增高。肿瘤患者血清 β2m 含量异常增高，在淋巴系统肿瘤如慢性淋巴细胞白血病、淋巴细胞肉瘤、多发性骨髓瘤等中尤为明显，在肺癌、乳腺癌、胃肠道癌及子宫颈癌等中也可见增高。由于在肿瘤早期，血清 β2m 可明显高于正常值，故有助于鉴别良、恶性口腔肿瘤。脑脊液中 β2m 的检测对脑膜白血病的诊断有特别的意义。

2. 铁蛋白（ferritin，Fer）

铁蛋白是 1884 年 Schmiedeber 所发现的水溶性铁贮存蛋白，1937 年被 Laufberger 命名为铁蛋白，1965 年 Richter 等从恶性肿瘤细胞株中分离出铁蛋白，并发现铁蛋白存在于各种组织和体液中。铁蛋白是一种脱铁蛋白组成的具有大分子（450 ku）结构的糖蛋白，由 24 个亚单位聚集而成，每个铁蛋白分子可贮存 4 500 个铁原子。正常血清中含量（RIA 法、EIA 法）男性为 20～250 μg/L，女性为 10～120 μg/L。

铁蛋白具有两个亚基，为肝脏型（L 型）和心脏型（H 型），不同比例的亚基聚合而成纯聚体和杂合体，可得到不同的同工铁蛋白图谱。在肿瘤状态时，酸性同分异构体铁蛋白增高，一般情况下与白血病、肺癌、乳腺癌有关，当肝癌时，AFP 测定值较低的情况下，可用铁蛋白测定值补充，以提高诊断率。在色素沉着、炎症、肝炎时铁蛋白也会升高。

3. 本周蛋白（Bence-Jones protein，BJP）

早在 1845 年由一位内科医生兼化学病理学家 Henry Bence Jones 首次描述了这种蛋白，它可被氨基水杨酸、三氯醋酸、硝酸和盐酸沉淀，加热到 45～60 ℃时，沉淀又再现，故又名为凝溶蛋白。1963 年，Schwary 和 Edelman 对骨髓瘤球蛋白轻链的胰蛋白酶水解产物和同一患者的本周蛋白进行比较，结果表明本周蛋白由完整的轻链组成，在大多数病例中，本周蛋白的沉淀系数为 3.6s，分子量为 45 000 u，属于游离轻链的双体，当沉淀系数为 1.8s 时，分子量为 22 500 u，多属于单体。

本周蛋白是多发性骨髓瘤的典型标志物，或称其为"免于球蛋白轻链"标志物。免疫球蛋白的轻链可分为 Kappa（κ-Ig）和 Lambda（λ-Ig）两类，然而，一个克隆的浆细胞中能产生两种轻链混存于单一抗体分子中。慢性淋巴瘤、骨肉瘤等均会引起本周蛋白阳性，肾病时也会阳性。目前用于检测本周蛋白的方法很多，如：①热沉淀：此种反应易受 pH 及多种理化因素影响，因此宜用 pH4.9 醋酸缓冲液调到恒定环境；②醋酸纤维薄膜电泳：可用清晨第一次尿，浓缩尿液 50 倍左右后，进行 CAM 电泳，经丽春红染色，BJP 区带在 α2-γ 区间可被显现；③聚丙烯酰胺溶胶电泳：是以聚丙烯酰胺凝胶作支持物的电泳技术，它是一种不连续的凝胶电泳，故能使蛋白质各组分被清楚地分开，BJP 呈现的位置与 CAME 相同；④非浓缩尿与银染技术：由 Shate 建立的一种不需浓缩尿的银染技术，提高了尿中 BJP 检测敏感性；⑤免疫电泳；⑥固定免疫电泳：它作为一种更为灵敏的筛选 BJP 方法，比一般免疫电泳灵敏度提高近 10 倍。

（六）肿瘤标志物的联合应用

用肿瘤标志物测定肿瘤在临床上已应用了许多年，为临床的诊断和疗效观察起了很多的作用，但在应用过程中，确实也存在着特异性不强、阳性率不高等不足。为了提高诊断的阳性差，临床上常将几项相关的标志物组成联合标志物组，同时对某一肿瘤进行检测，应用多变量分析的方法，提高临床的诊断的准确性。

1. 肺癌的诊断的标志物

CEA 是最早用于肺癌的诊断，特别对非小细胞肺癌的诊断有一定的意义。目前临床上常将 CEA 和总唾液酸蛋白（TSA）联合检测，可提高诊断的灵敏度和特异性。或 CEA 与降钙素以及 ACTH 联合检测能对治疗的效果提供依据。

在肺癌的基因检测中，往往以检测 P53 基因和 RB 基因的表达为主。

肺癌的肿瘤标志物的临床应用如能结合细胞学的检查，其价值就更大。

2. 乳腺癌的诊断的标志物

乳腺肿瘤的标志物有不少，最早使用的是 CEA、hCG、铁蛋白等。近年来，癌抗原物质的出现，特别是 CA153、CA549 标志物的检查为乳腺肿瘤的诊断带来一种较为可靠的依据。在基因检测方面，主要有 P53、C-erb-2 等。现有学者认为，乳腺肿瘤的患者的家族中存在着一种易感性的基因，这就是 BRCA1 和 BRCA2，这对早期诊断和发现乳腺肿瘤有一定的意义。

3. 肝癌的诊断标志物

到目前为止，AFP 仍然是肝癌诊断的最佳标志物，除此之外，还有 γ-GT、AFU、GGT-Ⅱ、RNAase 同工酶、AKP 同工酶、醛缩酶同工酶、β2-微球蛋白相关抗原等。在肝癌的检测中，以几项标志物协同使用，能提高诊断阳性率。

4. 胰腺癌的诊断标志物

胰腺癌的早期诊断比较困难，手术切除率低，从目前的胰腺癌的诊断标志物来看，CA19-9 是比较好的诊断标志物，其阳性值与肿瘤大小有一定的相关性。CA19-9 又可与 CA50 或与胰腺癌组织抗原一起，作为胰腺癌诊断的联合指标。

5. 卵巢癌的诊断标志物

从目前的卵巢癌的诊断的单个标志物来看，特异性不高。如能将几个标志物联合检测可提高诊断的阳性率。

现可组合的标志物有：CEA、hCG、SIEX、CA125、CA19-9 等单克隆抗体，在基因检测方面有 K-ras 癌基因等。

（七）基因类肿瘤标志物的进展及其临床应用

随着分子生物学的理论和技术的发展，癌基因和抑癌基因的检测已成为肿瘤临床诊断新一代的标志物。

正常细胞的生长与增殖是由两大类基因调控的，一类是正向调控信号，主要是起促进细胞生长和增殖，并且阻止其发生终末分化倾向，癌的基因起着这一方面的作用，另一类为负向调控信号，主要是使细胞成熟，促进终末分化，最后是细胞凋亡，抑癌基因则在这方面起作用。正常情况下这两类信号保持着动态平衡，十分精确地调控细胞增殖和成熟。一旦这两类信号中有一类信号过强或过弱均会使细胞生长失控而恶变。

1. 癌基因

癌基因或肿瘤基因是指在自然或实验条件下，具有潜在的诱导细胞恶性转化的基因。在研究反转录病毒时发现，将某些反转录病毒的基因片段嵌入细胞基因中，并使这些基因迅速地表达，结果是被嵌入的细胞呈恶性转变，特别是如果将这些反转录病毒进入正常细胞染色体 DNA 的特定部位，就能很快地改变这些连接部位的基因表达，而使细胞癌变。从目前的资料分析，引起细胞恶变功能的基因已达 30 余种。

2. ras 基因家族及其表达产物

1980 年 Langbcheim 等通过基因转染实验发现了与 Harvery 及 Kristein 小鼠肉瘤病毒相似的细胞癌基因，即 c-Ha-ras（1）基因，定位于第 11 号染色体的 11p15 区；c-Ha-ras（2）基因为伪基因（pseudogene），定位于 X 染色体上；c-Ki-ras（1）基因为伪基因，定位于第 6 号染色体 6p11-p12 区。Ras 基因编码产物为 p21ras 蛋白，其本质为膜相关的 G 蛋白，具有 GTP 酶的活化性，参与信号传导。

当机体发生肿瘤时，编码 p21ras 蛋白的第 12、13 及 61 位氨基酸的核苷酸可以发生点突变，突变型的 p21ras 蛋白不具有 GTP 酶活化，无法使 GTP 水解为 GOP。另外尚可在肿瘤中发现 p21ras 蛋白表达过度。

可用于 ras 基因检测的方法：

（1）PCR-SSCP（单链构象多态性，single strand comformatin polymorphism）、DGGE（变性梯度凝胶电泳，denature dgradient gel electrophoresis）、PCR-ASO（等位基因特异性寡核苷酸杂交，allele specificolig onucleotide）和测序技术（sequencing）：探测点突变。

（2）免疫组织化学：用 RAP-5 单抗。

（3）Southern 印迹法及 Northern 印迹法。

（4）ELISA 法及 Western 印迹法。

3. myc 基因家族及其表达产物

1997 年 Duesberg 等发现 myc 癌基因与禽类 MC29 病毒具有相似性。Myc 基因家族共有 6 成员：c-myc、N-myc、L-myc、P-myc、R-myc 及 B-myc。其中 c-myc、N-myc 及 L-myc 与一些人类肿瘤相关。c-myc 定位于第 8 号染色体的 8q24 区，其编码产物为 439 个氨基酸残基的蛋白质。N-myc 定位于第 2 号染色体的 2p23 ~ p24 区，其产物为 456 个氨基酸残基蛋白质。L-myc 定位于第 1 号染色体的 1p32 区，编码产物为 364 个氨基酸残基的蛋白质。以上蛋白产物定位于核内，为核转录调节因子，能够与特殊的 DNA 顺序结合，当机体发生肿瘤时，myc 基因家族成员可以发生染色体基因易位、基因扩增以及表达过度。

可用于 myc 基因检测的方法：

（1）标准细胞核型分析：基因易位。

（2）原位杂交：ELISA 法。

（3）Southern 印迹法及 Northern 印迹法。

（4）RT-PCR 方法。

（八）表皮生长因子受体

1984 年 Downward 研究发现表皮生长因子受体与 C-erb-B 具有相似顺序，首先提出具有致癌潜能。

EGFR 基因定位于第 7 号染色体上，编码产物为 P170 的糖蛋白，属于受体型酪氨酸蛋白激酶，能够与表皮生长因子及其他配基结合。当机体发生肿瘤时，往往发现 EGFR 的过度表达。

可用于 EGFR 的检测方法：

（1）竞争配基结合分析（competitiveligand-bindingassay）。

（2）体内显像：用 111 烟标记的针对 EGFR 的单克隆抗体。

（3）Northern 印迹法及 Western 印迹法。

六、抑癌基因（suppressergene）

机体中有一类对正常细胞增殖起负调节作用的基因称为抑癌基因。当这类基因丢失、失活或变异时，往往会促使细胞失控而呈恶性生长。

RB 基因及其表达产物：1986 年 Friend 等成功地克隆了 RB 基因。RB 基因定位于第 13 号染色体的 13q14 区，共有 27 个外显子，26 个内含子，DNA 长度约 200 kb。其编码的蛋白质产物为 p110。

RB 蛋白磷酸化为其调节细胞生长分化的主要形式，细胞 G1/S 其 RB 蛋白磷酸化受周期依赖性激酶 cdk2 调节。在肿瘤细胞中突变的 RB 蛋白失去了同核配体结合的功能。当机体发生肿瘤时，RB 基因的主要变化形式有：缺失、突变、甲基化、表达失活及与病毒和细胞癌蛋白结合引起功能性失活。

1. 可用于 RB 基因检测的方法

（1）PCR-SSCP、DGGE、PCR-ASO 及测序技术：检测点突变。

（2）PR-PCR、PCR。

（3）PCR-RFLP 限制片段长度多态性（restriction fragmentl engthpoly morphism）。

2. RB 基因与肿瘤的关系

（1）RB 基因突变约见于 40% 的视网膜母细胞瘤。

（2）RB 基因还与成骨细胞肉瘤、软组织肉瘤、小细胞肺癌、乳腺癌、前列腺癌、食管癌及膀胱癌有关。

（3）近期研究表明 RB 基因还与卵巢癌有关。

3. p53 基因及其产物

1981 年 Crawford 等发现了 p53 基因，并认为其为癌基因。以后 Hinds、Finlay 等通过研究发现传染了 myc 或 ras 癌基因的细胞中，若存在野生型 p53 基因，则出现生长抑制。因此提出 p53 基因属于抑癌基因。

P53 基因定位于第 17 号染色体 17p13 区，由 11 个外显子和 10 个内含子组成，编码 393 个氨基酸残基的蛋白质即 p53 蛋白。p53 的功能为转录因子，生物学功能为 G1 期 DNA 损坏的检查点。人类肿瘤中 P53 基因突变主要在高度保守区内，以 175、248、249、273、282 位点突变率最高，不同种类肿瘤其突变类型不同。另外 p53 变化形式还有缺失、基因重排与肿瘤病毒癌蛋白结合而失活。

第六节　肿瘤的免疫治疗

肿瘤的免疫治疗是以激发和增强机体的免疫功能，以达到控制和杀灭肿瘤细胞的目的。免疫疗法只能清除少量的，播散的肿瘤细胞，对于晚期的实体肿瘤疗效有限。故常将其作为一种辅助疗法与手术、化疗、放疗等常规疗法联合应用。先用常规疗法清扫大量的肿瘤细胞后，再用免疫疗法清除残存的肿瘤细胞，可提高肿瘤治疗的效果。虽然目前已经建立了多种免疫方法，并在动物实验中取得了良好疗效，但当临床应用时受到的影响因素很多，其临床治疗的效果尚需进一步提高。

一、免疫治疗方法

目前，肿瘤免疫治疗的方法有以下几种：

（一）非特异性免疫治疗

是指应用一些免疫调节剂通过非特异性地增强机体的免疫功能，激活机体的抗肿瘤免疫应答，以达到治疗肿瘤的目的。例如：卡介苗，短小棒状杆菌，酵母多糖，香菇多糖，OK432 以及一些细胞因子如 IL-2 等均属于此类。

（二）主动免疫治疗

肿瘤的主动免疫治疗是指给机体输入具有抗原性的瘤苗，刺激机体免疫系统产生抗肿瘤免疫以治疗肿瘤的方法。该法应用的前提是肿瘤抗原能刺激机体产生免疫反应。此种方法对地手术后清除微小的转移瘤灶和隐匿瘤、预防肿瘤转移和复发有较好的应用效果。

二、治疗用瘤苗

（一）活瘤苗

由自体或同种肿瘤细胞制成，使用时有一定的危险性，较少用。

（二）减毒或灭活的瘤苗

自体或同种肿瘤细胞经过射线照射，丝裂霉素 C，高低温等处理可消除其致瘤性，保留其免疫原性与佐剂合用，对肿瘤的治疗有一定的疗效。

（三）异构的瘤苗

自体或同种肿瘤细胞经过碘乙酸盐，神经氨酸酶等修饰处理增强了其免疫原性，可作疫苗应用。

（四）基因修饰的瘤苗

将某些细胞因子的基因或MHC Ⅰ类抗原分子的基因，黏附分子如B7基因等转移入肿瘤细胞后，可降低其致瘤性，增强其免疫原性，这种基因工程化的肿瘤苗在实验动物研究中，取得了肯定的效果，人体应用的前景尚待评价。

（五）抗独特型抗体

抗独特型抗体是抗原的内影像，可以代替肿瘤抗原进行主动免疫。目前已用于治疗B淋巴细胞瘤。

三、被动免疫治疗

肿瘤的被动免疫治疗是指给机体输注外源的免疫效应物质，由这些外源性效应物质在机体内发挥治疗肿瘤作用。目前主要有以下两大类：

（一）抗肿瘤导向治疗

利用高度特异性的单克隆抗体为载体，将细胞毒性的杀伤分子带到肿瘤病灶处，可特异地杀伤肿瘤细胞。目前根据所用的杀伤分子的性质不同，肿瘤的导向治疗可分为：

（1）放射免疫治疗（radio immunotherapy），将高能放射性核素与单克隆抗体连接，可将放射性核素带至瘤灶杀死肿瘤细胞。

（2）抗体导向化学疗法（antibody-mediated chemotherapy），抗肿瘤药物与单抗通过化学交联组成的史疫偶联物，可以将药物导向肿瘤部位，杀伤肿瘤细胞，常用的有氨甲蝶呤（MTX）、阿霉素等。

（3）免疫毒素疗法（immunotoxintherapy），将毒素与单克隆抗体相连，制备的免疫毒素对肿瘤细胞有特异性的强杀伤活性。常用的毒素有两类：一类是植物毒素，包括蓖麻籽毒素（RT）、相思子毒素（abrin）、苦瓜毒素（MD）等。另一类是细胞毒素，包括白喉毒素（DT）、绿脓杆菌外毒素（PE）。经过临床应用，单克隆抗体导向疗法取得了一定的治疗效果，但其存在的某些问题限制其临床应用和疗效提高。如目前所用的单克隆抗体多为鼠源单克隆抗体，应用人体后会产生抗鼠源单克隆抗体的抗体，使其不能反复应用影响了其疗效。用基因工程的方法，使鼠源抗体人源化可减少这个问题。目前认为用导向药物治疗实体瘤的效果有限。在腔内肿瘤如膀癌的治疗方面，可能有较好的效果。导向药物在清除转的小肿瘤灶可能具有较好的治疗效果。

（二）过继免疫疗法

过继免疫疗法（adoptive immunotherapy）是取对肿瘤有免疫力的供者淋巴细胞转输给肿瘤者，或取患者自身的免疫细胞在体外活化、增殖后，再转输入患者体内，使其在患者体内发挥肿瘤作用。过继免疫疗法的效应细胞具有异质性，如 CTL、NK 细胞、巨噬细胞、淋巴因子激活的杀伤细胞（lymphokine-activated killercells，LAK）和肿瘤浸润性淋巴细胞（tumor-infiltrating lymphocytes，TIL）等都在杀伤肿瘤细胞中起作用。LAK 细胞是外周血淋巴细胞在体外经过 IL-2 培养后诱导产生的一类新型杀伤细胞，其杀伤肿瘤细胞不需抗原致敏且无 MHC 限制性，有人认为 LAK 细胞主要成分是 NK 细胞。TIL 是从实体肿瘤组织中分离得到的，经体外 IL-2 培养后可获得比 LAK 细胞更强的杀伤活性。CTL 是 TIL 细胞的主要成分。目前已将 LAK 细胞，TIL 与 IL-2 合用对临床治疗晚期肿瘤患者，对于某些类型肿瘤患者如黑色素瘤、肾细胞癌确有一定治疗效果。

（三）肿瘤生物疗法

自 80 年代中期以来，肿瘤生物治疗已成为继手术、化疗和放疗之后的第四种肿瘤方法，它已被广泛研究和用于临床，并取得一定疗效。肿瘤生物治疗主要包括肿瘤免疫治疗和基因治疗两大方面，前者包括抗癌效应细胞的激活，细胞因子的诱发，抗癌抗体（即导向治疗）的筛选、新型疫苗的研制，这些都与免疫学理论的发展和分子生物技术的进步密切相关。而基因治疗（或称转基因治疗）虽然难度很大，但它是生物治疗的方向，让这些细胞自然增长，分泌有效因子，以调节各种抗癌免疫活性细胞或直接作用于癌细胞，这应是治疗微小转移灶和防止复发最理想的手段。对此已在多方面进行深入、细致地研究。现将当前肿瘤生物治疗研究中有待深入探讨的问题简介如下：

1. 肿瘤生物治疗中的"特异性"问题

"特异性"应该说是肿瘤生物治疗的中心环节，也是这一治疗方法能否获得成功的关键。目前研究主要集中于以下几方面：一是肿瘤抗原肽的研究，通过 CTL、TIL 克隆来寻找、分离、筛选鉴定肿瘤特异的抗原肽。二是增强肿瘤抗原性的研究，从细胞、分子、基因水平探讨提高其免疫原性，使它能对机体产生强的免疫反应，并以此为线索来制备肿瘤特异性瘤苗。三是有效地提高激活 T 细胞所需条件（因子）的研究。四是用免疫调节剂、细胞因子、免疫佐剂等来打破肿瘤对机体的免疫抑制。

2. 效应细胞抗癌活性的再扩大

（1）NK 细胞抗癌作用的再扩大。新近研究表明，NK 细胞与 T、B 细胞是由共同的前体细胞发育而来，它不仅对靶细胞有溶解杀伤作用，更主要的是通过分泌多种细胞因子对巨噬细胞、粒细胞和树突状细胞的调节，因此能加强机体的天然免疫力。

（2）新抗癌细胞因子的发现与研制：现在发现的细胞因子已不下数十种、仅白细胞间介素已达 18 种之多。细胞因子及其所构成的网络，不仅在激活免疫细胞、诱生细胞因子和调节整个抗癌免疫反应和造血系统中起着重要的作用，有的还具有直接抑制肿瘤细胞的增殖、转移等功能,因此是肿瘤生物治疗的重要制剂。目前重组的白细胞间介素Ⅱ(IL-2)、红细胞生成素(EPO)、粒细胞集落刺激因子(G-CSF)、粒细胞—巨噬细胞集落刺激因子(GM-CSF)以及 α 、β 和 γ 干扰素(IFNα、IFNβ、IFNγ)等细胞因子已批准上市。新近发现的IL-15和IL-18在抗肿瘤免疫中均有潜在的应用前景,正在积极研究开发。此外,肿瘤生物治疗合理方案的制定,基础和临床研究的密切配合以及基因治疗等都有进一步深入研究。

第七节　肿瘤疫苗

　　疫苗—如乙肝疫苗、狂犬病疫苗等,在控制传染病方面具有独特的预防作用,这是众所周知的事实。但肿瘤疫苗却用于治疗,它是利用肿瘤细胞或肿瘤抗原物质诱导机体的特异性细胞免疫和体液免疫反应,增强机体的抗癌能力,阻止肿瘤的生长、扩散和复发,因此称它为肿瘤特异性主动免疫治疗,它已经经历了100年的研究历程。近年来,随着分子生物学理论的研究和生物工程技术的进步,更受到人们的重视。许多科学家和临床医师在不同层次上,有用不同的形式以求获得最有效、最方便、最经济的疫苗制剂,现简介如下:

　　(1)肿瘤细胞及其衍生物疫苗:即原始的肿瘤疫苗,它是以灭活的自身肿瘤细胞或其粗提物作为抗原,加佐剂后进行免疫治疗。

　　(2)应用分子生物学方法制备出肿瘤相关抗原(TAA)、肿瘤特异抗原(TSA)以及肿瘤抗原肽疫苗来进行免疫治疗。

　　(3)肿瘤基因疫苗,这是通过基因重组技术,将目的基因导入受体细胞所制备的疫苗,也是目前发展最快,倍受人们重视的一个研究领域。这种疫苗具有以下优点:

　　①可以提高机体抗瘤能力:如将某些免疫增强基因导入免疫细胞,使这些外源基因在免疫细胞中表达,再回输到病人体内,这样就可加强机体免疫系统的功能,特别是使输入的免疫活性细胞在肿瘤局部区域分泌出高浓度的细胞因子,以促进对肿瘤细胞的杀伤。

　　②增强肿瘤细胞的免疫原性:把可增强肿瘤细胞抗原性的有关基因导入肿瘤细胞,使免疫细胞易于识别,不能逃避免疫监视并促进细胞毒性T淋巴细胞的抗瘤活性。

　　③表达产物的直接杀瘤活性:如将肿瘤坏死因子(TNF)的基因,导入TIL或肿瘤细胞,使之能在体内持续的分泌TNF,以此杀伤肿瘤细胞。值得注意的是,许多新型瘤苗的研究尚处于初创阶段,虽取得较理想的效果,但大多在动物中进行。在临床试验方面,到1997年初,世界上总共记录有2 103例基因治疗病例,但尚有不少问题需要进一步研究解决,相信随着肿瘤免疫学的发展和实验技术的进步,以及治疗方案的合理设计肿瘤疫苗一定会成为强有力的肿瘤治疗手段。

一、生物导弹与肿瘤导向治疗

众所周知，导弹的主要部件一是能追踪目标的导航系统，二是摧毁特定的目标。应用这一原理制备出一种能追踪肿瘤而又能专一性地杀伤肿瘤的"武器"，我们就称之为"生物导弹"，它的基本部件是能特异地识别肿瘤抗原目标的抗体以及在抗体的末端接上杀伤瘤细胞的毒性药物。这样从理论上讲，只要我们研制出有可识别肿瘤细胞的抗体，并使它带上药物就可大功告成。但事实上并不那么简单，首先是抗体问题，早期人们是用纯度及特异性相对较高的肿瘤抗原免疫小鼠后的完整抗体（即由识别抗原簇的 Fab 片段和 Fc 片段所组成的免疫球蛋白）。使它的"尾端"（Fc 片段）携带上放射性核素碘（^{125}I）；1975 年杂交瘤技术的建立及单克隆抗体的问世，使单抗与放射性核素的结合，推动了肿瘤导向治疗的进展。然而，经过一段时间的实验，单抗与多抗在体内治疗的结果，并没有明显的差别，其主要原因是：

（1）单抗和多抗都是完整抗体，它们一旦进入机体，就会被正常组织交叉吸附，不能相对集中地到达靶肿瘤；而且不容易清除和排出体外。

（2）由于完整抗体的分子量大，不易通过机体的生理屏障（如结缔组织等）进入肿瘤中心部位。

（3）由于完整的抗体都来源于小鼠，对人体来说是一种异性蛋白，所以可在体内产生抗抗体而被中和。由于存在以上问题，因此使完整抗体用于导向治疗受到限制。

根据以上存在的问题，近十年来科学家们已设法研究制出应用小分子量的抗体片段，而且设法用人–人杂交瘤来制备人–人单克隆抗体，目前又用基因工程的方法来制备出基因工程抗体，这是一种不含 Fc 片段的 Fab 小分子多肽，并建立了双功能抗体技术。后者有特异性识别的双臂（即把两个 Fab 片段结合在一起），因此有双重识别能力，即既可以与肿瘤结合，又可与药物弹头相连接。由于基因工程抗体不含 Fc 片段，因此减少了非特异吸附，并可将鼠源性成分减少到最低限度；小分子的基因工程产物，有利于杀瘤物质进入肿瘤内部且不易被宿主识别为异物而产生抗抗体；这种双功能抗体，使弹头直接命中瘤细胞，若将双功能抗体与 LAK，TIL 细胞联合应用，则可获得更大的效应，从而有效地控制恶性肿瘤的发展。

二、超声·免疫·肿瘤

新近发现超声可杀灭肿瘤细胞，破坏肿瘤组织，抑制肿瘤的增殖，这在体内外都得到了证明。那么超声为什么可以治疗肿瘤呢？原来超声所产生的热效应和空化效应能诱发机体的免疫反应，这对杀灭残留癌细胞可起很好的作用。

肿瘤细胞致死温度临界点在 42.5 ~ 43 ℃，正常细胞则为 45 ℃。现已证明肿瘤局部热疗可以诱发机体的免疫反应。有人用小鼠为实验对象，测定热疗前后自然杀伤细胞活性的变化、并观察肺部转移率、转移结节的大小及原发灶生长情况。结果在热疗后 NK 活性有不同程度的提高。原发肿瘤不仅生长速度下降，而且体积逐渐缩小。动物的肺转移率显著低于对照组。对肿瘤病人的热疗也表明可诱发机体免疫功能的加强。

肿瘤热疗诱机体免疫功能增强的主要机理包括：

（1）热疗后肿瘤细胞变性和坏死的分解产物被机体吸收后，可作为一中抗原刺激体的免疫系统，从而产生抗肿瘤的免疫力。

（2）热疗可破坏或解除肿瘤细胞所分泌的多种免疫抑制因子，使机体恢复对肿瘤的免疫应答反应。

（3）热刺激不仅可增加肿瘤细胞各种细胞因子（如白细胞间介 I、II 和肿瘤坏死因子等）受体的活性，以利由免疫细胞所分泌的细胞因子对肿瘤的杀伤；而且还可改变肿瘤细胞抗原的表达，增加热休克蛋白的合成，从而增强机体抗肿瘤的免疫反应。肿瘤在超声的作用下，可形成 0.5 ~ 1.5 mm 的空洞，这称空化效应，这种空化效应不仅对肿瘤组织有直接的破坏作用，并且还可激发机体免疫的抗瘤效应。这是因为空化效应既可使肿瘤细胞因膜的活动性加强，而使肿瘤抗原暴露出来，同时也使细胞浆和细胞核内的抗原呈现于细胞表面，这就改变了肿瘤组织的免疫原性，加强了机体对肿瘤组织的免疫反应。

超声治疗肿瘤通过多种途径协同刺激机体的免疫系统，产生抗肿瘤免疫反应。这是一个非常有趣而值得研究的领域，相信随着各方面研究的深入开展，它将可更好地造福于人类。

第七章　生物制品

生物制品是指应用普通的或以基因工程、细胞工程、蛋白质工程、发酵工程等生物技术获得的微生物、细胞及各种动物和人源的组织和液体等生物材料制备的，用于人类疾病预防、治疗和诊断的药品。生物制品不同于一般医用药品，它是通过刺激机体免疫系统，产生免疫物质（如抗体）才发挥其功效，在人体内出现体液免疫、细胞免疫或细胞介导免疫。

生物制品系指以微生物、寄生虫、动物毒素、生物组织作为起始材料，采用生物学工艺或分离纯化技术制备，并以生物学技术和分析技术控制中间产物和成品质量制成的生物活性制剂，包括菌苗，疫苗，毒素，类毒素，免疫血清，血液制品，免疫球蛋白，抗原，变态反应原，细胞因子，激素，酶，发酵产品，单克隆抗体，DNA重组产品，体外免疫诊断制品等。

第一节　现代生物制品

生物制品是预防、治疗、诊断疾病的免疫制剂，主要是用微生物、微生物产品及动物毒素、人和动物的血液及组织等制成。生物制品是防疫工作的重要武器之一。生物制品除了预防传染病的自动免疫制品外，还有用于临床防治各种疾病的免疫血清和人血制品等被动免疫制品，以及用于临床诊断、流行病学调查和科研工作的各种诊断用品。

一、生物制品的历史

在10世纪时，中国发明了种痘术，用人痘接种法预防天花，这是人工自动免疫预防传染病的创始。种痘不仅减轻了病情，还减少了死亡。17世纪时，俄国人来中国学习种痘，随后传到土耳其、英国、日本、朝鲜、东南亚各国，后又传入美洲、非洲。1796年英国人E.詹纳发明接种牛痘苗方法预防天花，他用弱毒病毒（牛痘）给人接种，预防强毒病毒（天花）感染，使人不得天花。

此法安全有效，很快推广到世界各地。牛痘苗可算作第一种安全有效的生物制品。微生物学和化学的发展促进了生物制品的研究与制作。19世纪中期，"免疫"概念已基本形成。1885年法国人L.巴斯德发明狂犬病疫苗，用人工方法减弱病毒的致病毒力，做成疫苗，被狂犬咬伤的人及时注射疫苗后，可避免发生狂犬病。巴斯德用同样方法制成鸡霍乱活疫苗、炭疽活疫苗，将过去以毒攻毒的办法改为以弱制强。D.E. 沙门、H.O. 史密斯等人研究加热灭活疫苗，先后研制成功伤寒、霍乱等灭活疫苗。19 世纪末日本人北里柴三郎和德国人贝林，E.（A.）用化学法处理白喉和破伤风毒素，使其在处理后失去了致病力，接种动物后的血清中和相应的毒素，这种血清称为抗毒素，这种脱毒的毒素称为类毒素。R. 科赫制成结核菌素，用来检查人体是否有结核菌感染。抗原—抗体反应概念的出现，有助于临床诊断。这些为微生物和免疫学发展奠定了基础，继续发展出各种生物制品，在预防疾病方面越发显得重要，是控制和消灭传染病不可缺少的步骤之一。

二、生物制品的发展

我国第一个从事生物制品研究与生产的专业机构是成立于 1919 年的中央防疫处，当时规模小、专业人员少，发展也很缓慢。40 年代先后成立了长春、辽吉、大连和华北等地生物制品机构，得到了很大的发展。

建国 40 多年来，生物制品事业的发展，大体经历了三个阶段：一、建国后的 17 年，以整顿与组建机构、培训人才为起点。在改造老产品的同时，研制新产品，保证了抗美援朝反细菌战紧急需要和国民经济困难时期防疫需要。二、十年"文化大革命"时期，在受到摧残的情况下，生物制品队伍积极努力，基本上保证了防病治病的制品供应。三、改革开放以来，生物制品品种大量增加，质量日益提高，向着标准化、制度化、法制化迈进。

建国初期，卫生部在北京、上海、武汉、成都、长春、兰州成立六个生物制品研究所，分布在全国六个大行政区。随后又在昆明建立了一个主要生产、研究脊髓灰质炎疫苗的研究所。生物制品研究所既是生产单位，又是科研机构。在五十年代，在北京组建的药品生物制品检定所，它是执行国家对全国生物制品质量的监督检定机构，与各检定科室形成一个检定系统，监督各项生产规范标准的贯彻实施，检定各种生物制品的质量，以确保其安全有效。随着形势发展，从事生物制品研究、生产与检定的专业队伍日益壮大，到 1995 年已达到 10 万多人，其中大专院校毕业生占 25% 以上。

我国对生物制品的质量管理及其技术规程，历来很重视。1952 年、1959 年和 1979 年相继颁布了三版生物制品规程。1991 年颁布实施了第四版《中国生物制品规程》的第一部分和第二部分。

为了加强生物制品管理，卫生部先后颁布生物制品工作条例，生物制品新品种管理办法，关于加强生物制品和血液制品管理的规定（试行），新生物制品审批办法，生物制品管理规定等。

卫生部在 1956 年成立的生物制品委员会，是生物制品的最高学术咨询组织。1988 年经调整成立了卫生部生物制品标准化委员会。其主要任务是审议生物制品采用国际标准的规则，制订，修订生物制品规程和审定新的标准品等。1992 年，卫生部第三届药品评审委员会在京成立。

新中国成立 40 多年来，生物制品的新品种逐年增加，生产工艺不断改进。各种生物制品的产量、质量不断增加和提高。已获得生产批准文号的就有 200 多种。

中国的生物制品事业始于 20 世纪初。1919 年成立了中央防疫处，这是中国第一所生物制品研究所，规模很小，只有牛痘苗和狂犬病疫苗，几种死菌疫苗、类毒素和血清都是粗制品。中华人民共和国成立后，先后在北京、上海、武汉、成都、长春和兰州成立了生物制品研究所，建立了中央（现为中国）生物制品检定所，它执行国家对生物制品质量控制、监督，发放菌毒种和标准品。后来，在昆明设立中国医学科学院医学生物学研究所，生产研究脊髓灰质炎疫苗。生物制品现已有庞大的生产研究队伍，成为免疫学应用研究和计划免疫科学技术指导中心。汤飞凡 1957 年发现沙眼病原体，他对中国生物制品事业有很大贡献。

在控制和消灭传染病方面，接种预防生物制品效果显著，在公共卫生措施方面收益最佳，这不仅是一个国家或地区，而且是世界性的措施。世界卫生组织（WHO）1966 年发表宣言，提出 10 年内全球消灭天花，1980 年正式宣布天花在地球上被消灭。1978 年 WHO 又做出扩大免疫规划（EPI），目的是对全球儿童实施免疫。EPI 是用四种疫苗预防六种疾病，即卡介苗预防结核病；麻疹活疫苗预防麻疹；脊髓灰质炎疫苗预防脊髓灰质炎；百白破三联预防百日咳、白喉和破伤风，有计划地从儿童开始，使世界儿童都得到免疫。1981 年，中国响应 WHO 的号召，实行计划免疫，按要求用国产四种疫苗预防六种疾病。1988 年以省为单位达到了 85% 的疫苗接种覆盖率。1990 年以县为单位，儿童达到 85% 的接种覆盖率。诊断制剂品种的增多和方法的改进，促进了试验诊断水平的提高；现已应用到血清流行病学以及疾病的监测。中国生产血液制剂已有 30 多年的历史，品种在逐年增加。

春夏季节是麻疹、腮腺炎、狂犬病、肝炎等传染病高发期，疫苗需求旺盛。上半年，我国生物药品制造业实现销售收入 1 076.63 亿元，同比增长 16.34%，增速较上年同期提高 1.18 个百分点，较 1 季度提高 1.7 个百分点。

2 季度，全国共报告法定传染病 207.64 万例，死亡 4 122 人，报告发病数呈逐月增加趋势。夏季为肝炎高发期，2 季度，病毒性肝炎发病数 36.18 万例，占甲乙类传染病报告发病数的 37.25%；丙类传染病报告发病数居前三位的病种依次为手足口病、其他感染性腹泻病和流行性腮腺炎，其中流行性腮腺炎报告发病总数为 12.66 万例，占丙类传染病报告发病数的 11.46%。

随着微生物学、免疫学和分子生物及其他学科的发展，生物制品已改变了传统概念。对微生物结构、生长繁殖、传染基因等，也从分子水平去分析，现已能识别蛋白质中的抗原决定簇，并可分离提取，进而可人工合成多肽疫苗。对微生物的遗传基因已有了进一步认识，可以用人工方法进行基因重组，将所需抗原基因重组到无害而易于培养的微生物中，改造其遗传特征，在培养过程中产生所需的抗原，这就是所谓基因工程，由此可研制一些新的疫苗。70 年代后期，杂交瘤技术兴起，用传代的瘤细胞与可以产生抗体的脾细胞杂交，可以得到一种既可传代又可分泌抗体的杂交瘤细胞，所产生的抗体称为单克隆抗体，这一技术属于细胞工程。这些单克隆抗体可广泛应用于诊断试剂，有的也可用于治疗。科学的突飞猛进，使生物制品不再单纯限于预防、治疗和诊断传染病，而扩展到非传染病领域，如心血管疾病、肿瘤等，甚至突破了免疫制品的范畴。中国生物制品界首先提出生物制品学的概念，而有的国家则称之为疫苗学。进入 21 世纪，张勇飞等专家根据中药归经理论发现了许多中药的提取物——多糖、皂苷等，具有对生物活性分子和低级活性生物具有特殊的保护作用，富含羟基的中药多糖、亲水亲脂的中药皂苷能和生物活性分子和低级活性生物结合，构建多维网络空间氢键结构，在生物活性分子和低级活性生物表面形成假性水化膜，通过这种多维网络空间氢键假性水化膜实现对生物活性分子和低级活性生物的保护作用，这样形成了稳定、坚固的多维网络空间氢键水化膜，更好地保护生物活性分子和低级活性生物免受外界环境的破坏。在这独创的多维网络空间氢键膜理论指导下，成功地将中多糖和皂苷应用到疫苗和抗体的制造，实现了中药归经、免疫原及免疫蛋白保护和免疫增强一体化的生物制品新功能，取得很好的临床效果。

三、生物制品分类

根据生物制品的用途可分为预防用生物制品、治疗用生物制品和诊断用生物制品三大类。预防用生物制品均用于传染病的预防。包括疫苗、类毒素和 γ-球蛋白三类。

疫苗是由细菌或病毒加工制成的。过去中国生物制品界和卫生防疫界习惯将细菌制备的称作菌苗，病毒制备的称作疫苗，有的国家将二者都称作疫苗。类毒素也可称作疫苗。疫苗分灭活疫苗和活疫苗。

（一）灭活疫苗

制备过程是先从病人分离得到致病的病原细菌或病毒，经过选择，将细菌放在人工培养基上培养，收获大量细菌，再用物理或化学法将其灭活（杀死），可除掉其致病性而保留其抗原性（免疫原理）；病毒只能在活体上培养，如动物、鸡胚或细胞培养中复制增殖，从这些培养物中收获病毒，灭活后制成疫苗。

（二）活疫苗

指人工选育的减毒或自然无毒的细菌或病毒，具有免疫原性而不致病，经大量培养收获病毒或细菌制成。活疫苗用量小，只需接种一次，便可在体内增殖而达到免疫功效，而灭活疫苗用量大，并且需接种 2~3 次方能达到免疫功效。二者各有优缺点。现在，疫苗可通过基因重组技术来制备，主要用于尚不能用人工培养的细菌或病毒。

（三）外毒素

一些细菌在培养过程中产生的毒性物质称为外毒素，外毒素经化学法处理后，失去毒力作用，而保留抗原这种类似毒素而无毒力作用的称为类毒素，如破伤风类毒素。接种人体可产生相应抗体，保持不患相应疾病。

（四）球蛋白

是血液成分之一，含有各种抗体。人在一生中不免要患一些疾病，病愈后血液中即存在相应抗体，胎盘血也是一样。有些传染病在没有特异疫苗时，可用 γ-球蛋白作为预防制剂。现今给献血人员接种某些疫苗或类毒素，从而产生高效价抗体，用其制备的 γ-球蛋白称特异 γ-球蛋白，如破伤风、狂犬病、乙型肝炎特异 γ-球蛋白。有人认为 γ-球蛋白是"补品"而当作保健品用，这是不对的。

（五）细菌多糖

细菌多糖疫苗是提取有效抗原成分，去掉内毒素，其反应也较轻微。马血清制备的抗毒素引起的主要不良反应是血清病。现今制品通过精制提纯，反应减少，人血液制剂克服了异性蛋白反应。这些制品的反应，有时伴有发热、荨麻疹、哮喘，少数偶尔出现一过性血压降低，过敏性休克和血管性水肿罕见，干扰素等治疗免疫制剂，反应情况类似疫苗类，反应轻微。

四、生物制品应用

应用分预防、治疗和诊断三个方面。

（一）治疗制品

包括各种血液制剂、免疫制剂如干扰素。按治疗作用机理可分为特异的（如抗毒素和 γ-球蛋白）和非特异的（如干扰素和人白蛋白等）。临床医生将抗毒素及 γ-球蛋白作常规治疗用药品，实际上也起预防作用。血液制剂在治疗用生物制品中占非常大的比例。中国生产和正在研制的血液制剂已有 50 余种。有些单克隆抗体已用于治疗。血液中某些含量少的组分整合到微生物基因中，可大量生产。主要的预防和治疗用生物制品见表主要的预防和治疗用生物制品。

（二）预防疫苗

包括类毒素的发明是为了预防传染病。大多数烈性传染病已有疫苗，根据各种传染病的性质特点、传染源、传播方式，用于预防的疫苗有以下几种：

（1）消灭传染病的疫苗。有些人类传染病病原体没有中间寄主，有可能用疫苗高度免疫人群，使病原体不能在人群中传播并最终被消灭，如天花已被消灭。麻疹、脊髓灰质炎用疫苗高度免疫后，有可能被彻底消灭。

（2）保护群体的疫苗。如中国的乙型脑炎疫苗、乙型肝炎疫苗、流感杆菌多糖疫苗、流脑多糖疫苗、卡介苗等。例如，以昆虫为中间寄主的传染病，往往难以消灭其传染源，但当群体达到一定免疫水平，即易感人群接种疫苗覆盖率达到 85% 以上时，就能控制其流行。尽管人群中有少数人没有接种疫苗，但由于群体具备足够的免疫能力，阻断了传染源，这些人也可受到保护。

（3）全球性而局部流行或地区性传染病用疫苗。对伤寒、霍乱、鼠疫、森林脑炎、黄热病、斑疹伤寒等疾病，在人群中疫苗免疫有针对性，如疫区人群、常发病地区易感部分人群进行普遍接种疫苗。

（4）保护个体的疫苗。有些疾病只侵袭某种类型的人，或某些人感染了某种疾病后，具有很大的危险性，如流行性感冒对老年体弱的人，水痘病毒对病房体弱儿童。这类疫苗有多价灭活流感疫苗、水痘疫苗、肺炎球菌多糖疫苗、链球菌疫苗等。

（5）控制先天性疾病的疫苗。如风疹活疫苗。风疹病毒对受感者本身没有多大危害，但若孕妇感染，可侵犯子宫内发育的胎儿，造成新生儿先天性畸形。

（6）有接触某些传染病危险的人用疫苗。如接触狂犬病后或去疫区应接种这种疫苗。中国无黄热病，但去非洲、南美洲的人员必须接种黄热病疫苗。疫苗类制剂都含有抗原，接种人体后，刺激体内免疫系统细胞，产生体液免疫或细胞免疫，以防止相应病原体的感染，这种免疫称作自动免疫。γ-球蛋白（包括一些抗毒素）是起预防作用的抗体，给人注射后可不感染相应疾病，这种免疫称作被动免疫。由于体内的新陈代谢，所注入的抗体半衰期很短，1~2周即消失，但其优点在于生效快。各种疫苗的使用大多有一定对象，不同疫苗有不同的接种途径。接种方法有肌肉、皮下、皮内、皮上划痕；口服有糖丸、胶囊或液体；气雾法分气溶胶法（如腮腺炎活疫苗）、喷鼻法（如流感疫苗）。一般来说，浓度较大的疫苗宜采用肌肉或深部皮下注射，如果注射皮下浅层，往往局部出现硬块或无菌化脓。皮上划痕疫苗不可注射。皮内注射疫苗用量少，但有的可能反应较强，有的免疫持久性差。口服疫苗方法简便，较为理想。常规用的只有脊髓灰质炎活疫苗和口服卡介苗，正在研制的有口服伤寒疫苗、口服痢疾和霍乱疫苗等。治疗用于治疗的生物制品包括各种血液制剂、抗毒素和其他免疫制剂。按其作用机理可分为特异性免疫治疗和非特异性治疗。前者如各种抗毒素和特异的丙种球蛋白；后者如干扰素、转移因子、白蛋白等。血液制剂是指健康人或胎盘血液经分离提纯后制成的多种有效的血液成分，每种成分都有其独特生理性能。对病人来说，除大量失血者外，绝大多数人只需要某一种或几种成分，如甲型血友病人只缺Ⅷ因子，补充Ⅷ因子即可满足需要，这样既节省血液，又可提高疗效。血浆可代替全血功能，白蛋白可代替血浆。γ-球蛋白除用于防治某些传染病外，还可用于治疗γ-球蛋白缺乏症。干扰素有广谱抗病毒、抗肿瘤生长、调节机体的免疫反应等多种物质活性，是免疫反应介质之一。转移因子是细胞免疫中的重要介质，能激活细胞免疫反应，凡细胞免疫低下引起的疾病均可采用。转移因子还可抗感染（增强细胞免疫功能），可用于治疗恶性肿瘤和自身免疫病。

（三）诊断制品

大都用于检测相应抗原、抗体或机体免疫状态，属于免疫学方法诊断。随着免疫学技术的发展，诊断用生物制品的种类不断增多，不仅用于传染病，也用于其他疾病。

1. 诊断制品分类

（1）诊断血清，包括细菌类、病毒立克次氏体类、抗毒素类、肿瘤类、激素类、血型及 HLA、免疫球蛋白诊断血清、转铁蛋白、红细胞溶血素、生化制剂等。

（2）诊断抗原，包括细菌类、病毒立克次氏体类、毒素类、梅毒诊断抗原、鼠疫噬菌体等。此外还有红细胞类、荧光抗体、酶联免疫的酶标记制剂、放射性核标记的放射免疫制剂、妊娠诊断制剂（激素类）、诊断用单克隆抗体。

2. 用于诊断的生物制品可分以下几类

（1）体内试验诊断制剂类。常用的有布鲁斯氏菌素、结核菌素和锡克试验毒素（白喉）三种，皮内注射 0.1 mL，观察反应，判断是否患过相应疾病或免疫接种成功否。

（2）一般传染病的诊断制剂类。包括各种诊断菌液、病毒液和诊断血清。

（3）诊断肿瘤用制剂。如甲胎蛋白血清、癌胚抗原诊断试剂盒等。

（4）测定免疫水平的诊断制剂。测定人体内所含的五种免疫球蛋白（IgG、IgA、IgM、IgD、IgE），以 Ig 单价诊断血清与患者血清作定量测定，用于疾病诊断、治疗以及机体免疫功能的测定，亦是临床诊断某些疾病的重要指标。

（5）激素用诊断制剂。如妊娠诊断制剂。不良反应 使用生物制品后可能会发生不良反应，这与制品的菌种毒种、型别、抗原浓度、所用培养基、灭活或减毒过程、佐剂、保护剂、受者个体差异、年龄、性别、接种史、传染病史、被动获得抗体等因素有关。接种疫苗和类毒素常见的反应，如细菌内毒素引起的毒性反应，所有细菌制剂都可引起发烧和局部的肿、痛、热的炎症反应，一般在接种后 48 h 内发生。精制类毒素和病毒类疫苗，一般反应比较轻微。活疫苗类接种后实际上产生一次轻度感染过程，在活菌或病毒增殖到引起发烧或其他反应之前，常有几天或长一些的潜伏期，这些感染反应常伴有低热，有的有皮疹、淋巴结肿大等。

第二节 生物制品生产

一、总则

（一）概论

（1）本规程所称之菌、毒种系指直接用于制造和检定生物制品的细菌、立克次体或病毒，以下简称菌、毒种。菌、毒种按《中国医学微生物菌种保藏管理办法》第二条分类。菌、毒种的管理由中国药品生物制品检定所（以下简称检定所）负责。

（2）各生产单位按规程生产或检定生物制品所用之菌、毒种由检定所或卫生部委托的单位保存、检定及分发。各生产单位自行分离或收集的菌、毒种，凡拟用于生产或检定者，均须经检定所审查认可。新生物制品所用的菌、毒种按卫生部《新生物制品审批办法》办理。

（3）生物制品生产应采用种子批系统。原始种子库应验明其记录、历史、来源和生物学特性。从原始种子库传出、扩增后冻干保存的为生产用种子库。生产用种子批的生物学特征应与原始种子批一致。每批生产用种子批均应按规程要求保管、检定和使用。

（4）各生产单位应指定专业部门对本单位的菌、毒种施行统一管理，每年向单位领导书面报告管理情况，并抄报检定所。

（5）凡增加、减少或变更生产及检定用菌、毒种须经检定所审查认可。

（二）菌、毒种登记程序

（1）菌、毒种由检定所统一进行国家菌、毒种编号，各单位不得更改。各生产单位自行分离、收集的菌、毒种，凡正式用于生产和检定者，经检定所审查同意后给予正式国家编号。

（2）保管菌、毒种应有严格的登记制度，建立详细的总账及分类账。收到菌、毒种后应立即进行编号登记，详细记录菌、毒种的学名、株名、历史、来源、特性、用途、批号、传代冻干日期、数量。在保管过程中，凡传代、冻干及分发，均应及时登记，并定期核对库存数量。

（3）收到菌、毒种后一般应于3个月内进行检定。用培养基保存的菌种应及时检定。

（三）菌、毒种的检定

（1）生产用菌、毒种应按各项制品规程要求定期进行检定。

（2）所有菌、毒种检定结果应及时记入菌、毒种检定专用记录内。

（3）不同属或同属菌、毒种的强毒及弱毒株不得同时在同一或未经严格消毒的无菌室内操作。一、二类菌、毒种及芽孢菌、真菌必须在严格隔离的专用实验室及动物室内操作，并应加强对操作人员的防护。活菌、活毒操作必须严格执行《活菌、活毒操作管理制度》。

（4）三、四类菌、毒种的操作应按各项制品规程的规定在专用或适当的实验室内进行。

（5）各单位的质量检定部门应定期了解本单位的菌、毒种保管、检定及使用情况，必要时进行抽查，或会同制造部门进行检查。

（四）菌、毒种的保存

（1）菌、毒种经检定后，应根据其特性选用适当方法及时保存。最好冻干，低温保存。

（2）不能冻干保存的菌、毒种，应保存2份或保存于2种培养基，一份供定期移种或传代用，另一份供经常移种或传代用。用培养基保存的菌种管应用石蜡密封或熔封。

（3）保存的菌、毒种传代或冻干均应填写专用记录。

（4）菌种管上应有牢固的标签，标明菌、毒种编号、批号（或代次）、日期。

（五）菌、毒种的销毁

（1）销毁无保存价值的一、二类菌、毒种须经单位领导批准，销毁三四类菌、毒种须经科室主任批准，并在账上注销，写明销毁原因。

（2）保存的菌、毒种传代、移种后，销毁原菌、毒种之前，应仔细检查新旧菌、毒种的标签是否正确。

（六）菌、毒种的交换

（1）菌、毒种最好冻干、真空封口发出，如不可能，毒种亦可以组织块的形式保存于 50% 甘油内发出，菌种亦可用培养基保存发出，但管口必须严封。

（2）各生产单位或其他机构之间相互索取的菌、毒种，凡直接用于生产及检定者，均须经检定所审查认可。

（七）菌、毒种的索取与分发

（1）索取或邮寄菌、毒种必须按《中国医学微生物菌种保藏管理办法》和卫生部、邮电部、交通部、铁道部颁布的有关菌、毒种邮寄与包装规定的要求办理。

（2）分发生物制品生产和检定用菌、毒种应附上详细的历史记录及各项检定结果。

二、生物制品国家标准品的制备和标定规程

（一）标准品的种类和定义

国家标准品分三类：

（1）国家标准品系指用国际标准品标定的，用于衡量某一制品效价或毒性的特定物质，其生物活性以国际单位表示。

（2）国家参考品系指用国际参考品标定的，用途与国家标准品相似的特定物质，一般不定国际单位。

（3）国家参考试剂系指用国际参考试剂标定的，用于微生物（或其产物）鉴定或疾病诊断的生物诊断试剂，生物材料或特异性抗血清。

（二）制备、标定、供应单位

（1）国家标准品由中国药品生物制品检定所（下称检定所）负责制备（或委托其他单位制备）、检定、初步标定、组织协作标定及供应。

（2）国际标准品、参考品及参考试剂由检定所向 WHO 联系索取、保管和使用。

（三）新国家标准品的建立

1. 原料选择

（1）原料应具有高度稳定性和适合检测或试验要求的特异性，不应含有干扰使用目的的杂质。

（2）尽可能使标准品在性质上与供试品相对一致。

（3）必须具有足够数量的原料，以满足多年使用的需要。

2. 初步标定

选好原料后，根据各种标准品的不同要求，用适宜的保护缓冲液稀释，然后用国际标准品进行初步标化，大体确定其效价单位数。

3. 标准品的分装，冻干和熔封

（1）将上述初步标定的标准品精确分装，精确度应在 ±1% 以内。

（2）需要干燥保存者分装后立即进行冻干和熔封。

（3）整个分装、冻干和熔封过程，必须密切注意各安瓿间效价和稳定性的一致性。

4. 正式标定

（1）标准品应进行效价测定，特异活性稳定性试验，无菌试验。冻干标准品还应进行水分测定和真空度检查。

（2）效价协作标定。

由检定所负责，以国际同类标准品为依据，组织有关单位参加，对国家标准品的效价进行协作标定，标定结果必须经统计学处理，然后由检定所负责写出建立国家标准品的全面技术总结，提交卫生部生物制品标准化委员会审查。

5. 标准品的审定

（1）卫生部生物制品标准化委员会常委会组织有关委员和专家对检定所提交的新标准品（包括国家标准品、参考品和参考试剂）的建立进行全面的技术审查，最后报卫生部审批。

（2）已建立的国家标准品在制备新的批号时应报卫生部生物制品标准化委员会及卫生部备案。

6. 保存有效期

应依据各标准品的性质具体确定。

三、生物制品发展的成就

（一）产品品种增多

传统的生物制品种类和品种都较少，只包括人血浆制品、动物血清类制品、疫苗类制品等。人血浆制品仅仅包括冰冻或冻干人血浆、人血白蛋白、人免疫球蛋白等。抗体类制品主要是动物血清产品，包括白喉抗毒素、破伤风抗毒素、肉毒抗毒素、狂犬病抗血清、气性坏疽抗血清、炭疽抗血清等产品，大多为抗原免疫动物而产生的多克隆抗血清制备而成。疫苗类制品分为细菌性和病毒性两大类。细菌性疫苗多为菌体疫苗，如炭疽病、鼠疫、百日咳、钩端螺旋体病、伤寒、副伤寒、霍乱、布氏病疫苗等。病毒类疫苗多为人工传代减毒的活疫苗，或全病毒灭活疫苗，如牛痘、脊髓灰质炎、麻疹、风疹、腮腺炎、黄热病、狂犬病、流感疫苗等。基本没有细胞因子类产品。

20 世纪 70 年代以来，生物制品的品种有了大幅度的增加，出现了单克隆抗体、基因工程重组制品、细胞因子类制品、微生态制品等多种新型生物制品品种。疫苗类制品也有了许多新品种。特别是出现了细菌多糖类抗原的疫苗、核酸（DNA）为基础的疫苗等。截至 2008 年，国际上已经批准的生物制品品种超过百种，我国批准的生物制品品种也达到几十种。这些产品的问世和使用大大改善了人类的健康条件和生活质量。

（二）生产工艺改进

由于技术和设备等的发展，生物制品的生产工艺和质量控制手段有了根本的改变，由原来传统的手工作坊式的操作，逐渐向自动化改变；生产规模由原来的小规模向大规模转化；质量控制手段由传统经验型，向现代目标型转化；生产设施和管理实现了由质量管理（QC）向质量保证（QA）的转化，引入了 ISO、GMP 等现代化企业和现代生物制药企业规范管理的理念。

就血液制品来说，大多数生产工艺从原来的硫酸铵沉淀法，改进为低温乙醇法分离技术；分离方法由离心分离工艺，转变为压滤分离工艺；工艺中多采用管道化连接，减少了暴露机会；生产工艺中增加了加热、低 pH、膜过滤或有机溶剂（S/D）法等病毒灭活工艺，大大增加了血液制品的安全性。品种和规格也增加了许多，如狂犬病免疫球蛋白、乙肝免疫球蛋白、破伤风免疫球蛋白等特异性免疫球蛋白制品，还有纤维蛋白原、凝血酶等品种，使人血浆的综合利用率有了提高。

疫苗的生产工艺和细菌、细胞的培养工艺有了显著改进，细菌培养彻底摆脱了传统的固体培养方式，绝大多数细菌的培养已经采用了发酵培养工艺。细胞培养也从传统的转瓶工艺，逐渐转化成生物反应器培养工艺。随着对细菌类疫苗有效抗原成分的分析和了解，疫苗抗原的纯化工艺中使用了更多的先进工艺，采用精制技术和工艺，提取和纯化有效抗原为疫苗组分，去除非抗原成分，减少疫苗的不良反应。如炭疽疫苗由减毒活疫苗转变为纯化的炭疽保护性抗原（Protective antigen，PA）为单一成分的疫苗；使用了近 70 年的百日咳、白喉、破伤风联合疫苗（百白破联合疫苗）中的百日咳疫苗是全菌体灭活疫苗，现在已经被纯化的百日咳杆菌有效抗原成分，百日咳毒素（Pertussis toxin，PT）和丝状血凝素（Filemantou hem agglutinogen，FHA）为组分的无细胞百日咳疫苗所代替，以此为基础，发展了第二代百白破疫苗，即无细胞百白破疫苗。

（三）生产规模扩大

20世纪90年代以来，生物制品的生产规模逐渐由原来的小规模向大规模转化。绝大部分细菌类产品的生产已经变更为发酵培养工艺，细菌培养规模也从原来的"升"级水平达到或超过了"吨"级水平。病毒性疫苗的细胞培养很多已经转变成传代细胞，传代细胞的培养方式从转瓶向生物反应器的转化已经成为主流趋势。特别是基因工程重组产品的哺乳动物细胞表达系统，其培养规模已经超过数十吨的规模。除了培养规模的扩大以外，有效抗原的纯化工艺规模也大幅提高，以单一抗原组分为主要成分的细菌性疫苗的纯化工艺中，应用了大容量离心机，制备规模的液相层析分离系统。在灭活病毒疫苗和血液制品生产、纯化工艺中，使用了超滤系统、大型压滤设备等。在生物制品终产品的分装、冻干等工艺中，使用的分装机的分装速度，从过去的每小时3 000~4 000支，发展到现在的每小时3万支以上。冻干机的冻干面积，从过去的几平方米，扩大到现在的几十平方米，批冻干瓶数从原来的几万支，扩大到现在的几十万支。上述这些关键设备的应用，大幅度提高了生物制品的生产规模。

（四）产品质量提高

过去几十年来，生物制品的产品质量有了很大提高，主要表现在以下几个方面：第一，我国全面实施了GMP（Good manufectufing proce）、批签发和企业注册标准等一系列旨在提高药品质量管理水平的制度，使我国的药品在质量上与国际标准接轨。第二。生物制品生产过程中的关键点，如发酵培养、生物反应器、层析纯化、超滤、冷冻干燥等工艺关键点，采用了许多在线检测仪器和设备，能够在线检测如pH、氧溶量、温度、培养物浓度、蛋白含量、冷冻干燥参数等与产品质量相关的数据。第三，产品分装机的分装精度由过去的0.5 mL±（0.15~0.20）mL，提高到0.5 mL±0.005 mL。第四，在质量检测手段方面，引入了各种现代科学技术发展的成果，如原子光谱技术、电子显微技术、酶免疫技术、放射和荧光标记技术等，使得生物制品有效成分和非药物残留物质的质量控制和检测更加精确、可靠。

（五）经济贡献增大

我国第一个生物制品企业是北京生物制品研究所，建立于20世纪初。之后建立了兰州、大连等生物制品生产或研究机构，中华人民共和国成立前上海等地建立了一定数量的生物制品相关的实验室和生产厂。中华人民共和国成立后，生物制品的生产和研究主要集中在卫生部和医科院所属北京、长春、成都、兰州、上海、武汉和昆明等几大生物制品研究所，以及兽用生物制品的研究和生产机构，生产品种和从业人员都很少。20世纪70年代以来，由于生物技术的发展.开展生物制品研究的机构增加，进入生物制品生产领域的企业大幅增加，从事生物制品行业的人员显著增多。在美国以Amgen、Genentech、Genzyme、Biogen Idec等公司。

为代表的新型生物制药企业的出现和快速成长，已经改变了传统制药企业的版图。这些公司的销售收入排列在生物制药公司前列，年销售收入过百亿美元。截至 2008 年，我国有 300 多家生物制药企业，有疫苗生产企业大约 35 家，是全球疫苗生产企业最多的国家，其中涉足生物制药产业的上市公司共近百家，但是销售额过 1 亿元的不多。大多为千万元水平。20 世纪 90 年代以来，全球生物药品销售额年均增长 30%，我国生物制药行业的年均增长率为 25%～30%，远远高于 GDP 的增长率。

四、生物制品发展的趋势

生物制品领域的发展取得了显著的成就，其发展趋势随着人源化单克隆抗体技术、药物基因组学、人类基因组计划等学科的发展和利用生物分子、细胞和遗传学过程生产药物和动植物变种等技术的发展，而有更加广泛的发展前景。

（一）疫苗类制品的发展趋势

尽管在过去的 20 年里，开发出了许多新疫苗，如轮状病毒疫苗、人乳头瘤病毒疫苗、B 型流感嗜血杆菌疫苗、肺炎疫苗等等。但是，仍然有许多的疾病尚没有疫苗预防，即便是已经开发出的新疫苗，其能够提供的保护仅限于个别血清型的感染。如轮状病毒疫苗不能保护所有血清型，人乳头瘤病毒疫苗只能保护有限的几个型别，23 价肺炎疫苗对于上百种血清型的肺炎球菌来说，只能是部分而已，B 型流感嗜血杆菌疫苗不能交叉保护 A 型的感染，流感疫苗所提供的保护总是不能覆盖流感病毒的变异株。还有很多传统的传染病，尚没有有效的疫苗可以预防，如疟疾、血吸虫等寄生虫病、痢疾、登革热、丙型肝炎、艾滋病、致病性大肠杆菌、霍乱、甲、乙型链球菌感染等以及近年发现的新感染性疾病，如冠状病毒（SARS）、西尼罗病毒。

对现有疫苗免疫持久性的延长，免疫保护性的提高，也是疫苗研究领域所继续要解决的问题，如狂犬病疫苗的免疫持久性问题。在感染性疾病的疫苗预防以外，非感染性疾病，如心血管病、肿瘤、糖尿病、自身免疫性疾病等的疫苗预防或治疗也是一种新的发展方向。

抗体和细胞因子类产品，是将来生物制药领域里最有发展前景的产品，特别是抗肿瘤方面的人源化单克隆抗体，特异性的细胞因子等更具有实际意义。

（二）生物制品技术的发展趋势

应用病毒重配技术或基因工程技术改造减毒活疫苗已越来越被关注。使用病毒载体将外源基因导入机体，使感染细胞内源性表达目的基因，进行正确的翻译修饰后，刺激产生免疫反应。目前作为载体的病毒有腺病毒、痘病毒、VSV 病毒等。以核酸为基础的 DNA 疫苗，是以质粒 DNA 为载体，将编码目的抗原的基因与质粒连接，转化为真核细胞后，表达目的抗原，从而刺激集体产生抗体，这已经成为疫苗研究比较活跃的领域之一。其他进行研究的新型疫苗有佐剂疫苗、多肽疫苗、植物疫苗、气雾型疫苗等。黏膜免疫具有易于重复接种，避免注射部位疼痛的特点。近年来，又发展了一种病毒样颗粒的技术，即用杆状病毒表达系统，如大肠杆菌表达系统表达外源蛋白，在基质蛋白等的存在下，表达的蛋白相互作用形成颗粒。其形状成为颗粒，但没有核酸部分，可以保持良好的抗原分子空间构象。

疫苗佐剂技术和疫苗投递系统的研究也是目前研究的热点之一，如采用具有强的 T 细胞受体结合或诱导表位的合成分子，能够成倍地增强弱抗原的免疫原性，具有提升和改变免疫刺激类型的功能。其他改变抗原免疫类型和抗原性的方法还有多糖—蛋白结合技术，即将抗原性低的多糖等分子与大分子如蛋白等化学结合，从而诱导机体产生针对多糖抗原的细胞免疫应答。

总而言之，从未来生物制品研究的趋势来看，疫苗、单克隆抗体、重组人体蛋白、基因治疗、细胞因子等是研究与开发最为热点的领域。这些领域的技术进展，以及生物制品的研究和开发成果，必将改善人类生活的质量，延长人类的寿命。同时，也会为生物制品行业带来可观的经济收入，为社会和经济的发展做出贡献。

参考文献

[1] 樊廷俊.细胞生物学实验技术 [M].北京:中国海洋大学出版社,2006.

[2] 杜娟.医学细胞与分子生物学理论与技术 [M].长春:吉林大学出版社,2012.

[3] 李燕,张健.细胞与分子生物学常用实验技术 [M].西安:第四军医大学出版社,2009.

[4] 张秀军,陈静.医学细胞生物学与遗传学实验技术 [M].北京:军事医学科学出版社,2008.

[5] 印莉萍,刘祥林.分子细胞生物学实验技术 [M].北京:首都师范大学出版社,2001.

[6] 姜静.细胞生物学实验原理与技术 [M].哈尔滨:东北林业大学出版社,2004.

[7] 蔡文琴.现代实用细胞与分子生物学实验技术 [M].北京:人民军医出版社,2003.

[8] 薛社普.医学细胞生物学 [M].北京:中国协和医科大学出版社,2019.

[9] 齐冰,赵静.医学生物学和细胞生物学实验教程 [M].天津:天津科学技术出版社,2018.

[10] 郑爱泉,杨振华,刘全永.现代生物技术概论 [M].重庆:重庆大学出版社,2016.

[11] 李云龙,李光鹏.生物技术概论 [M].呼和浩特:内蒙古大学出版社,2017.

[12] 徐承水,党本元.现代细胞生物学技术 [M].青岛:青岛海洋大学出版社,1995.

[13] 刁勇,许瑞安.细胞生物技术实验指南 [M].北京:化学工业出版社,2009.

[14] 张光谋,李延兰.医学细胞生物学实验技术 [M].北京:科学出版社,2018.

[15] 李自刚,李鸣晓.生物检测技术 [M].北京:中国轻工业出版社,2016.

[16] 陈元晓,张闻.医学细胞生物学学习指导 [M].昆明:云南大学出版社,2014.

[17] 陈可夫.细胞生物学与遗传学 [M].武汉:湖北科学技术出版社,2003.

[18] 陈意生,史景泉.肿瘤分子细胞生物学 [M].北京:人民军医出版社,2002.

[19] 章静波.医学分子细胞生物学 [M].北京:中国协和医科大学出版社,2002.

[20] 朱宏,周同岩,程荣.细胞生物学与细胞工程实验教程 [M].哈尔滨:东北林业大学出版社,2006.